Drapieren

an der Schneiderpuppe

Dank

An dieser Stelle meinen herzlichsten Dank an die Schulleitung / Leitung des Lycée Polyvalent Louise Michel in Nanterre.

Die französische Ausgabe dieses Buches erschien 2009 unter dem Titel „Le modélisme de mode: Moulage, les bases" bei Editions Eyrolles.

Aus dem Französischen von der MCS Schabert GmbH, München, unter Mitarbeit von Katrin Marburger (Übersetzung).

Bibliografische Information der Deutschen Nationalbibliothek
Die Deutsche Nationalbibliothek verzeichnet diese Publikation in der Deutschen Nationalbibliografie; detaillierte bibliografische Daten sind im Internet über http://dnb.d-nb.de abrufbar.

3., aktualisierte Neuauflage 2021

Printed in the EU

www.stiebner.com

ISBN-13: 978-3-8307-2094-2

Teresa Gilewska

Drapieren

an der Schneiderpuppe

stiebner

Inhalt

Vorwort

Dieses Buch ist aus meinem Wunsch entstanden, mein Wissen aus meiner dreißigjährigen Erfahrung in der Schnittkonstruktion schriftlich weiterzugeben.

Als Dozentin habe ich in Polen wie auch in Frankreich und China festgestellt, dass meinen Studenten die „praxisorientierten" Kurse der Schnittkonstruktion leichterfielen als jene mit zweidimensionalen Schnittmustern. Obwohl beide Techniken gleichermaßen präzises Arbeiten erfordern, benötigt man nicht für beide gleich viel Vorwissen, insbesondere in der Mathematik und bezüglich der komplizierten Regeln der Kreation.

Die Methode des Drapierens kann man auch ohne Vorkenntnisse im Entwerfen von Kleidungsstücken anwenden. Ja, im Laufe des Arbeitsvorgangs kann man dabei sogar grundlegende Kenntnisse erwerben, etwa über den Verlauf der Grundlinien eines Schnittes, den Prozess der Strukturierung eines Kleidungsstücks, die Anfertigung oder Interpretation einer technischen Zeichnung, die Berechnung der Stoffmenge, die für die Herstellung des Modells benötigt wird …

Trotz des zunächst leichteren Zugangs erfordert die Konstruktion eines Schnittes durch Drapieren viel Geduld und Präzision, denn ob ein Kleidungsstück gelingt, hängt davon ab, ob man sich an die in diesem Buch erläuterten Arbeitsschritte und einfachen, aber grundlegenden Regeln hält.

Diese Technik ist sehr beliebt, da man sieht, wie die Arbeit vorangeht, man sich bei jedem Schritt eine Partie des Kleidungsstücks vorstellen kann und dennoch genügend Raum für Kreativität und Erfindungsreichtum bleibt.

In diesem Buch werden alle wesentlichen Schritte zur Herstellung eines einfachen Kleidungsstücks mithilfe des Drapierens erläutert. Durch den progressiven und logischen Aufbau möchte ich solide Grundkenntnisse in dieser Technik vermitteln. Das Buch wendet sich sowohl an Studierende, für die es eine sehr gute Ergänzung zu einem Kurs ist, als auch an Anfänger, die Modedesign zu ihrem Hobby machen möchten.

Zur Vervollkommnung Ihrer Studien können Sie parallel mit Band 1, *Schnittkonstruktion in der Mode: Grundschnitte* arbeiten. Hier eignen Sie sich die Grundregeln der Schnittkonstruktion an und lernen den Aufbau verschiedener Kleidungsstücke kennen.

Abschließend noch ein guter Rat: Lassen Sie Ihrer Kreativität und Ihrer Fantasie freien Lauf, denn so entstehen die schönsten Kreationen.

Teresa Gilewska

Allgemeines

Das Drapieren ist eine Arbeitstechnik in der Schnittkonstruktion zur Herstellung eines fertigen Schnittmusters.

Im Gegensatz zum Entwurf eines zweidimensionalen Papierschnitts, bei dem man mit mathematischer Strenge vorgehen und sich an teils strikte Regeln halten muss, bietet das Drapieren mehr Freiraum und lässt der Fantasie den Vorrang.

Um ein korrektes Schnittmuster zu erhalten, gibt es verschiedene Drapiertechniken. Das Drapieren ist das Ergebnis von Kreativität, Einfallsreichtum und Recherchen. Durch diese Technik kann man das fertige Schnittmuster eines Modells verbessern oder seine Herstellung vereinfachen, und das mit einem wirklich befriedigenden Ergebnis! Wenn man sich an die Grundregeln (die Grundlinien des Körpers) hält, spielt es keine große Rolle, auf welche Weise und mit welcher Technik man ein Schnittmuster herstellt.

Beim Drapieren kann man seiner Fantasie freien Lauf lassen, doch erst die Erfahrung zeigt, welche Methode und welche Technik im Einzelfall am effizientesten sind.

Die Technik des Drapierens, die in diesem Buch vorgestellt wird, basiert auf langjähriger Erfahrung …

Schneiderbüsten

Um ein Kleidungsstück herzustellen, ganz gleich, welches Modell, benötigt man zunächst einen Schnitt, zweidimensional oder mittels Drapieren angefertigt.
Bei Letzterem modelliert man mit einem Stoff direkt am Körper oder an einer Puppe (einer Schneiderbüste) den perfekten Sitz der Abnäher, der Armausschitte, des Halsausschnitts …
Dieses „Schnittmuster" aus Stoff wird anschließend unter Beachtung der technischen Regeln auf Papier übertragen: Kurven, vertikale und horizontale Linien, Achsen etc.
In der Haute Couture werden Schnittkonstruktion und Anproben an einem Modell mit den exakten Maßen einer Kundin vorgenommen. Die so entstandenen Kleidungsstücke müssen in der Regel gar nicht mehr abgeändert werden. Jeder kann sich selbst ein solches Modell von seinem Körper anfertigen.
Um durch Drapieren einen Schnitt zu konstruieren, werden gewöhnlich zwei Typen von Schneiderbüsten verwendet.

Verstellbare Schneiderbüste

Sie wird aus sehr festem Material hergestellt und anschließend mit dehnbarem Stoff überzogen. Mit einem integrierten Mechanismus kann man sie auf die gewünschten Maße einstellen (die perfekte Entsprechung eines menschlichen Körpers).

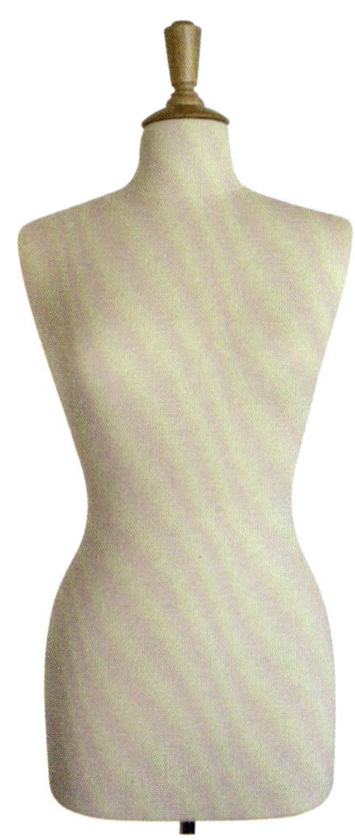

Standardschneiderbüste

Sie wird aus festem Schaumstoff hergestellt und besitzt Standardmaße (Bsp.: Gr. 36 oder Gr. 38). Es lassen sich nur kleine Korrekturen vornehmen, z. B. eine Vergrößerung des Brust- oder Hüftumfangs durch Aufpolstern.

Anfertigung der Schneiderbüste

Aus einer Vielzahl von Möglichkeiten wurde für dieses Buch eine ganz einfache und zugleich schnelle und kostengünstige Methode ausgewählt. Zur Veranschaulichung der einzelnen Schritte und zur besseren Sichtbarkeit der Schnittlinien (vor allem am Armausschnitt) wird die Anfertigung des Abdrucks hier an einer verstellbaren Schneiderbüste dargestellt.
Um einen Abdruck des eigenen Körpers anzufertigen, benötigt man Geduld und vor allem die Hilfe einer anderen Person, denn die Person, deren Abdruck genommen wird, darf sich eine Zeitlang nicht bewegen. Außerdem kann man an sich selbst keinen Abdruck der Rückenpartie nehmen. Damit der Abdruck nicht zu viel Mehrweite erhält, sollte darunter nur ganz dünne Kleidung getragen werden.
Wie lange die Anfertigung dauert, hängt davon ab, wie schnell das Klebeband angebracht wird (20–30 min) und wie schnell der Gips trocknet (2–3 min).
Benötigtes Material:

- 1 ausreichend großer, breiter Müllsack (z. B. 100 l) oder weiche Plastikfolie
- 1–2 Rollen breites Klebeband
- 1 Gipsbinde
- 1 Rolle farbiges Klebeband oder 1 Filzstift
- Bolduc-Band zur Markierung der Konstruktionslinien (siehe S. 23–31).

BILD 1

Anfertigung des Abdrucks

In den Müllsack (oder die Plastikfolie) Öffnungen für Kopf und Arme schneiden (Bild 2) und in den Sack hineinschlüpfen. Die Arme müssen leicht vom Körper abgespreizt sein, damit Höhe und Rundung des Armausschnitts korrekt bestimmt werden können (Bild 2).

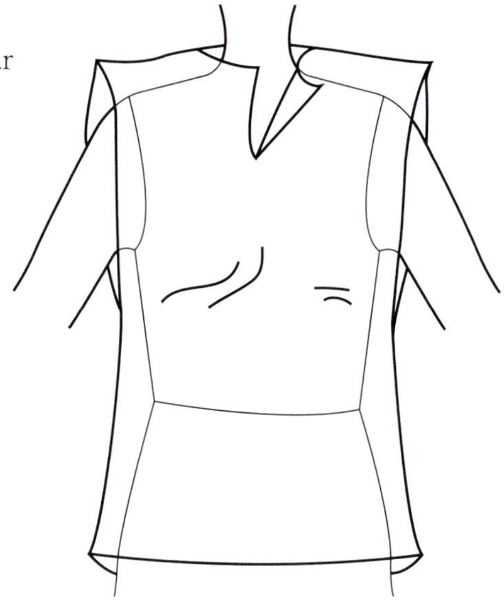

BILD 2

Für den Abdruck am Hals die Plastikfolie so weit hochziehen, dass der Halsansatz gut bedeckt ist (Bild 4). Nun vom Klebeband 15–50 cm lange Stücke abschneiden und oben beginnend dicht an den Konturen des Körpers aufkleben: vom Hals über die Schultern und hinunter bis zum unteren Rand der Büste. Falten und Wellen, die sich in der Folie bilden (z. B. an der Brust), mithilfe des Klebebands glätten.

Der Abdruck muss bis zur Höhe der Hüften reichen, damit auch diese Partie später bearbeitet werden kann, etwa für einen Rock.

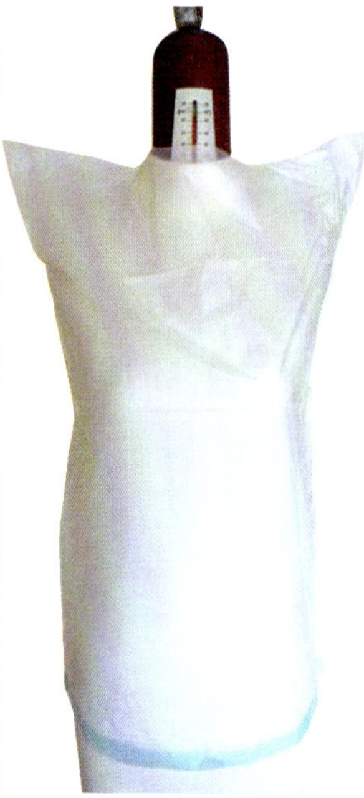

BILD 3

Wenn Sie das Klebeband am gesamten Oberkörper angebracht haben, markieren Sie den Verlauf von Arm- und Halsausschnitt mit farbigem Klebeband oder einfach mit einem Filzstift (Bild 4). Auch die Konstruktionslinien markieren: hintere und vordere Mitte, Seitenlinien und Taillenlinie. Um Letztere korrekt zu bestimmen, zunächst ein Band um die Taille legen, dann mit dem Filzstift daran entlang die Linie aufzeichnen.
Zur korrekten Bestimmung der senkrechten Linien ein kleines Gewicht an einem Faden befestigen, dessen anderes Ende Sie dann an die Mitte des vorderen Halsausschnitts halten. Der Faden zeigt nun den exakten Verlauf der vorderen Mitte an, sodass Sie diese einfach mit dem Filzstift entlang des Fadens auf dem Abdruck aufzeichnen können. An der hinteren Mitte und den Seiten ebenso vorgehen.

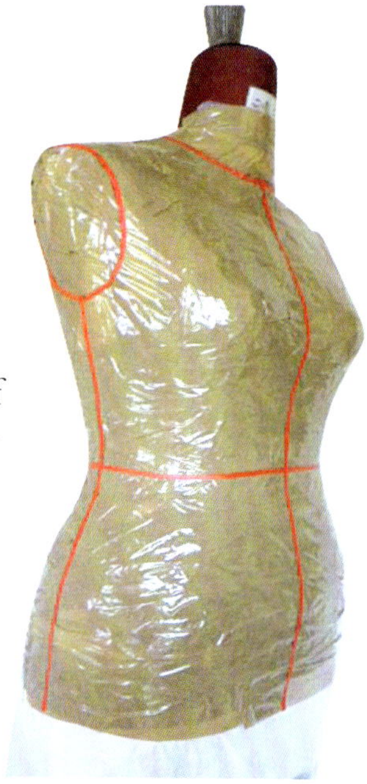

BILD 4

Alle Linien, die auf diesen ersten Abdruck des Körpers gezeichnet werden, sind vorläufig. Sie werden später an der fertigen Schneiderbüste korrigiert und nachgezeichnet. Dann werden auch die weiteren Linien ergänzt, die zur Anfertigung eines Schnittmusters benötigt werden (Hüftlinie, Brustlinie usw.).

Für den nächsten Schritt die Gipsbinden nach Herstelleranweisung vorbereiten und gleichmäßig am gesamten Oberkörper anbringen.

Einige Minuten warten, bis der Gips fest wird. Dann vorsichtig, ohne die Person zu verletzen, den gesamten Abdruck entlang der durchscheinenden Linien der hinteren und vorderen Mitte aufschneiden (Bild 5). Beide Hälften des Gipsabdrucks vom Körper abnehmen und an den zuvor aufgezeichneten Linien die Armausschnitte und den Halsausschnitt ausschneiden. Mehrere Stunden trocknen lassen.

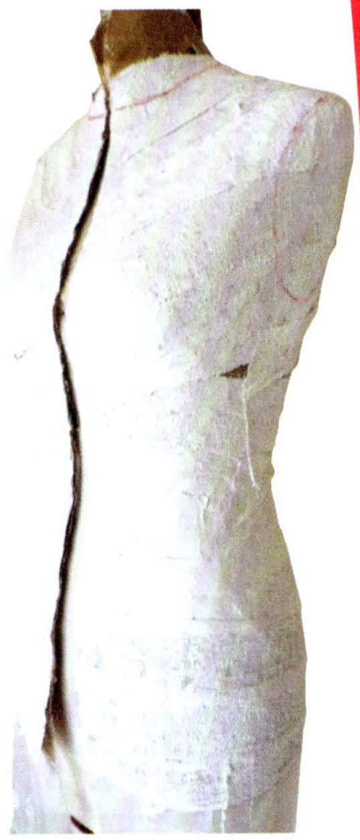

BILD 5

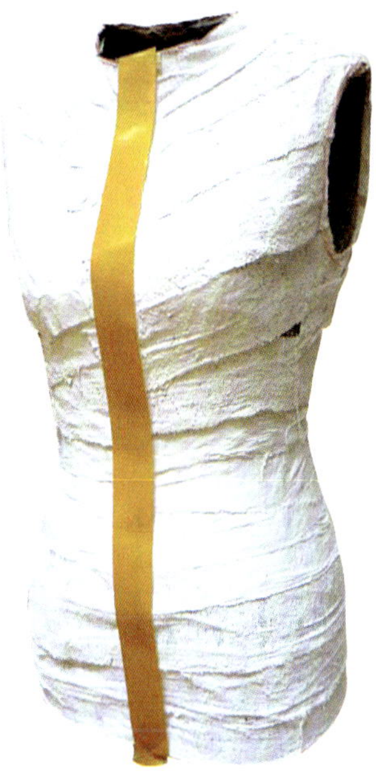

BILD 6

Wenn der Gips ganz trocken ist, beide Hälften der Büste mit Klebeband an der vorderen und hinteren Mitte zusammenkleben; dabei an der Innenseite beginnen und das Klebeband über den unteren Rand und den Halsausschnitt führen.

Dann das Klebeband auch auf der Außenseite entlang der Schnittlinien abbringen (Bild 6).

Damit die Büste stabiler und haltbarer wird, können Sie sie mit Watte oder Füllwatte fest ausstopfen. So vermeiden Sie, dass die Büste sich mit der Zeit bei der Verwendung verformt.

Anfertigung des Bezugs

Der Bezug der Büste muss aus dickem dehnbarem Stoff angefertigt werden, um die Unebenheiten des Gipsabdrucks auszugleichen. Damit der Stoff sich den Rundungen der Büste gut anpasst, muss er eine hohe Elastizität aufweisen (20–30 %).

BILD 7

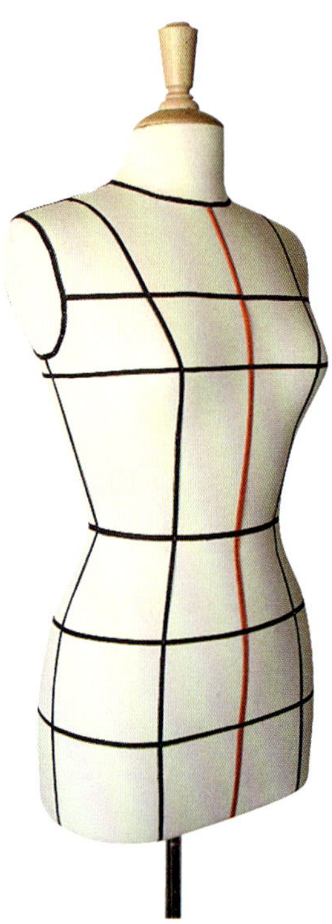

Zuerst die Schnittteile aufzeichnen; dabei Breite (Brust- und Hüftumfang) und Gesamtlänge der angefertigten Büste (bis zur Hüfte) beachten. Die Schnittteile dann entsprechend dem Prozentsatz der Elastizität des Stoffes abändern (negative Weitenzugabe). Die Schnittteile des Bezugs mit kleinen Geradstichen – oder für bessere Dehnbarkeit im Zickzackstich – zusammennähen. Um den Bezug der Länge nach an der Büste gespannt zu halten, arbeitet man am Saum einen Tunnel ein, durch den ein Gummiband eingezogen wird. Dazu die Schnittteile um 5–10 cm verlängern. Den Bezug auf die Büste ziehen und die Konstruktionslinien mit Markierband (Bolduc-Band) markieren (siehe S. 23–31).

BILD 8

Drapiertechniken

Um das Schnittmuster eines Modells anzufertigen, gibt es zwei häufig angewendete Techniken:
1. mit vorgefertigtem Schnitt
2. ohne vorgefertigten Schnitt
Beide Methoden sind korrekt. Welche gewählt wird, hängt in der Regel von den Vorkenntnissen in Schnittkonstruktion und Schneiderei ab.

Drapieren mit vorgefertigtem Schnitt

Diese Technik wird in diesem Buch nicht behandelt, zum einen, weil hierzu Kenntnisse im Anfertigen eines zweidimensionalen Schnittmusters notwendig sind, aber auch, weil Erfahrung in der Schnittkonstruktion und Schneiderei unerlässlich sind, um mit bestimmten Schwierigkeiten fertig zu werden.
Um diese Methode anzuwenden, muss man zunächst nach den vorgegebenen Maßen ein Schnittmuster des gewünschten Modells zeichnen. Mithilfe dieses Schnittes werden anschließend aus Nessel die einzelnen Teile (Rücken, Vorderteil, Ärmel, Kragen etc.) zugeschnitten und zusammengefügt. Erst nach diesen Schritten wird das Modell an einer Büste angepasst.

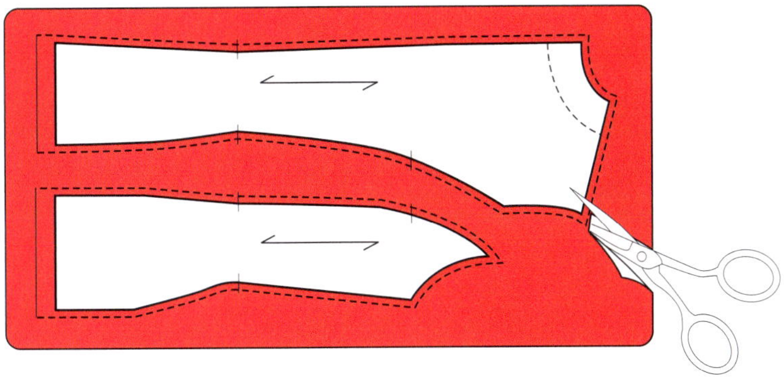

Vorgefertigter Schnitt, aus Nessel zugeschnitten

BILD 1

Die bei der Anprobe vorgenommenen Korrekturen werden anschließend auf den bereits fertigen Schnitt übertragen.
Diese Technik wird in der Maßschneiderei oder bei den Herstellern von Konfektionsware häufig angewendet, da man hier bereits kurz nach der Anprobe ein korrektes Schnittmuster erhält.

Drapieren ohne vorgefertigten Schnitt

Für diese Methode sind weder Erfahrung noch Kenntnisse in der Konstruktion eines zweidimensionalen Schnittes für das gewünschte Modell erforderlich.
Das Basiswissen z. B. über die Grundstruktur des Kleidungsstücks, die Körpermaße und die Grundlagen der Schnittkonstruktion erwirbt man systematisch beim Erlernen der Methode.
Für diese Technik benötigt man besonders viel Geduld und Zeit. Im Alltag wird sie von Fachkräften sehr selten angewendet – außer in der Haute Couture, wo sie zur Anfertigung maßgeschneiderter Modelle dient. Für die Fabrikation von Konfektionsware ist sie nicht geeignet.

Trotz dieser Einschränkungen kann man, wenn man die Methode beherrscht, einen korrekten fertigen Schnitt konstruieren, was folgende Vorteile mit sich bringt:
– Man braucht nicht erst eine Zeichnung anzufertigen, die anschließend abgeändert werden muss.
– Der Schnitt, der von der Schneiderbüste abgenommen wird, ist bereits korrigiert und gebrauchsfertig, sodass am Modell später nichts mehr abgeändert werden muss.
– Im Vergleich zur Konstruktion eines zweidimensionalen Schnittmusters ist es einfacher, einen Schnitt anzufertigen, der auch in Teilen wie einem Aufschlag oder einem dekorativen Zusatzelement an einem Einzelstück korrekt ist.
– Das Beherrschen des Drapierens erleichtert das Verständnis der Grundkonstruktion eines Modells sowie der einzelnen Schritte seiner Herstellung, aber auch die Anfertigung einer Flachzeichnung, da man bereits über die dazu nötigen Informationen verfügt.

Das Material

Für das Drapieren benötigt man folgendes Material:

Stecknadeln

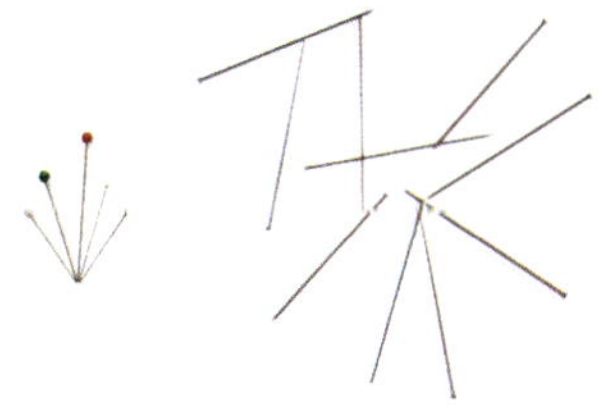

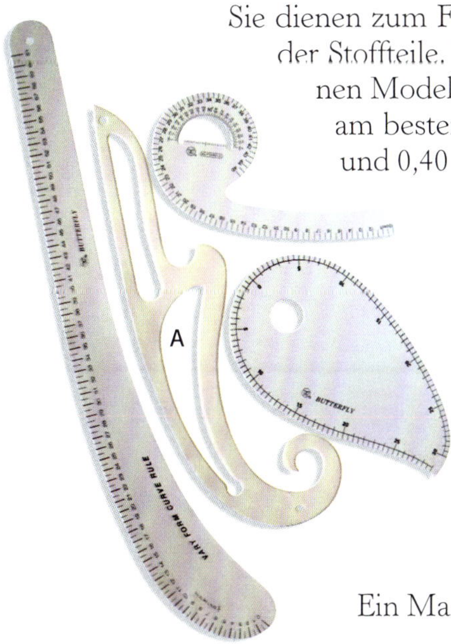
A

Sie dienen zum Feststecken und Zusammenhalten der Stoffteile. Von den zahlreichen verschiedenen Modellen eignen sich für das Drapieren am besten Stecknadeln von 35 mm Länge und 0,40 oder 0,45 mm Stärke.

Kurven- oder Schneiderlineal

Mit diesem Hilfsmittel kann man Kurven zeichnen. Am häufigsten werden große Kurvenlineale (A) verwendet; es gibt jedoch ein breites Sortiment an Schablonen in allen Formen zum Abmessen und Zeichnen von Kurven und Winkeln.

Zentimetermaß

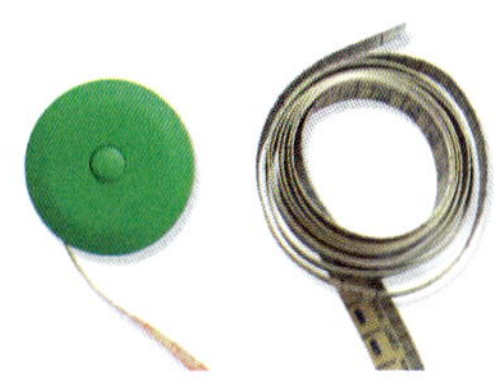

Ein Maßband ist 150 cm lang.

Stifte

Folgende Stifte werden benötigt:
- spezielle Markierstifte zum Zeichnen auf Stoff in den Farben Schwarz, Rot und Blau oder Bleistifte (Härtegrad 2B)
- ein Bleistift Härtegrad HB zum Zeichnen auf dem Papier
- zusätzlich Filzstifte in Schwarz und Rot

Lineale

Zwei Lineale werden benötigt:
- ein Lineal von mindestens 50 cm Länge zum Zeichnen gerader Linien; ein transparentes Lineal mit detaillierten Maßangaben (Winkel, Vertikalen, Parallelen etc.) wie das Schneiderlineal (A) eignet sich perfekt zum Zeichnen von Schnittmustern
- ein flexibles Lineal (B) von ca. 30 cm Länge zum Abmessen gekrümmter Linien

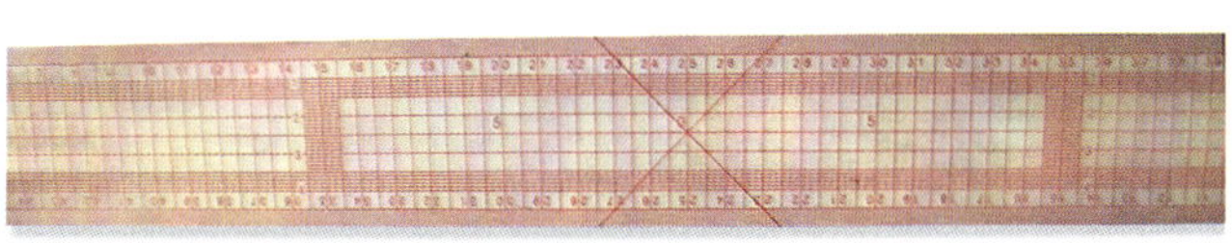
A

B

Nadelkissen

A B

Ein Nadelkissen in Form eines Armreifs mit einer Magnetscheibe (A) oder einem kleinen Kissen (B) ist für das Drapieren unerlässlich. Es muss in guter Reichweite angebracht werden, in der Regel am Handgelenk oder an der Schneiderbüste.

Scheren

Ihre Form ist nebensächlich, doch sollten die Scheren nicht zu schwer sein. Sie müssen sehr spitze, mindestens 20 bis 25 cm lange Klingen haben (A). Zickzackscheren (mit gezackten Klingen, B) ermöglichen übrigens das Zuschneiden mit Zickzackkante, sodass die Stoffkanten nicht ausfransen.

A

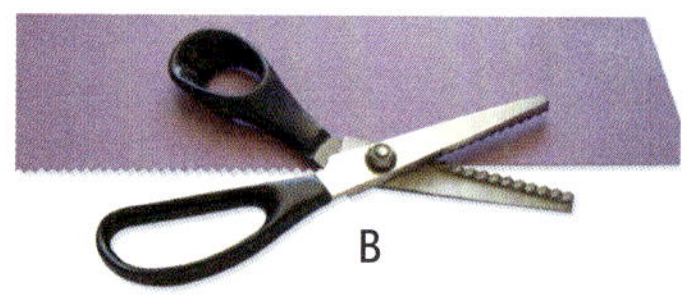
B

Kopierrädchen

Wird zum Übertragen des Schnittmusters vom Nesselmodell auf Papier verwendet. Man fährt mit dem Rädchen über die Linien auf dem Stoff, sodass in das darunterliegende Papier kleine Löcher gestanzt werden.

Reißzwecken

Damit kann der Stoff beim Kopieren auf das Papier auf einer Arbeitsfläche festgesteckt werden.

Markierband (Bolduc)

So nennt man ein Stoffband von ca. 0,5 cm Breite, mit dem an der Schneiderbüste die vertikalen Linien (hintere und vordere Mitte etc.) und die übrigen Markierungen (Brustlinie, Armausschnitt etc.) angebracht werden. Im Allgemeinen wird rotes Band für die hintere und vordere Mitte und schwarzes Band für die übrigen Markierungen verwendet.
Die Schneiderbüsten werden aus festem Schaumstoff gefertigt, um das Befestigen des Bandes zu erleichtern.

Stoff

Für das Drapieren benötigt man einen Stoff mit folgenden Eigenschaften:

– Er darf nicht dehnbar sein, um Maße und Form des modellierten Teiles genau abzubilden.
– Er darf nicht leicht knittern: Er darf vor der Arbeit nur einmal gebügelt werden. Bei hohen Temperaturen läuft er sonst womöglich ein, wodurch sich die Maße des modellierten Teiles verändern. Falls mehrfaches Bügeln erforderlich ist, muss man eine niedrige Temperatur wählen.
– Er muss weich sein: Die Stecknadeln müssen leicht hindurchgehen, und er sollte nicht zu fest gewebt sein.
– Die Farbe sollte neutral oder weiß sein.
– Er muss fest genug, darf aber nicht zu dick sein.

Im Handel ist Nessel erhältlich, der alle Anforderungen des Drapierens erfüllt.

Der Stoff, aus dem das fertige Modell genaht werden soll, muss stets in der richtigen Richtung ausgelegt werden. Die Schussfäden markieren die Stoffbreite, die Kettfäden die Länge.

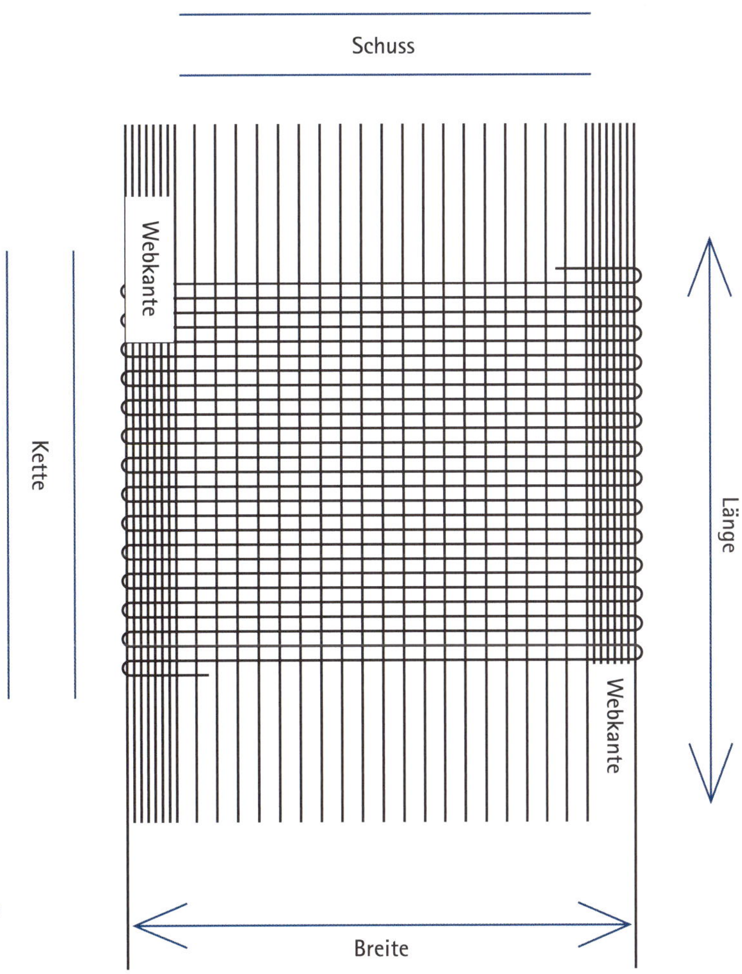

Webtechnik eines Stoffes

BILD 1

Um den Fadenlauf eines Stoffes – Kette oder Schuss – zu bestimmen, zieht man ihn leicht zwischen beiden Händen auseinander.
Entlang der Kettfäden verzieht sich der Stoff nicht. Er ist fest und nicht dehnbar (Bild 1).
Wird der Stoff jedoch in Richtung der Schussfäden gezogen, dehnt er sich etwas und verzieht sich leicht (Bild 2).

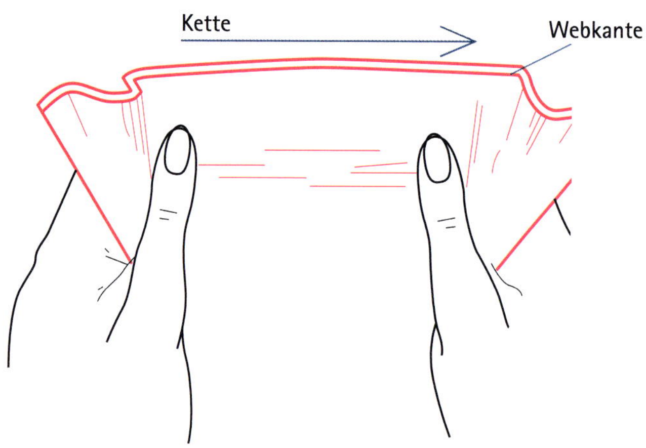

BILD 1

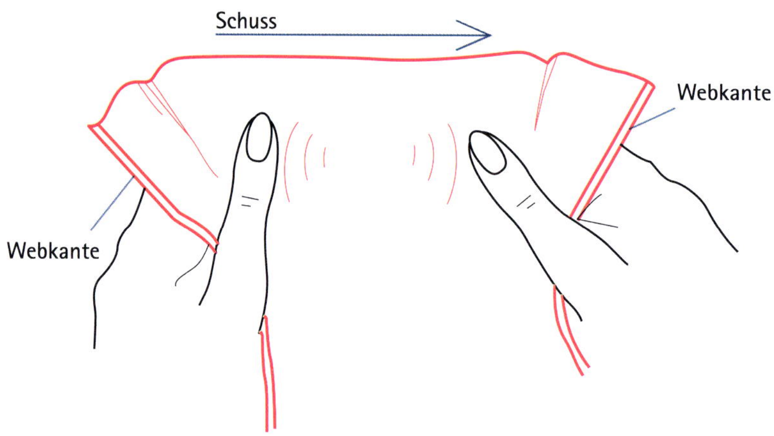

BILD 2

Achtung!
Kettfäden verlaufen parallel zur Webkante, Schussfäden dagegen senkrecht dazu.

Feststecken des Stoffes

Die Stecknadel gehört zu den wichtigsten Utensilien beim Drapieren. Sie muss lang genug (z. B. 35 mm) und fein genug (z. B. 0,45 mm Stärke) sein. Solche dünnen Nadeln dringen leicht durch den Stoff, und bei der angegebenen Länge liegt der Stoff ganz glatt, was bei kürzeren Nadeln nicht der Fall ist.

Die Stecknadel darf nicht bis zu ihrem Kopf in den Stoff geschoben werden. Wenn sie ein kleines Stück – etwa ein Viertel ihrer Länge – herausschaut, lässt sie sich später leichter wieder herausziehen.

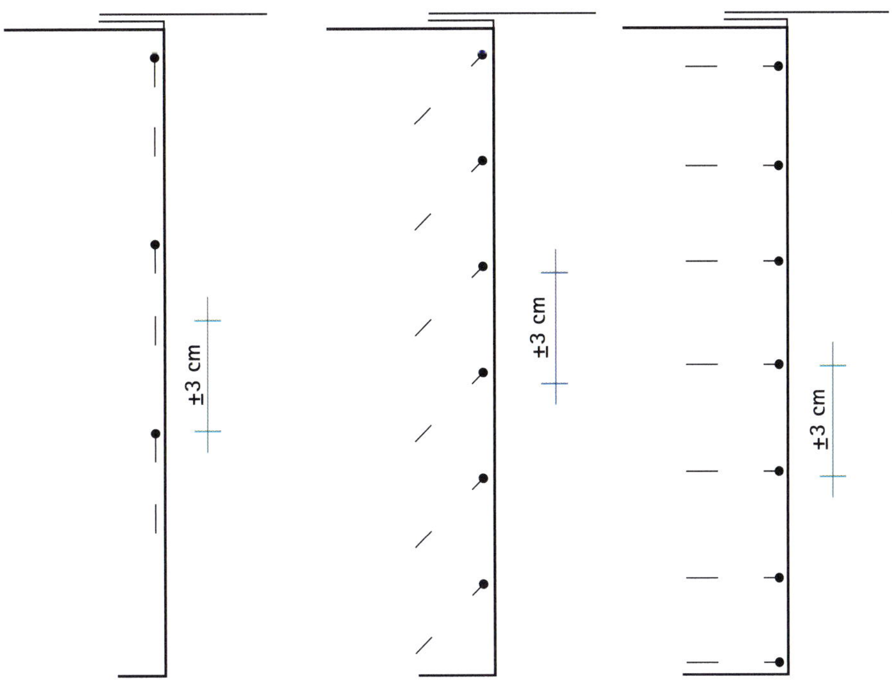

BILD 1 BILD 2 BILD 3

Anbringen der Stecknadeln

Die Stecknadeln werden entweder senkrecht (Bild 1), schräg in einem Winkel von 45° (Bild 2) oder waagerecht (Bild 3) angebracht.

Beim Drapieren ersetzen die Stecknadeln das Zusammennähen. Es muss also sorgfältig gesteckt werden, da die Nesselteile die Basis des späteren Papierschnitts darstellen.

Der Abstand zwischen den Stecknadeln sollte ca. 3 cm betragen. Bei einem kleineren Abstand kann sich die abgesteckte Partie verziehen, bei einem größeren Abstand kann die Arbeit zu ungenau werden.

Punktieren

Das Punktieren ist ein Markieren des Stoffes durch kleine Punkte, entweder entlang der Linien, die mit dem Bolduc-Band festgelegt wurden (siehe S. 23), oder am Rand der festgesteckten Teile – z. B. entlang der Linie, an der Rücken- und Vorderteil aneinandergenäht werden, an der Seite oder an der Schulter, zum Anbringen eines Abnähers etc.
Diese Markierung dient anschließend dazu, mithilfe von geraden Linien oder Kurven den Papierschnitt zu zeichnen. Sie zeigt auch an, an welcher Stelle die Nähte an einem Kleidungsstück verlaufen.
Das Punktieren ist ein sehr wichtiger Schritt beim Drapieren, bei dem peinlich genau gearbeitet werden muss.

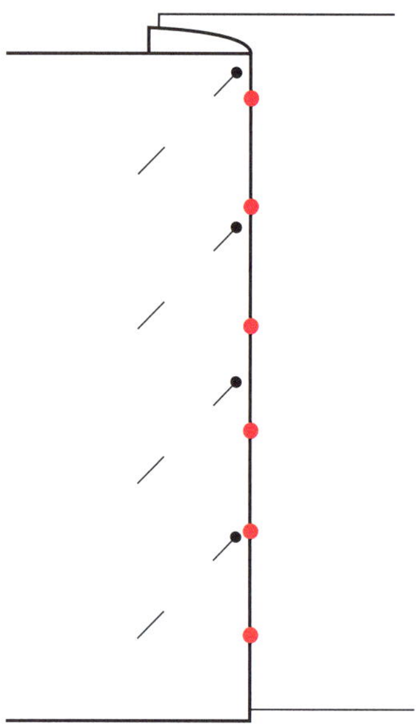

Beim Punktieren werden die Punkte in Rot gezeichnet.

BILD 1

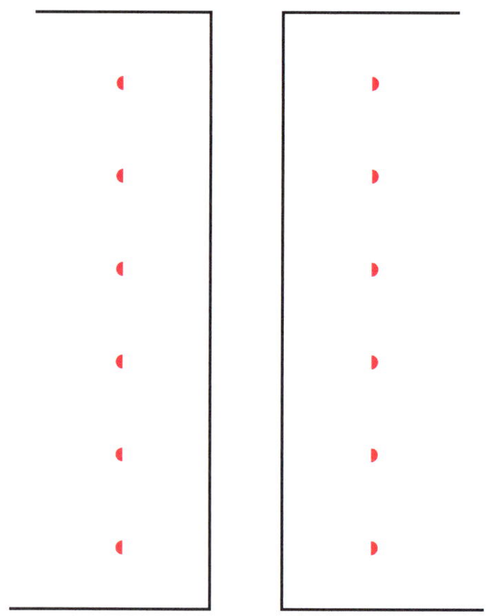

Die Punkte auf der oberen und der unteren Stofflage nach Entfernen der Stecknadeln.

BILD 2

Die beiden Techniken des Zusammenfügens

Es gibt zwei Techniken zum Zusammenfügen von zwei Stoffstücken:
– das Abstecken der Naht an der Innenseite
– das Abstecken an der Außenseite
Beide Techniken sind korrekt und werden gleichermaßen häufig verwendet.

Nahtzugabe an der Außenseite

Bei dieser Technik wird die Arbeit seitenverkehrt ausgeführt. Alle Nahtzugaben sind sichtbar. Man braucht etwas Erfahrung im Drapieren, um zu beurteilen, ob die Linien richtig verlaufen und die Punktierungen gleichmäßig sind, die auf beiden Seiten der Naht angebracht werden müssen. Bei komplizierteren Modellen (z. B. mit mehreren Schnittlinien) muss man zur Kontrolle erneut abstecken.

Nahtzugabe an der Innenseite

In diesem Buch werden die Schritte des Drapierens anhand dieser Methode dargestellt. Die Nahtlinien, die Stecknadeln oder Punktierungen sind besser zu erkennen und daher für Anfänger geeigneter als die Nahtlinien an der Außenseite. Man kommt schneller voran und erhält ein saubereres Ergebnis. Es ist nicht notwendig, erneut abzustecken, um die Nahtlinien zu sehen.

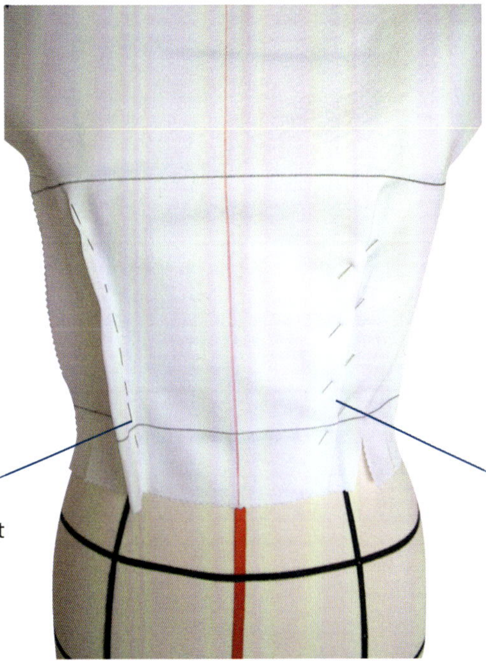

Nähte

Eine Naht liegt beim Zusammennähen von zwei Stoffstücken ca. 1 bis 2 cm von der Kante entfernt, wobei die Nahtzugabe an der Innenseite des Kleidungsstücks liegt. In der Regel werden diese beiden kleinen Kanten flach auseinandergebügelt, um keine dicke Kante auf einer Seite der Naht zu haben (ausgebügelte Naht).
Bei dünnem Stoff kann man beide Kanten auf eine Seite legen; dies nennt man umgebügelte Naht. Diese wird beim Drapieren des Nessels an der Schneiderbüste stets verwendet. Man muss nur wissen, auf welche Seite die Nahtzugaben gelegt werden müssen.

BILD 1

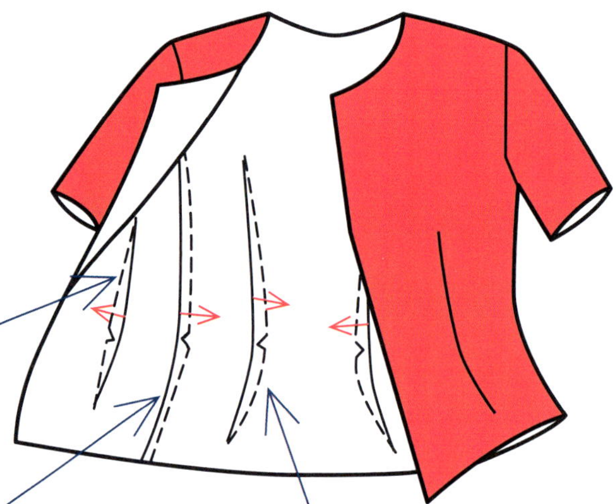

BILD 2

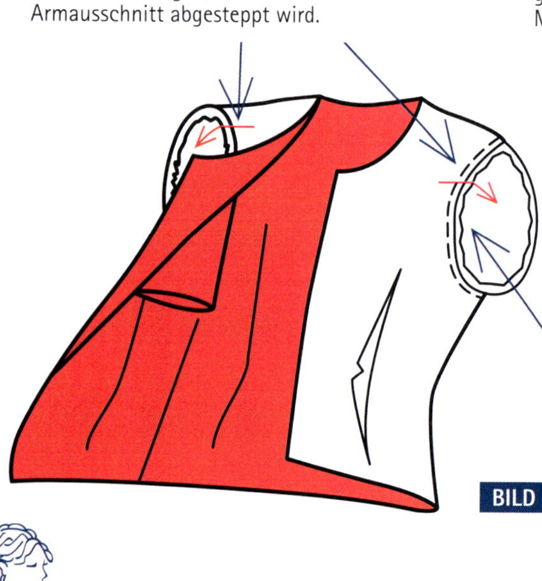

BILD 3

Anbringen des Markierbands

Diese Arbeit erfordert besondere Aufmerksamkeit, da das Ergebnis des Drapierens und der gute Sitz des Modells davon abhängen, wie exakt die Linien auf der Büste verlaufen.

Hintere Mitte

Zunächst werden die beiden wichtigsten Linien auf der Büste fixiert, die hintere und die vordere Mitte. Sie entscheiden, ob das Kleidungsstück richtig fällt und bilden die Basis für die horizontalen Konstruktionslinien (Brust-, Hüftlinie …).

Die hintere Mitte der Schneiderbüste findet man mithilfe eines waagerecht in Schulterhöhe angelegten Lineals. Den gemessenen Abstand durch zwei teilen. Mit einem zweiten senkrecht angelegten Lineal wird das Band 2 bis 3 cm unterhalb der oberen Stoffkante der Büste fixiert (1. Stecknadel auf Bild 1). Damit die Linie exakt senkrecht wird, hängt man unten an das Band ein leichtes Gewicht (Winkelmaß oder Schere) und fixiert das Band unten mit einer 2. Stecknadel, die im Winkel von 45° in die Büste gesteckt wird. Eine 3. Stecknadel in Taillenhöhe anbringen. Um das Band fest in der Mitte zu halten, auf der gesamten Länge im Abstand von 5 bis 7 cm Stecknadeln anbringen.

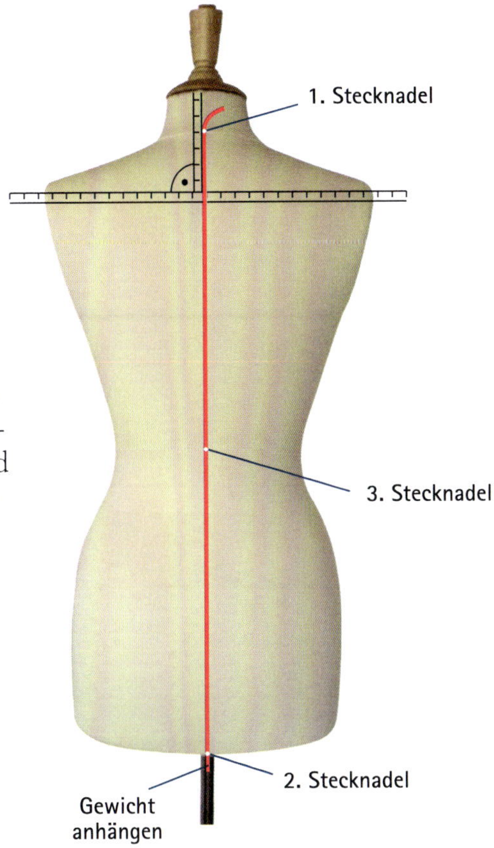

BILD 1

Achtung!
Beim Fixieren des Bandes die Stecknadeln nicht gerade (90°-Winkel) stecken, da sie sonst leicht herausfallen. Bei einem 45°-Winkel rutschen sie nicht heraus und bleiben an ihrem Platz.

Vordere Mitte

Die zweite Hauptkonstruktionslinie ist die vordere Mitte. Sie wird mit rotem Band auf der Schneiderbüste markiert.
Um genau die Mitte der Schulterlinie zu finden, wie beim Rückenteil vorgehen.
Beim Fixieren der 2. Stecknadel auf Taillenhöhe überprüfen, ob der Abstand zwischen hinterer und vorderer Mitte rechts und links gleich ist.
Bei der 3. Stecknadel unten am Oberkörper ebenso vorgehen.
Um das Band fest in der Mitte zu halten, auf der gesamten Länge im Abstand von 5 bis 7 cm Stecknadeln anbringen.

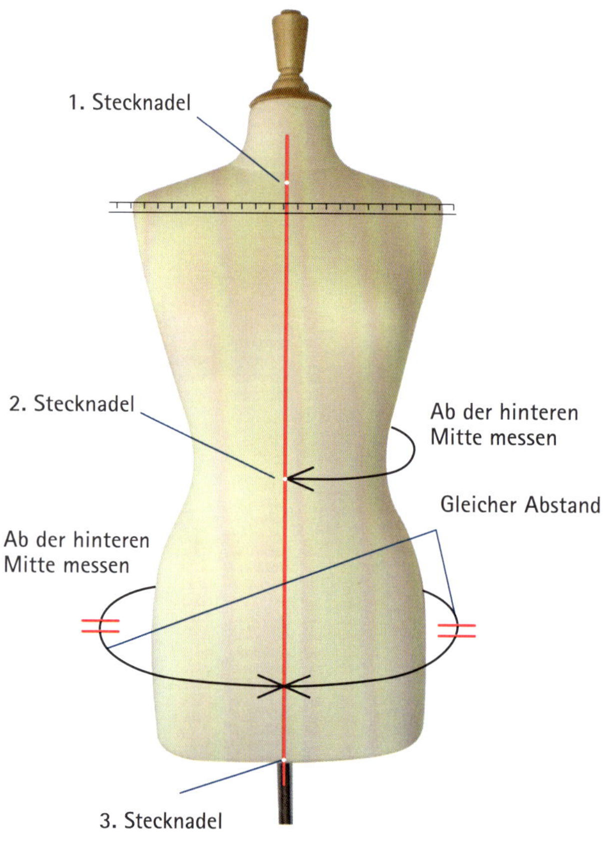

BILD 2

Taillenlinie

Nach den beiden vertikalen Linien – hintere und vordere Mitte –, die die Referenzlinien für die Schnittkonstruktion durch Drapieren sind, wird die horizontale Taillenlinie fixiert.
Diese ist eine Referenzlinie, da von ihr aus die anderen Linien bestimmt werden. Sie muss sehr sorgfältig platziert werden.
Auf den Boden genau senkrecht eine Schneiderelle oder eine Stange stellen oder die Büste einfach dicht an eine Wand stellen. Dann auf Taillenhöhe ein zweites Lineal senkrecht zur Wand oder Stange halten, sodass es genau waagerecht ist. Nun die Büste langsam (in Schritten von 5 bis 7 cm) um ihre eigene Achse drehen und dabei das Band in Höhe des waagerechten Lineals fixieren.
Mit dieser Technik erhält man rings um die Büste eine genau horizontale Linie.

Die Enden des Bandes werden in der Regel unter dem vertikalen Band der hinteren Mitte versteckt. Sie können auch unter jedem anderen vertikal angebrachten Band versteckt werden.
Abschließend kontrollieren, ob die Winkel zwischen vorderer bzw. hinterer Mitte und der Taillenlinie genau 90° betragen.

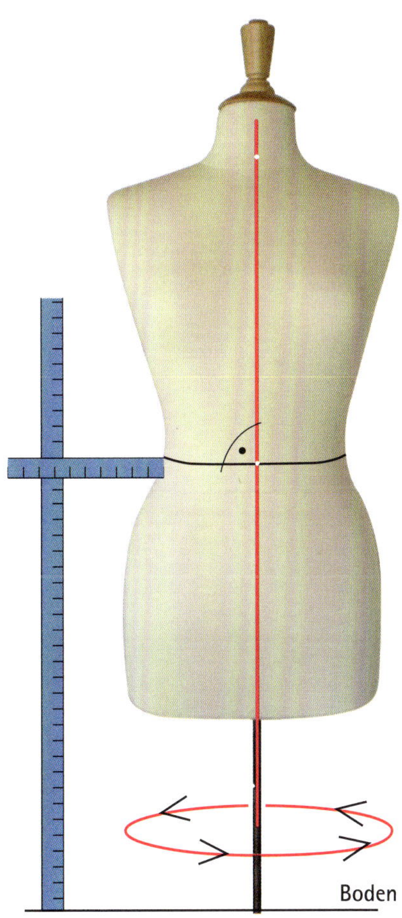

BILD 3

Die übrigen horizontalen Linien

Um mit dem Markierband die übrigen horizontalen Linien an der Büste anzubringen, wie bei der Taillenlinie vorgehen, also mithilfe einer am Boden fixierten Stange.

1. Brustlinie

Das Band um die stärkste Stelle der Brust legen.

2. Hüftlinie

Das Band um die stärkste Stelle der Hüfte legen. In der Größentabelle beträgt bei Größe 38 die Leibhöhe 20 cm. Pro Größe kommen 0,25 cm hinzu (siehe Band 1, *Grundschnitte*, S. 13).

3. Die obere Hüftlinie

Diese Linie wird auf halber Höhe zwischen Taillen- und Hüftlinie angebracht.

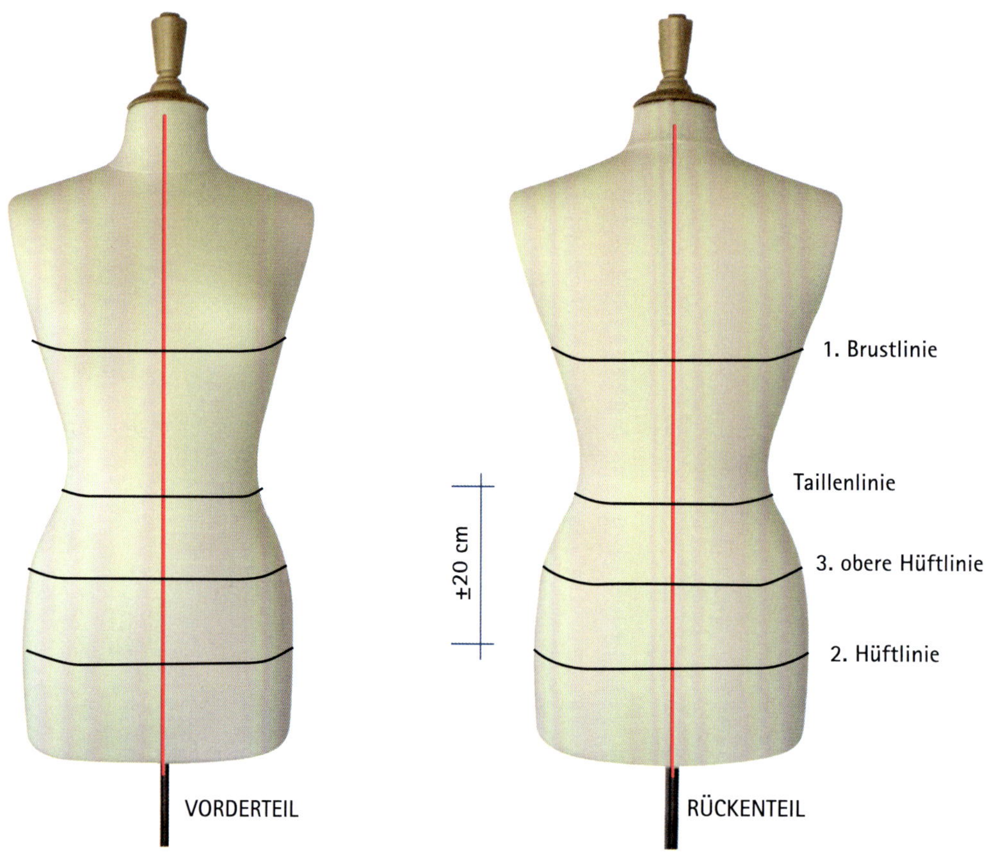

BILD 4

Seitenlinie

Um die Seitenlinie zu markieren, zuerst das Band unten am Hals befestigen; dabei 2 bis 3 cm Band überstehen lassen.
Die erste Stecknadel am Halsansatz und die zweite am äußersten Punkt der Schulter bestimmen die Schulterbreite. Es ist ratsam, zur deutlichen Markierung hier farbige Stecknadeln zu verwenden, da dieses Maß später noch benötigt wird.

Um die Stelle zu finden, an der das Band an der Taillenlinie fixiert wird, den Abstand zwischen hinterer und vorderer Mitte messen und durch zwei teilen. Dann am Vorderteil 1 cm zugeben, am Rückenteil ebenso viel abtragen. Beträgt der Abstand zwischen hinterer und vorderer Mitte z. B. 34 cm, teilt man diese durch zwei (also 17 cm), gibt für das Vorderteil 1 cm zu (also 18 cm) und trägt für das Rückenteil 1 cm ab (also 16 cm).
Um den korrekten Punkt auf der Hüftlinie zu finden, den Abstand ebenso berechnen wie bei der Taillenlinie.
Um das Band sicher zu fixieren, entlang der gesamten Seitenlinie im Abstand von 5 bis 7 cm Stecknadeln setzen.

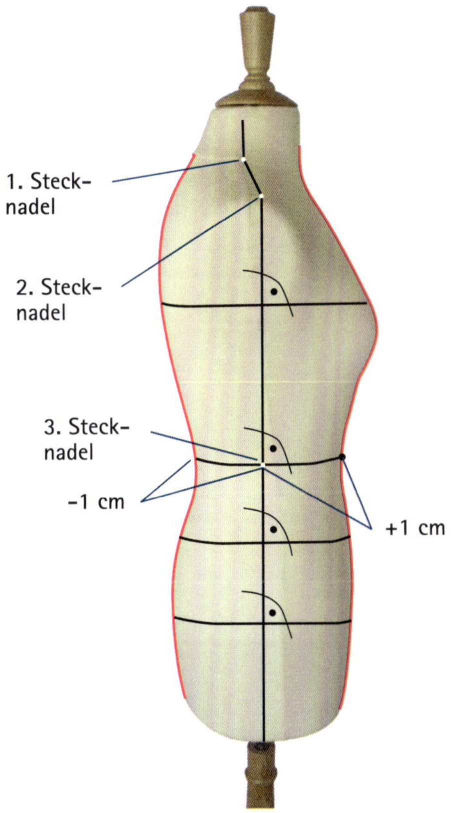

BILD 5

Achtung!
Die vertikale Seitenlinie muss unbedingt rechtwinklig (90°) zu den horizontalen Linien an Brust, Taille und Hüfte verlaufen.

Hintere Abnäherlinie (oder Schnittlinie)

Die hinteren Abnäher (Schulterabnäher, Abnäher unterhalb und oberhalb der Taillenlinie) liegen auf einer Linie. Diese markiert den Verlauf der Hauptschnittlinien und setzt sich am Vorderteil fort.
Grob die Länge von Vorder- und Rückenteil abschätzen und ein Stück Band von dieser Gesamtlänge abschneiden.

① Die Mitte des abgeschnittenen Bandes suchen und auf der Hälfte der Schulterbreite feststecken (mittig zwischen den beiden zuvor angebrachten farbigen Stecknadeln).

② Das Markierband leicht bis zur Taillenlinie ziehen und auf der Hälfte zwischen Seitenlinie und hinterer Mitte feststecken.

③ Auf der Brustlinie den Abstand zwischen hinterer Mitte und Abnäherlinie messen (in Bild 6 mit violetter Doppellinie gekennzeichnet); diesen Wert auf die Hüftlinie übertragen und das Markierband feststecken.

Von der Hüftlinie fällt das Band senkrecht bis zum unteren Rand der Schneiderbüste.
Damit es fest sitzt, auf der gesamten Länge im Abstand von 5 bis 7 cm mit Stecknadeln fixieren.

Achtung!
Die linke hintere Abnäherlinie muss zur rechten genau symmetrisch verlaufen.

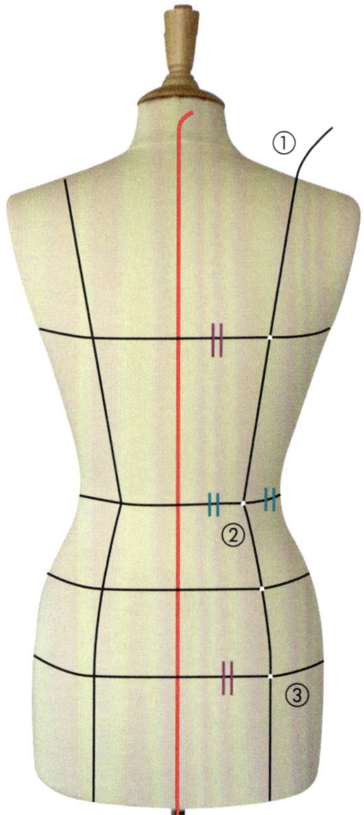

BILD 6

Vordere Abnäherlinie (oder Schnittlinie)

Wie am Rückenteil werden die vorderen Abnäher (vorderer Schulter- oder Brustabnäher, Abnäher unter- und oberhalb der Taille) auf einer Linie platziert, was einem Schnitt mit Wiener Nähten oder Prinzessnähten entspricht.

① und ② Diese Abnäherlinie geht vom gleichen Punkt aus wie die Linie am Rückenteil. Die zweite Hälfte des Markierbands zum stärksten Punkt der Brust führen und auf der Brustlinie feststecken.

③ Die Hälfte der Brustzugabe (den Abstand zwischen der vorderen Mitte und der unter ② fixierten Abnäherlinie) markieren; diesen Wert (in Bild 7 mit violetter Doppellinie gekennzeichnet) dann auf die Hüftlinie übertragen und das Markierband feststecken.

④ Wo das Markierband auf der Taillenlinie fixiert wird, hängt vom Wert des Taillenabnähers ab. Diesen Wert kann man genau bestimmen, indem man den Unterschied zwischen Brust- und Taillenumfang berechnet. Man kann auch ein Maß von 2,5 cm wählen; dies ist der häufigste Abnäherwert. Dabei muss einem klar sein, dass das Maß des vorderen Abnähers in der Regel nicht größer als 3 cm ist (für weitere Details siehe Band 1, *Grundschnitte*, S. 21–23).
Von der Hälfte der Brustzugabe 2,5 cm abziehen, diesen Wert auf die Taillenlinie übertragen und das Band dort feststecken.
Von der Hüftlinie fällt das Band senkrecht bis zum unteren Rand der Schneiderbüste. Damit es fest sitzt, auf der gesamten Länge im Abstand von 5 bis 7 cm mit Stecknadeln fixieren.

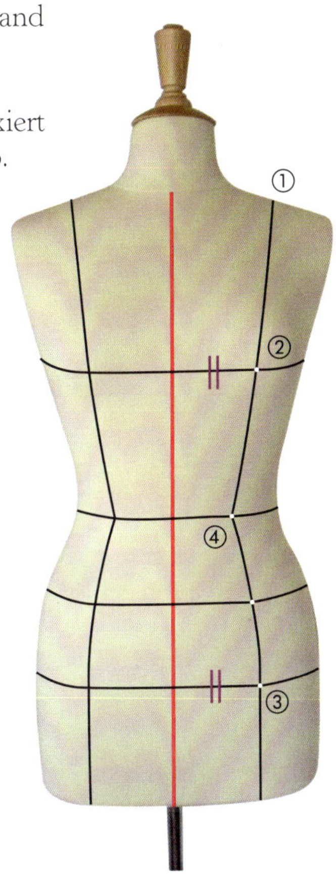

BILD 7

Achtung!
Die linke vordere Abnäherlinie muss zur rechten genau symmetrisch verlaufen.

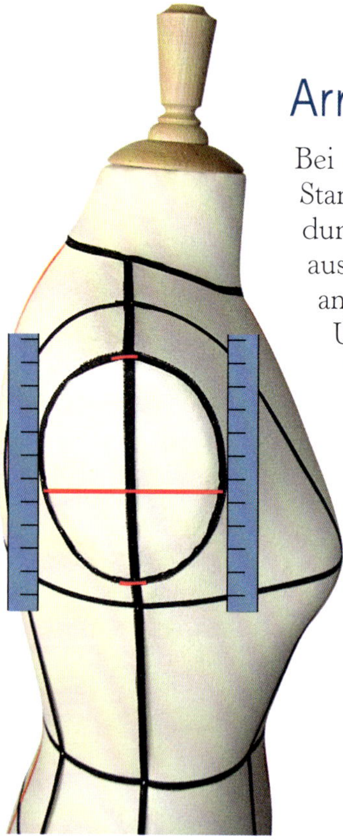

BILD 8

Armausschnitt

Bei der Herstellung von Schneiderbüsten werden Standardmaße verwendet. Die Details – wie die Rundung des Armausschnitts oder die Form des Halsausschnitts – sind genau berechnet und der Größe angepasst.

Um das Markierband für den Armausschnitt anzubringen, genügt es daher, der auf der Büste vorgegebenen Linie zu folgen. Oben und unten am Armausschnitt müssen jeweils 2 cm gerade verlaufen (sog. Abflachung; Bild 8, kurze rote Striche).

Oberbrustlinie

Die horizontale Oberbrustlinie wird mithilfe der Kurve des Armausschnitts konstruiert. Um sie festzulegen, zwei Lineale senkrecht an den Rändern des Armausschnitts anlegen (Bild 8), dann ein Lineal waagerecht am Beginn der Kurve des Armausschnitts anlegen. Auf dieser Höhe liegt die Oberbrustlinie (Bild 8, rote Linie im Inneren des Armausschnitts).
Diese Linie an Vorder- und Rückenteil horizontal verlängern (Bild 9).

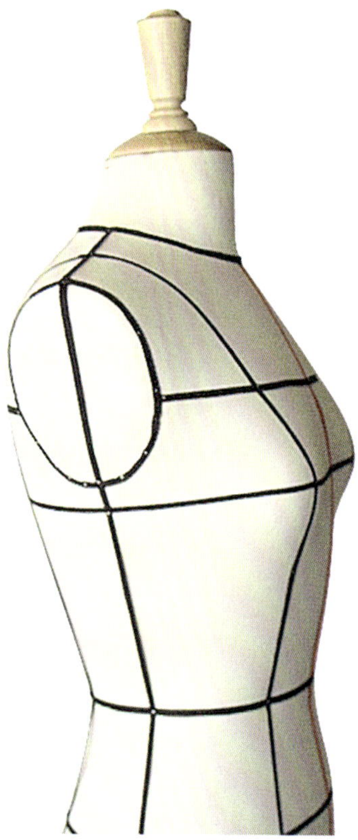

BILD 9

Halsausschnitt

Der Halsausschnitt am Halsansatz ist bereits an der Schneiderbüste markiert. Zum Anbringen des Markierbands folgt man lediglich der Naht am Bezugsstoff der Büste (Bild 10).

Die fertige Konstruktion

Nun ist das Anbringen der Markierbänder an der Büste beendet. Die senkrechten und horizontalen Linien der Bänder sind die Konstruktionslinien, die man für das Drapieren des gewünschten Modells benötigt.

BILD 10

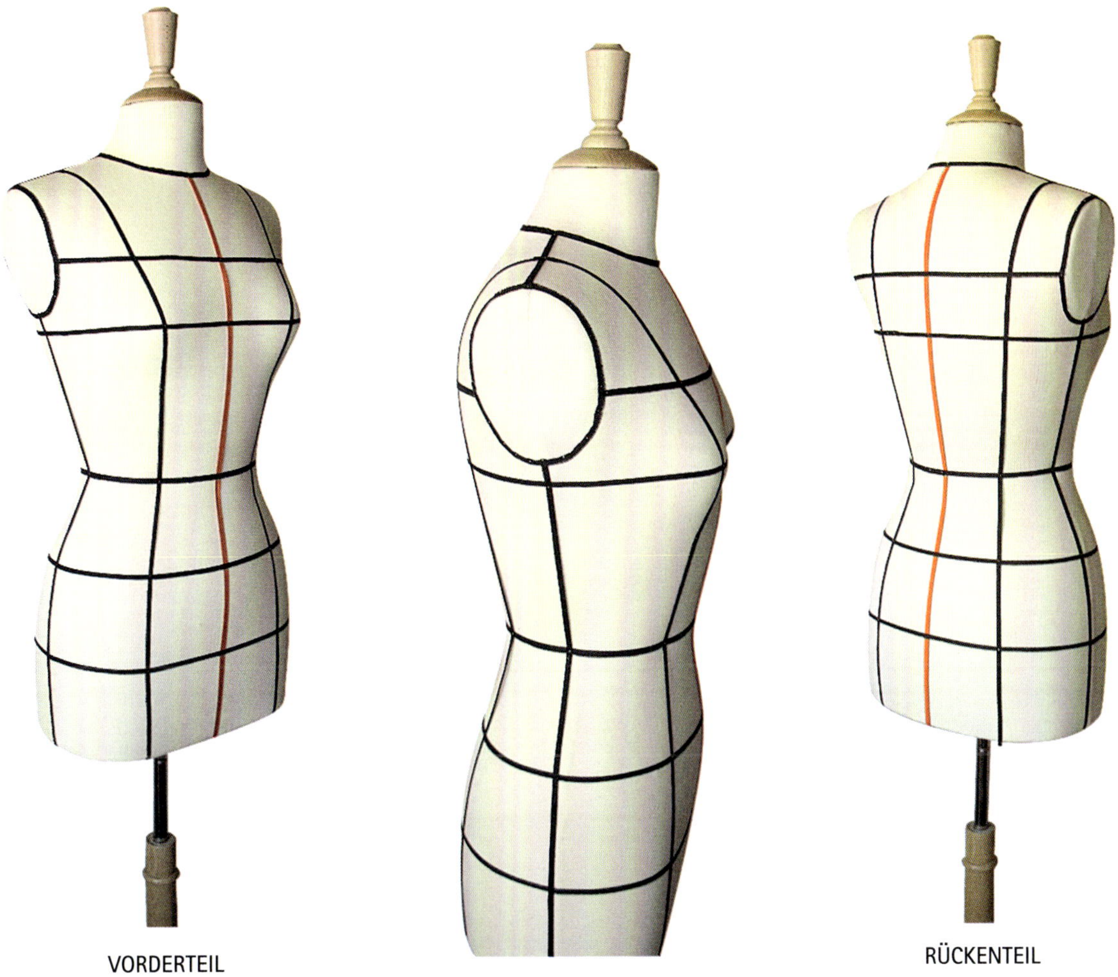

VORDERTEIL

SEITENANSICHT

RÜCKENTEIL

BILD 11

Drapieren an der Schneiderbüste

In diesem Kapitel werden detailliert die Schritte zur Herstellung eines Kleidungsstücks erläutert – von der technischen Zeichnung bis zur Anfertigung des endgültigen Schnittmusters.

Sie erlernen den Umgang mit dem Stoff, das Positionieren der Linien, das Anpassen der Abnäher, die Kreation eines Probestücks an der Büste und seine Übereinstimmung mit dem endgültigen Schnittmuster.

All diese Schritte sind zum Erlernen der Technik notwendig; man muss sich also die Zeit nehmen, sie zu verstehen und umzusetzen.

Es gelten zwei Grundregeln: Die Linien, die mit dem Markierband auf der Büste abgesteckt werden, müssen mit denen auf dem Stoff übereinstimmen, und man muss sich bei der Konstruktion an die einzelnen Arbeitsschritte halten: Vorder- und Rückenteil des Oberkörpers, Armausschnitt, Halsausschnitt, Abnäher …

Die technische Zeichnung

Um an der Büste zu drapieren oder einen Schnitt herzustellen, benötigt man zunächst eine Skizze oder einen Entwurf des Modells.
In der Regel wird hierfür eine technische Zeichnung angefertigt, die zum Drapieren unbedingt erforderlich ist. Sie enthält die Maße der Grundelemente (Breite, Länge, Brusthöhe, Taillenumfang) und manchmal, je nach Bedarf, auch Details des Modells, z. B. zu Nähten, Versäuberungsarbeiten, Stoffqualität, sowie die genauen Maße der zu drapierenden Einzelteile wie Kragen, Taschen, Ärmel etc.

Skizze des zu drapierenden Modells

BILD 1

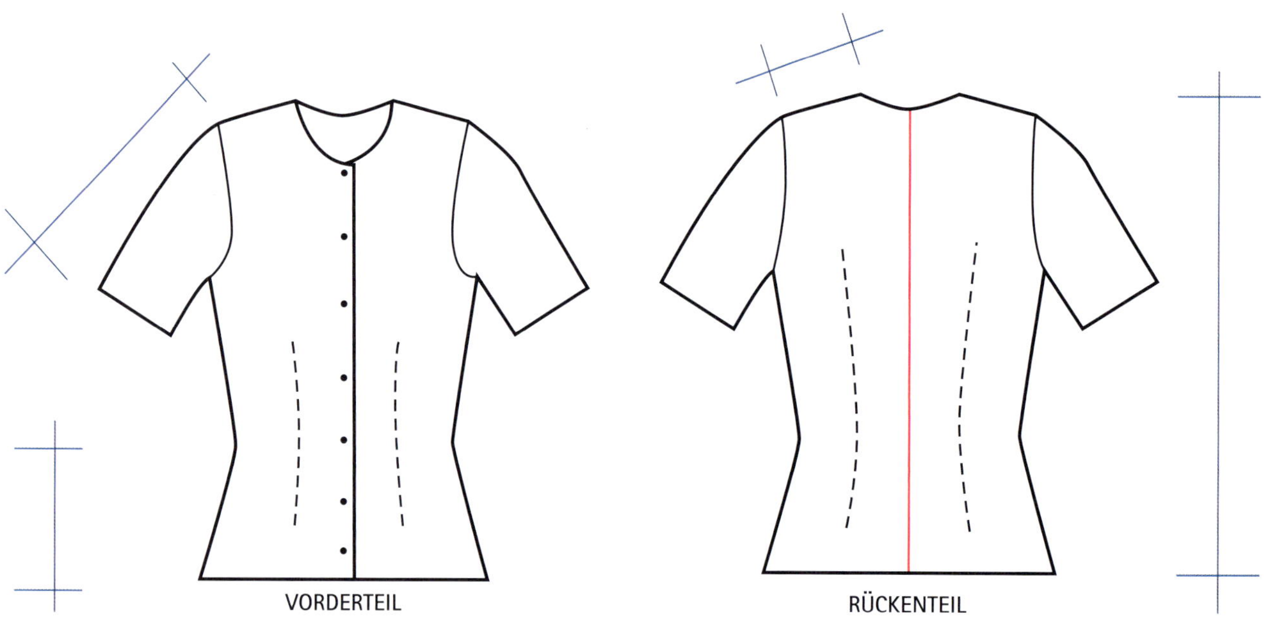

Technische Zeichnung des Modells für das Drapieren

BILD 2

Schnittschema für das Drapieren

Das Schnittschema für das Drapieren erhält man, indem man ein Stück Stoff in der Größe der zu drapierenden Partie zuschneidet.
Dieser Stoff sorgt für den richtigen Sitz des Modells, da auf ihm die vertikalen und horizontalen Konstruktionslinien eingezeichnet werden. Da das Stoffstück genau den Anforderungen entspricht, lässt sich damit zudem bequemer arbeiten. Zu guter Letzt bedeutet dies auch eine Ersparnis, da der Stoffverschnitt auf ein Minimum reduziert wird.
Welche Maße auf dem Schnittschema für das Drapieren eingetragen werden, hängt allein von den Maßen der zu drapierenden Partie ab. Diese Maße sind Näherungswerte, da es sehr schwierig ist, die Größe des Stoffstücks z. B. für einen Schalkragen im Voraus auf den Zentimeter genau zu bestimmen.

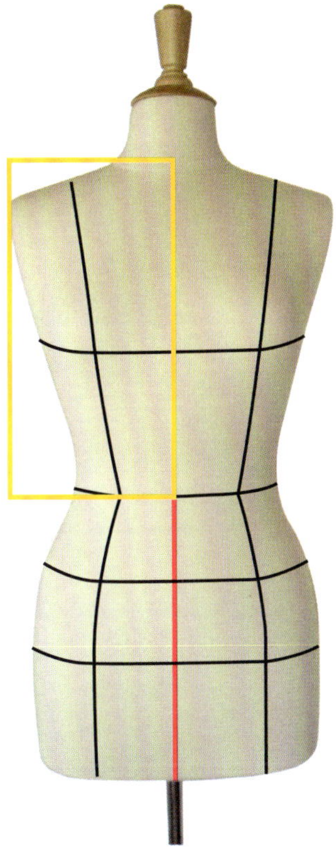

BILD 1

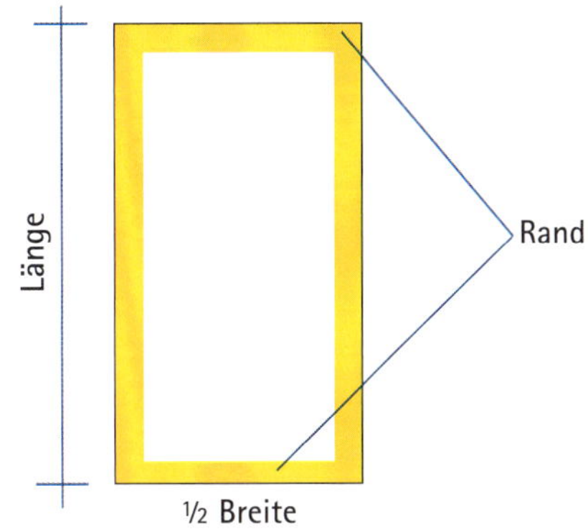

Beispiel eines Schnittschemas für das Drapieren (Vorderteil)

BILD 2

Zu den festgelegten Maßen rechnet man noch die Zugabe, um einen genügend breiten Rand zum Feststecken zu haben. Wenn der Stoff nicht zu knapp zugeschnitten wird, lässt er sich leichter bearbeiten, z. B. bei der Dachbildung für Abnäher, wenn eine neue Punktierung erforderlich ist oder einfach etwas Unvorhergesehenes auftritt.

Ein Vorderteil drapieren

Technische Zeichnung

Zunächst eine technische Zeichnung des gewünschten Modells mit den nötigen Angaben (Breite, Länge, Position der Abnäher etc.) anfertigen (Bild 1). Mithilfe dieser Angaben werden die Grundmaße der Einzelteile für das Drapieren festgelegt.

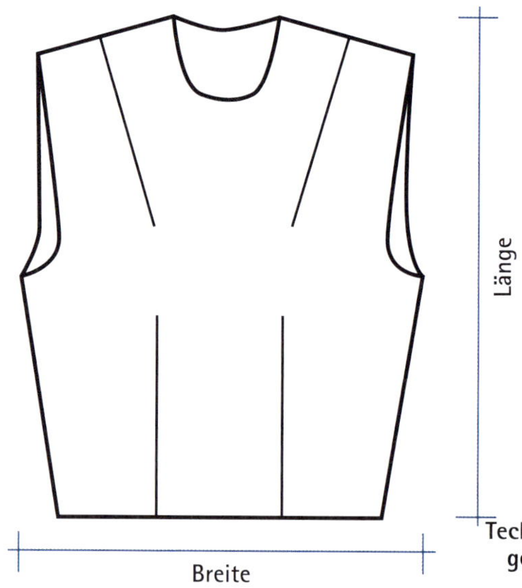

Technische Zeichnung des gewünschten Modells

BILD 1

Schnittschema

A Auf der technischen Zeichnung die vordere Mitte eintragen (Bild 2, rote Linie), dann die Hälfte des Vorderteils einrahmen; es wird zunächst nur diese Partie drapiert.
Welche Seite der Büste gewählt wird, ist unerheblich. Meist wird am rechten Vorder- und Rückenteil gearbeitet (Bild 2, gelbes Rechteck).
B Rings um das Rechteck 3 bis 5 cm Rand zugeben.
C Das Rechteck in der Größe des halben Vorderteils auf den Stoff übertragen; dabei Fadenlauf (Kette und Schuss) und Hauptkonstruktionslinien – Taille und Brust (Bild 2, in Schwarz) sowie vordere Mitte (Bild 2, in Rot) – beachten.

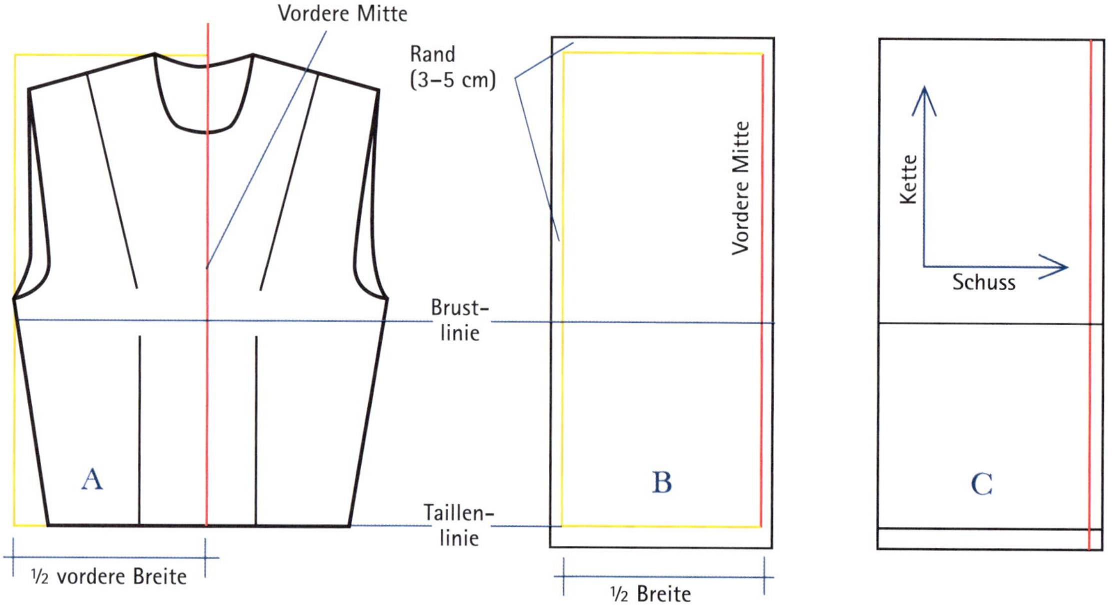

Schnittschema für das Drapieren – Vorderteil

BILD 2

Achtung!
Die horizontalen und vertikalen Linien auf dem Stoff müssen genau den mit dem Markierband abgesteckten Linien auf der Büste entsprechen.

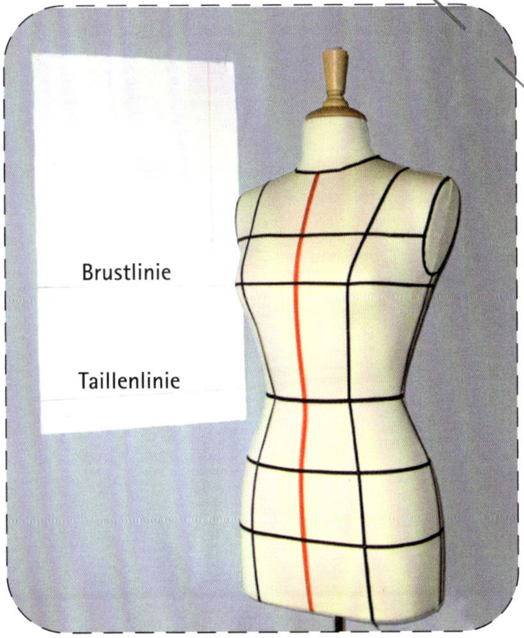

Markierungslinien

BILD 3

Anbringen des Stoffes auf der Büste

Von diesem Arbeitsschritt hängen das gute Endergebnis, ein korrektes Schnittmuster und der Fall des Kleidungsstücks ab.

Den Stoff so auf die rechte Seite der Büste legen, dass die auf dem Stoff eingezeichnete vordere Mitte genau auf der markierten vorderen Mitte auf der Büste liegt. Auch die horizontalen Linien müssen an Stoff und Büste übereinstimmen.

① Die erste Stecknadel am Kreuzungspunkt von Taillenlinie und vorderer Mitte anbringen.

② Die zweite Stecknadel am Kreuzungspunkt von Brustlinie und vorderer Mitte anbringen.

③ Die dritte Stecknadel am Halsausschnitt anbringen. Sie dient nur dem Fixieren des Stoffes und wird während der folgenden Arbeitsschritte umgesteckt.

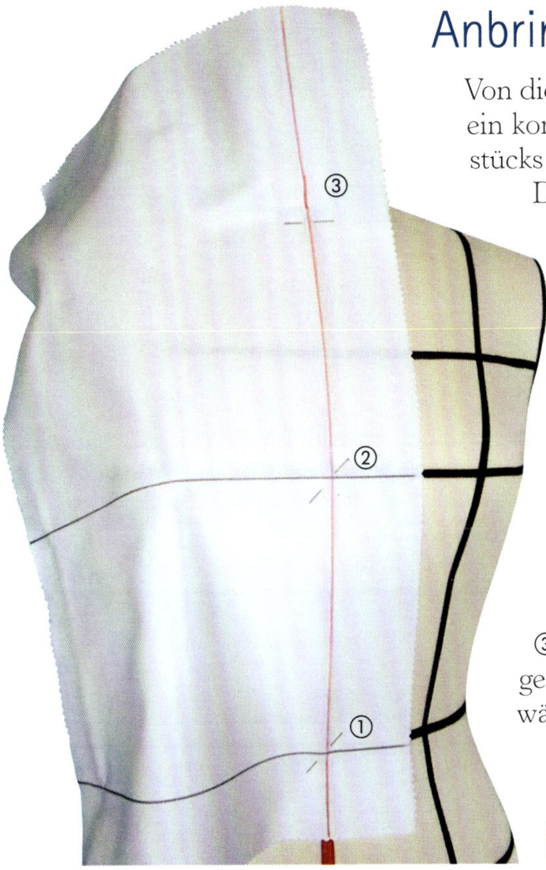

BILD 4

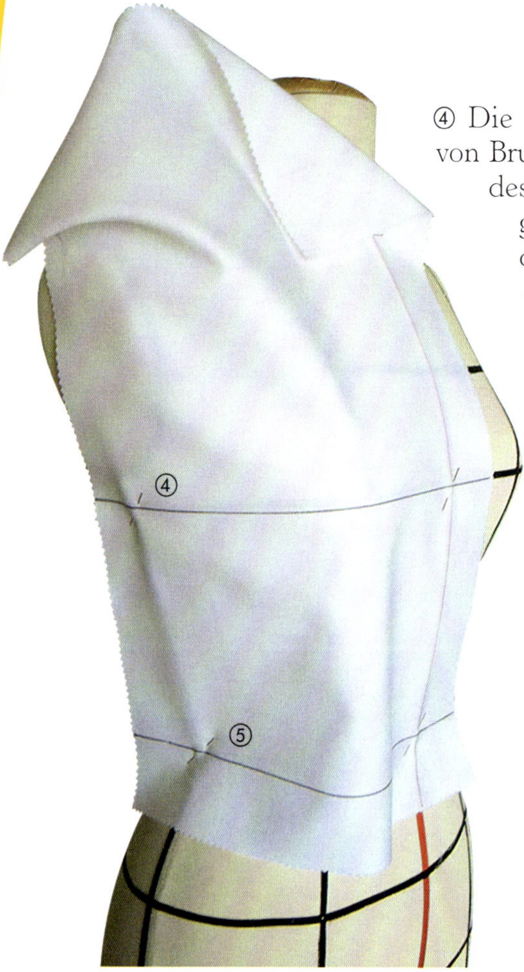

④ Die vierte Stecknadel am Kreuzungspunkt von Brust- und Seitenlinie anbringen (unterhalb des Armausschnitts). Diese Nadel wird so gesteckt, dass die beiden Brustlinien (die des Stoffes und die der Büste) genau übereinanderliegen.

⑤ Die fünfte Stecknadel am Kreuzungspunkt von Seiten- und Taillenlinie anbringen. Auf diese Weise entsteht der seitliche Taillenabnäher, dessen Wert sich von selbst ergibt. Man braucht nur mit der Hand mit leichtem Druck von der vierten Stecknadel entlang der Seitenlinie nach unten bis zur Taille zu streichen.

BILD 5

Taillenabnäher

Von der vorderen Mitte aus den Stoff entlang der Taillenlinie bis zur an der Büste markierten Abnäherlinie ausstreichen und dort eine Stecknadel anbringen. Ebenso von der Seitenlinie aus bis zur Abnäherlinie vorgehen.
Abnäherwert nach innen falten und zur vorderen Mitte hin (Bild 6, rote Linie) umlegen (siehe „Nähte“, S. 22). Der Rand des Abnähers muss genau auf der an der Büste markierten Abnäherlinie verlaufen.

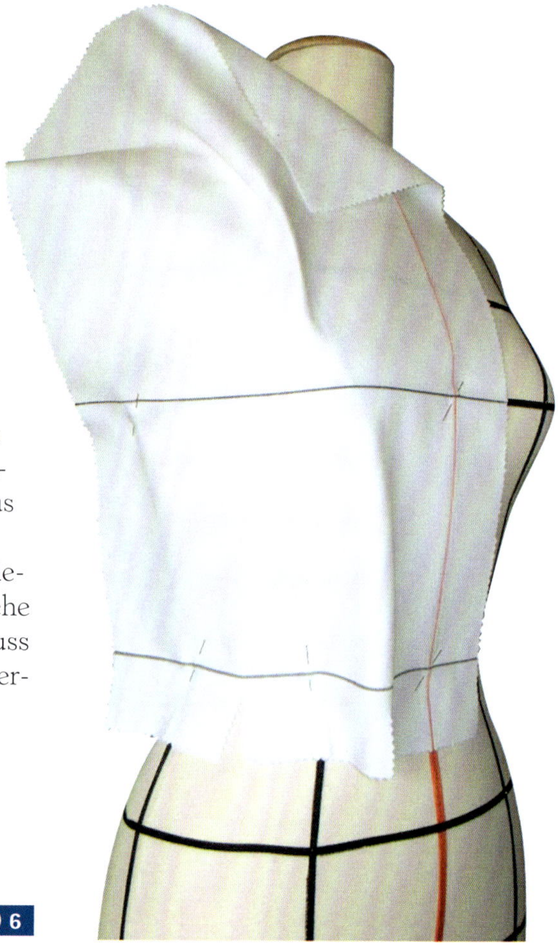

BILD 6

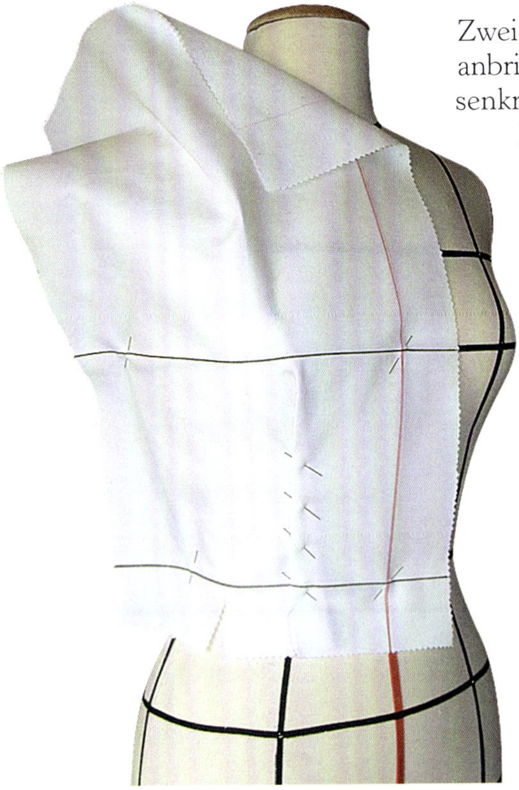

Zwei bis drei Stecknadeln entlang des Abnähers anbringen. Dafür auf beiden Seiten des Abnähers senkrecht über die Büste fahren, um eventuelle Falten oder Beulen auszustreichen. Der Stoff muss unbedingt glatt liegen.

Achtung!
Beim Anbringen des Abnähers aufpassen, dass nicht der Bezugsstoff der Büste mit festgesteckt wird. Der Rand des Abnähers muss genau über der auf der Büste markierten Abnäherlinie liegen.

BILD 7

Halsausschnitt

Die zuvor (Bild 4) angebrachte Stecknadel entfernen und den Stoff entlang der vorderen Mitte nach unten schieben, sodass er sich etwa 1 cm ausbeult. Eine Stecknadel am Kreuzungspunkt von vorderer Mitte und Halsweite anbringen. Die Ausbeulung mit der Hand bis zur Brustlinie schieben, damit der Stoff glatt liegt. Dann eine Stecknadel auf der Oberbrustlinie anbringen.
Stoff von der vorderen Mitte aus zur Schulter ausstreichen und in Höhe des Brustabnähers auf der Schulterlinie feststecken.

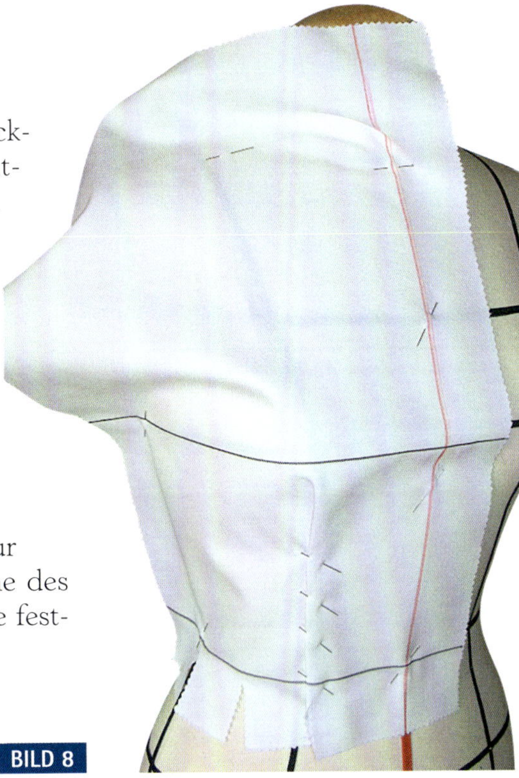

BILD 8

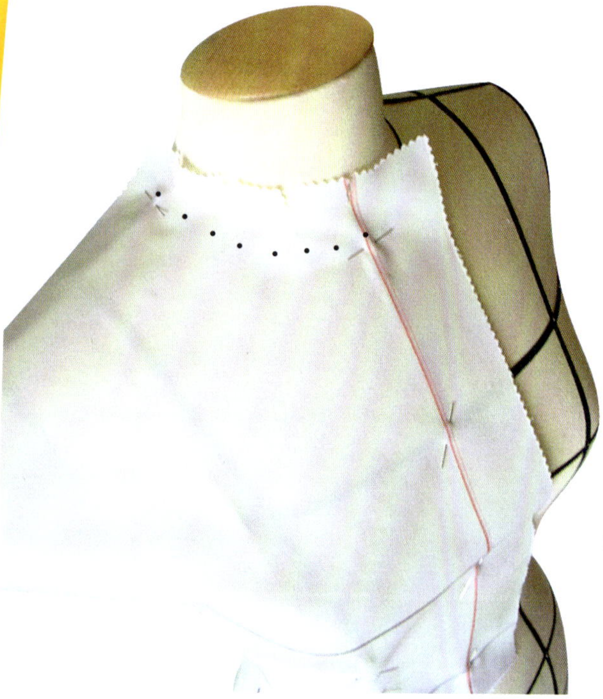

BILD 9

Zum Anpassen des Halsausschnitts den Stoff etwa auf halber Höhe des Büstenhalses abschneiden, dabei dem Verlauf der Halsweite folgen. In den oberen Rand Kerben schneiden, sodass der Stoff am Halsansatz der Büste perfekt anliegt.
Stoff von der Stecknadel auf der Schulter zum Hals hin glatt streichen und am Kreuzungspunkt von Schulterlinie und Halsweite feststecken. Mit einem Bleistift vom Härtegrad 2B die Punktierung des Halsausschnitts setzen; dabei der Markierung der Halsweite an der Büste folgen.

Brustabnäher

Der Stoff ist an der Seite bereits an zwei Punkten (Brust- und Taillenhöhe) fixiert. Um ihn anzupassen, den Stoff leicht nach oben ziehen, sodass er sich weder beult noch Falten wirft. In Höhe der Oberbrustlinie auf der Armausschnittlinie feststecken.
Den Stoff vom Armausschnitt bis zur an der Büste markierten Abnäherlinie streichen, sodass sich der Brustabnäher bildet. Der Abnäherwert muss auf der Innenseite liegen.

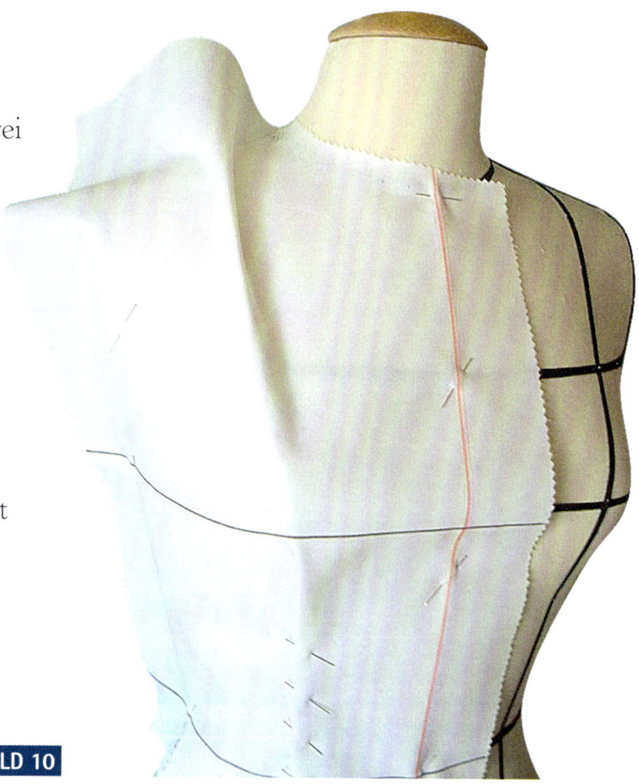

BILD 10

Den Abnäher zur vorderen Mitte hin umlegen (siehe „Nähte", S. 22) und der Markierungslinie an der Büste folgend etwa alle 3 cm eine Stecknadel anbringen. Den Stoff an der Schulter am Kreuzungspunkt von Schulterlinie und Halsweite fixieren.

BILD 11

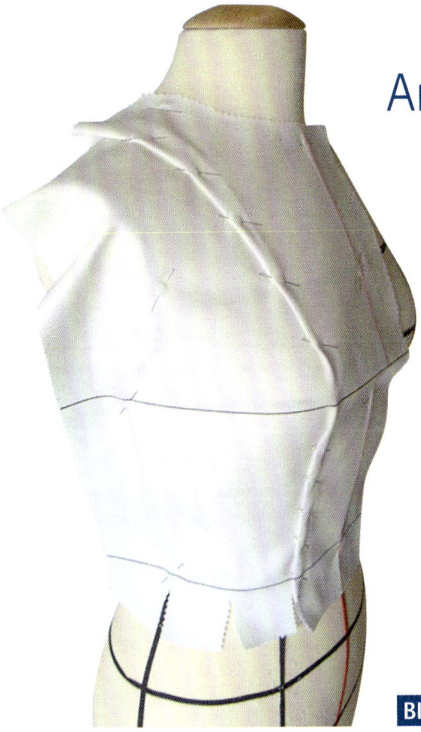

BILD 12

Armausschnitt

Vor dem Punktieren des Armausschnitts sorgfältig kontrollieren, ob der Brustabnäher genau über der markierten Abnäherlinie der Büste sitzt. Vor allem prüfen, dass es am oberen Vorderteil weder Beulen noch Fältchen gibt. Wenn die Rundung des Armausschnitts erst punktiert und ausgeschnitten ist, lässt sich an dieser Partie nichts mehr verändern. Man müsste die Arbeit ganz von vorn beginnen.

Punktieren

Vorderseite

Mit einem nicht zu weichen Bleistift (2B) Schulter- und Taillenabnäher punktieren. Dabei ca. 2 cm unter- und oberhalb der Brustlinie flach auslaufen lassen (Abflachung; siehe Band 1, *Grundschnitte*, S. 29).

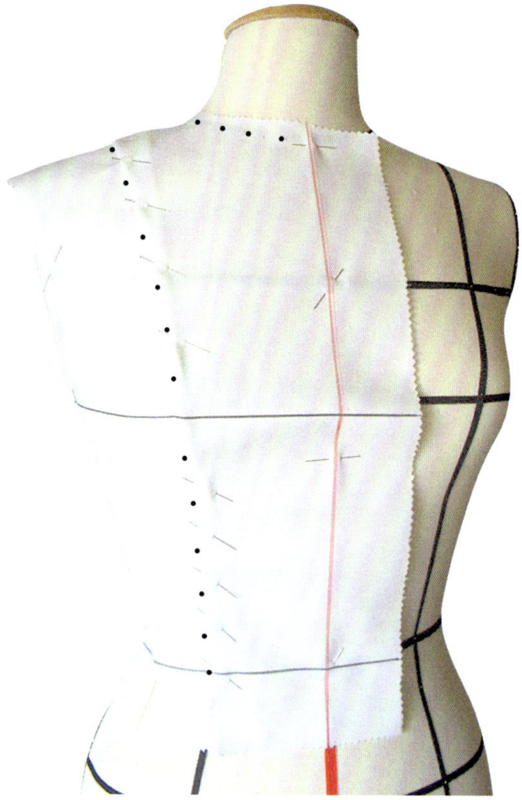

BILD 13

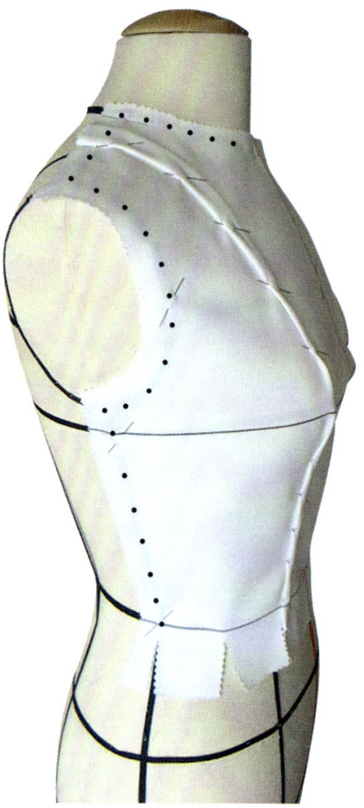

BILD 14

Seite

Von der Taille aus entlang der Seitenlinie und der an der Büste markierten Armausschnittlinie etwa alle 2 bis 3 cm einen Punkt setzen.

Die Punktierung entlang von Schulterlinie und Halsausschnitt fortsetzen.

Zur Fertigstellung des Vorderteils entlang der Punktierung mit ca. 2 cm Rand abschneiden, sodass der Stoffschnitt eine Nahtzugabe der gewünschten Breite (1 oder 2 cm) erhalten kann.

Schnittmuster aus Nessel – Vorderteil

Stoff von der Büste abnehmen.
Falls die Taillenlinie verändert wurde, diese mit abgestecktem Abnäher nachzeichnen (siehe „Abnäherdach“, S. 54).
Alle Stecknadeln entfernen und den Stoff flach auf einem Tisch ausbreiten (Bild 15). Falls nötig, kann der Stoff bei niedriger Temperatur gebügelt werden.
Mithilfe von Lineal und Kurvenlineal die zuvor markierten Punkte (Abnäher, Seiten-, Schulter- und Taillenlinie, Arm- und Halsausschnitt) verbinden (Bild 16).
Ringsum 1 cm Nahtzugabe vorsehen und den Stoff zuschneiden.
Es empfiehlt sich, das Schnittmuster aus Nessel mithilfe von Pauspapier auf Kraft- oder Bristolpapier zu kopieren. Im Gegensatz zum Stoff kann ein Papierschnitt ohne Gefahr des Sichverformens aufbewahrt werden.

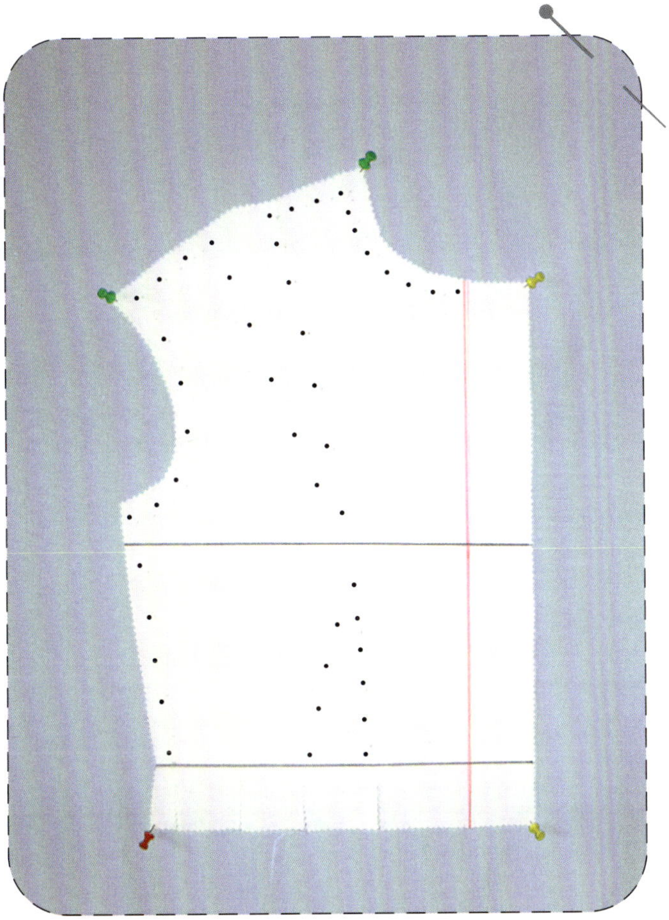

BILD 15

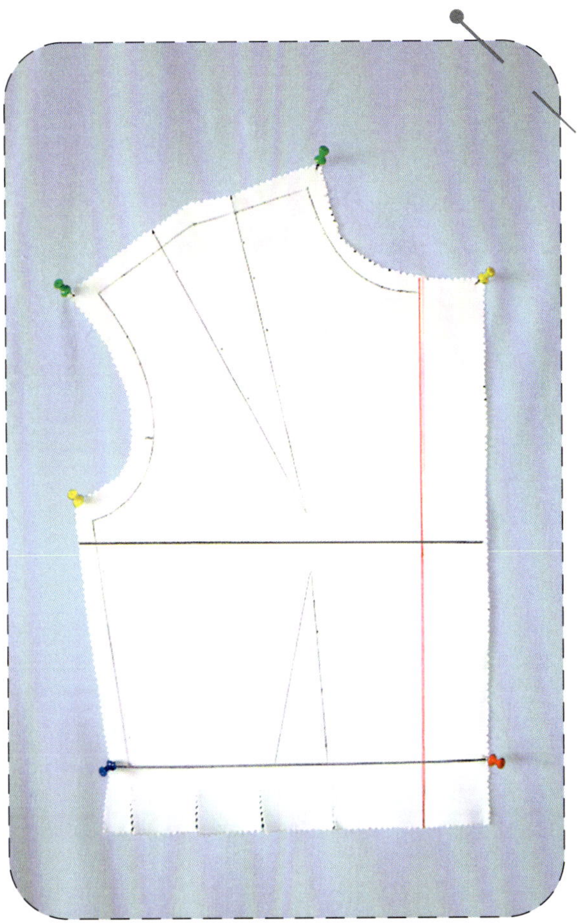

Schnittmuster aus Nessel – Vorderteil

BILD 16

Ein Rückenteil drapieren

Technische Zeichnung

Wie für das Vorderteil eine technische Zeichnung mit den Maßangaben von Länge und Breite anfertigen.

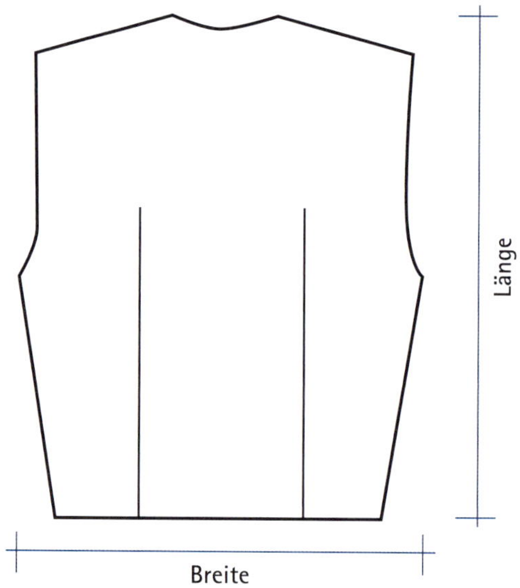

Technische Zeichnung des gewünschten Modells

BILD 1

Schnittschema

A Das Rückenteil passend zum Vorderteil zuschneiden; wenn für das Vorderteil die rechte Seite der Büste gewählt wurde, auch das rechte Rückenteil zuschneiden.
Aus den gleichen Gründen wie beim Vorderteil wird mit der Hälfte des Rückenteils gearbeitet. Das Schnittmuster wird genauer, wenn die Gegenseite kopiert wird.
Die Hälfte des Rückenteils einrahmen; dabei Länge und Breite beachten (Bild 2, gelbes Rechteck).

B Rings um das Rechteck 3 bis 5 cm Rand zugeben.
C Diesen Umriss des halben Rückenteils auf den Stoff übertragen; dabei den Fadenlauf (Kette und Schuss) beachten. Zum Positionieren des Stoffes auf der Büste die Hauptkonstruktionslinien einzeichnen: Taille, Brust (Bild 2, in Schwarz), hintere Mitte (Bild 2, in Rot).

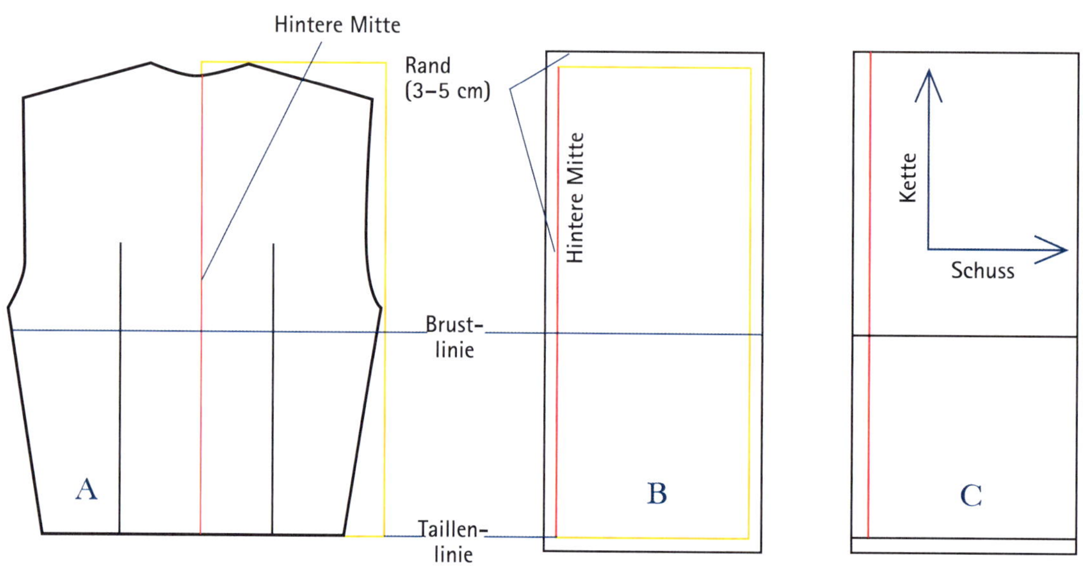

Schnittschema für das Drapieren des Rückenteils

BILD 2

Anbringen des Stoffes auf der Büste

Von diesem Arbeitsschritt hängen das gute Endergebnis, ein korrektes Schnittmuster und der Fall des Kleidungsstücks ab.

Den Stoff so auf die rechte Seite der Büste legen, dass die auf dem Stoff eingezeichnete hintere Mitte (vertikale rote Linie) genau über der markierten hinteren Mitte auf der Büste liegt. Auch die horizontalen Linien müssen an Stoff und Büste übereinstimmen (Bild 3).

Den Stoff entlang der hinteren Mitte feststecken, erst in Höhe der Taillenlinie, dann auf der Brustlinie, zuletzt in Höhe der Halslinie (Bild 3, ①, ②, ③).

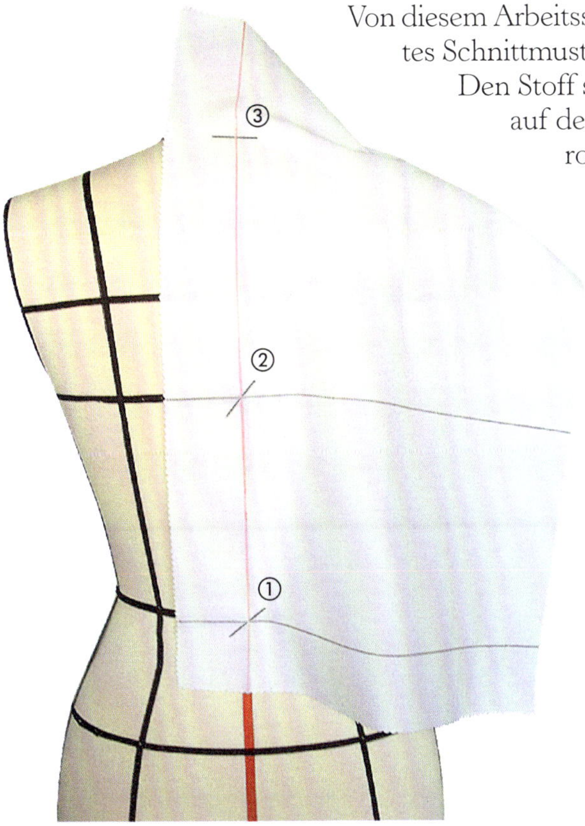

BILD 3

Achtung!
Die horizontalen und vertikalen Linien auf dem Stoff müssen genau den mit dem Markierband abgesteckten Linien auf der Büste entsprechen.

Den Stoff vom Halsausschnitt zum Armausschnitt ausstreichen, damit diese Partie ganz glatt und faltenfrei liegt (Bild 4).

Den Stoff vom Armausschnitt entlang der Seitenlinie ausstreichen und in Höhe der Brustlinie feststecken (Bild 4, ④), dann auf der Taillenlinie feststecken (Bild 4, ⑤).

Die Linien auf dem Stoff und die markierten Linien auf der Büste müssen exakt übereinanderliegen.

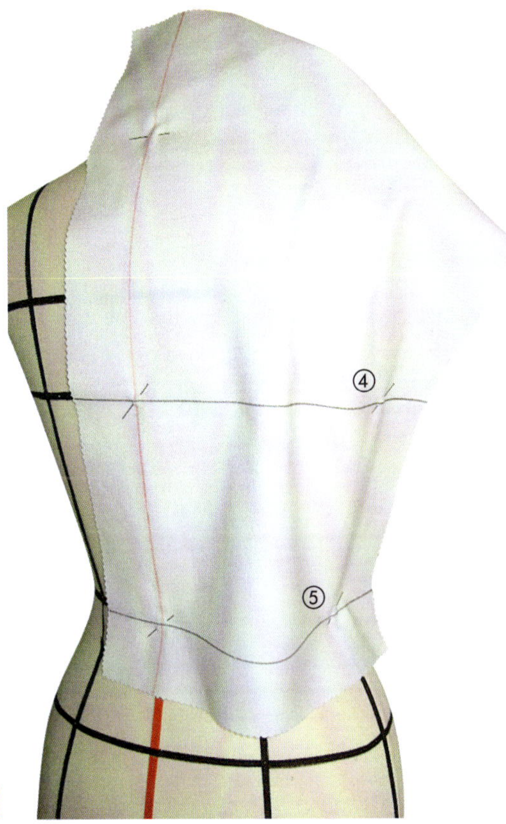

BILD 4

Taillenabnäher

Der Abnäher wird auf die gleiche Weise wie am Vorderteil gearbeitet.
Von der vorderen Mitte aus den Stoff entlang der Taillenlinie bis zur an der Büste markierten Abnäherlinie ausstreichen und dort eine Stecknadel anbringen. Ebenso von der Seitenlinie aus bis zur Abnäherlinie vorgehen.

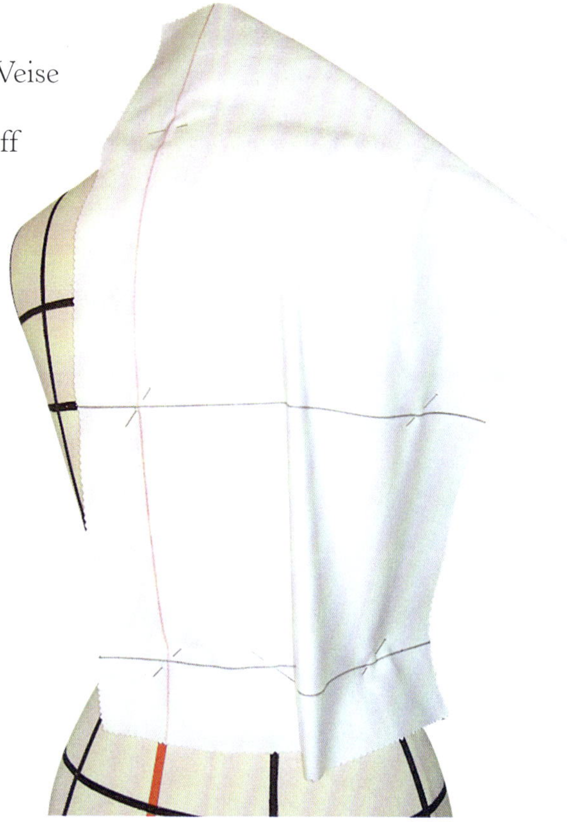

BILD 5

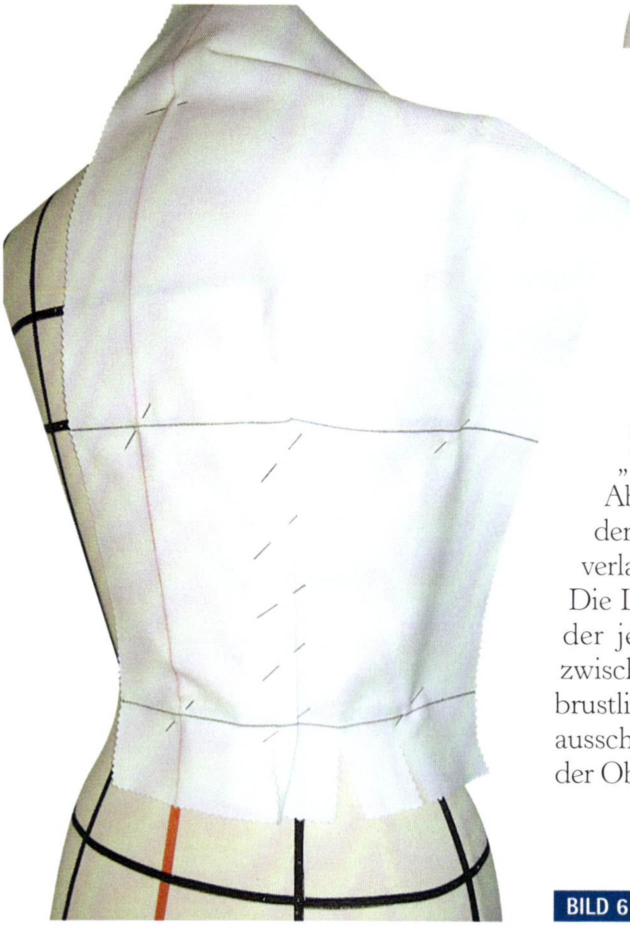

Den Abnäher entlang der Markierung auf der Büste abstecken. Den Abnäherwert nach innen falten und zur vorderen Mitte hin (Bild 6, rote Linie) umlegen (siehe „Nähte", S. 22). Der Rand des Abnähers muss genau auf der an der Büste markierten Abnäherlinie verlaufen.
Die Länge des Abnähers hängt von der jeweiligen Figur ab. Er endet zwischen Armausschnitt- und Oberbrustlinie, selten unterhalb der Armausschnittlinie, aber niemals oberhalb der Oberbrustlinie.

BILD 6

Hals- und Armausschnitt des Rückenteils

Ebenso wie am Vorderteil diese Stoffpartie glatt streichen, um den Halsausschnitt korrekt zu arbeiten. Stoff nach oben und nach vorn ziehen und am Kreuzungspunkt von Schulterabnäher und Schulterlinie feststecken.
Sind die beiden Nadeln am Halsausschnitt und auf der Schulterlinie gut gesteckt, legt sich der Stoff von allein richtig über den Armausschnitt.

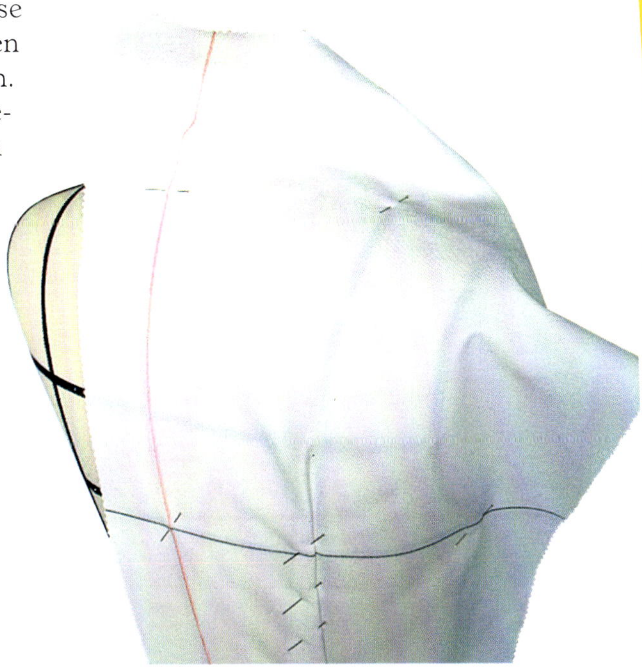

BILD 7

BILD 8

Zum Anpassen des Halsausschnitts den Stoff etwa auf halber Höhe des Büstenhalses abschneiden, dabei dem Verlauf der Halsweite folgen. In den oberen Rand Kerben schneiden, sodass der Stoff am Halsansatz der Büste perfekt anliegt.
Mit einem Bleistift der Härte 2B die Punktierung des Halsausschnitts setzen; dabei der Markierung der Halsweite an der Büste folgen.

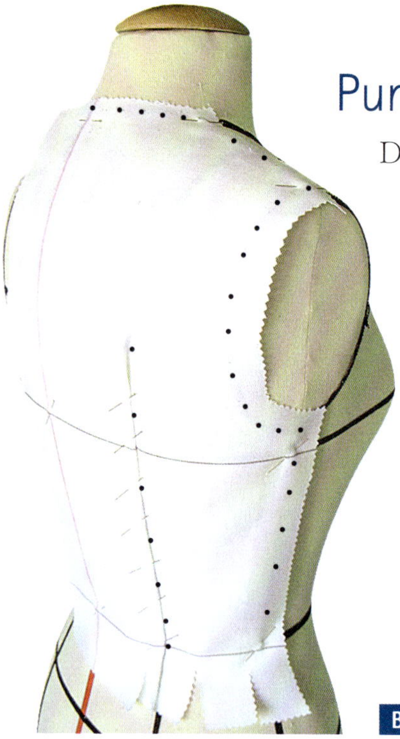

BILD 9

Punktieren

Die Punktierung entlang von Schulterlinie, Armausschnitt, Seitenlinie und Taillenabnäher setzen (Bild 9).

Stoff mit 2 bis 3 cm Rand abschneiden, sodass der Stoffschnitt eine Nahtzugabe (meist 1 cm) erhalten kann.

Schnittmuster aus Nessel – Rückenteil

Stoff von der Büste abnehmen, Stecknadeln des Abnähers entfernen. Falls nötig, Stoff bei niedriger Temperatur bügeln.

Der Punktierung folgend die Konturen des Schnittes mithilfe von Lineal und Kurvenlineal nachzeichnen.

Ringsum 1 cm Nahtzugabe vorsehen und den Stoffüberstand abschneiden.

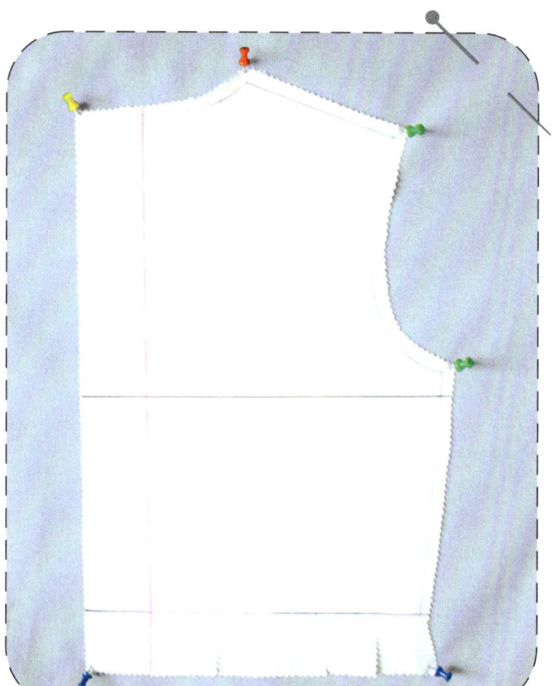

BILD 10

Rücken- und Vorderteil zusammenfügen

Rücken- und Vorderteil an der Büste zusammenfügen, sodass Brust- und Taillenlinie sowie die Linien von Arm- und Halsausschnitt aneinanderpassen.
Seite und Schulter feststecken; Nahtzugaben dabei zum Rücken umlegen.
Beim Zusammenfügen kann man die hinteren und vorderen horizontalen Konstruktionslinien aufeinander abstimmen und den Stoff an der Seite anpassen (Schulter- und Seitennaht müssen genau über den entsprechenden Linien auf der Büste liegen).

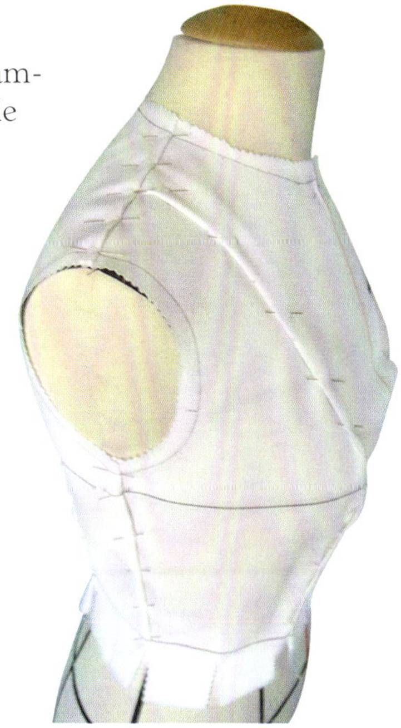

BILD 11

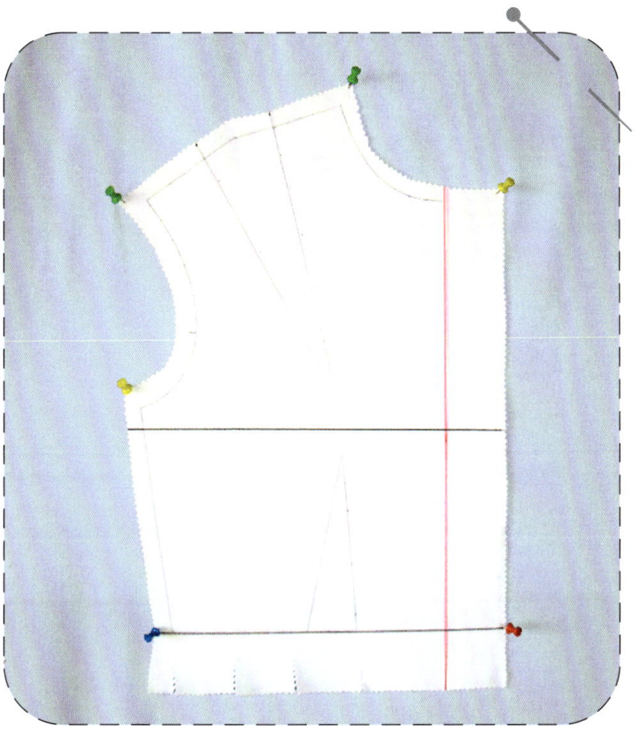

Schnittmuster aus Nessel – Vorderteil

BILD 12

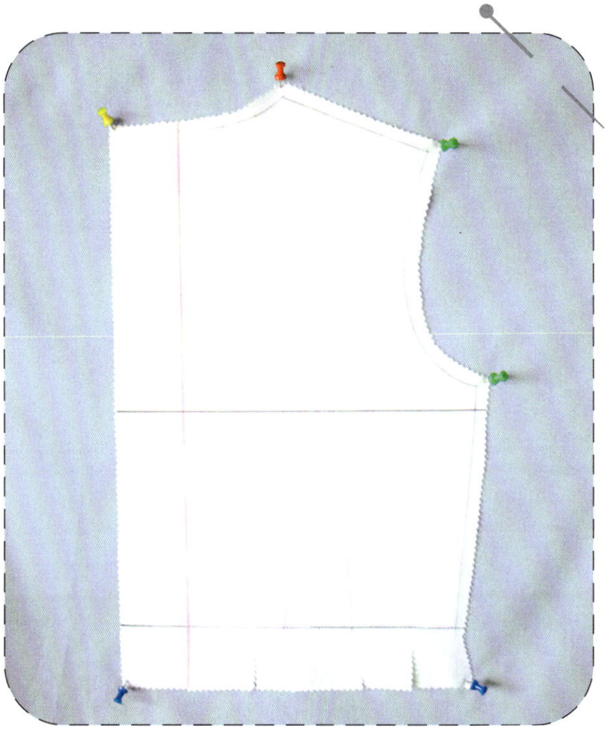

Schnittmuster aus Nessel – Rückenteil

BILD 13

Vollständiger Schnitt

Der vollständige Schnitt enthält alle Teile, die aus Stoff zugeschnitten werden müssen und die nötig sind, um durch Zusammennähen das fertige Kleidungsstück zu erhalten.
Das nebenstehende Beispiel zeigt das auf den vorhergehenden Seiten detailliert besprochene Modell (siehe S. 36 – „Ein Vorderteil drapieren", S. 44 – „Ein Rückenteil drapieren"). Die Kanten von Hals- und Armausschnitt sowie der untere Rand müssen noch versäubert werden. Der untere Rand eines Kleidungsstücks wird in der Regel umgeschlagen – es wird ein Saum gearbeitet, um eine dicke Naht zu vermeiden.
Die abgerundeten Kanten (wie Hals- und Armausschnitt) werden nicht gesäumt. Für sie braucht man einen sogenannten Besatz (siehe Band 1, *Grundschnitte*, S. 30).
Das hier gezeigte Modell wird in der Taille durch Abnäher verengt und oben durch Brustabnäher angepasst. Es hat einen einfachen runden Halsausschnitt. Daher muss in der hinteren Mitte eine Öffnung gearbeitet werden, entweder mit Reißverschluss oder zum Knöpfen.

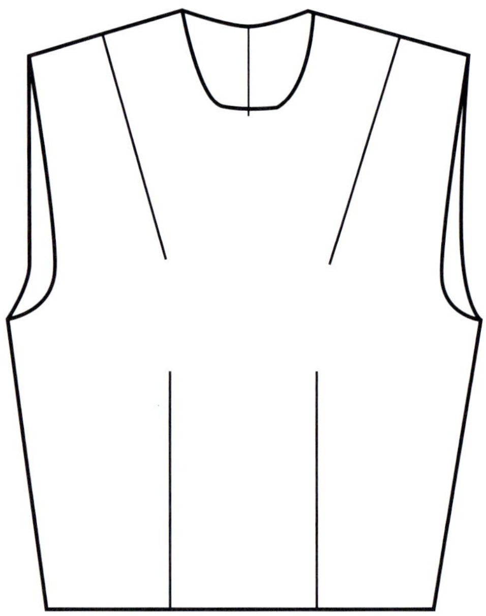

Zu nähendes Modell

BILD 1

Der vollständige Schnitt des Vorderteils dieses Modells umfasst also nicht nur die Hälfte des Vorderteils, das im Stoffbruch zugeschnitten wird, sondern auch die Besätze von Hals- und Armausschnitt sowie den Saum.
Die Besätze werden zuerst auf den fertigen Schnitt des Oberteils gezeichnet (Bild 2, in Gelb) und dann durchgepaust.
Je nachdem, an welcher Stelle des Oberteils der Besatz liegt, und je nach Stoffqualität (dick oder dünn) kann seine Breite variieren. Sie muss jedoch stets ausreichend sein, damit sie sich nicht rollt. Für die Schulter bemisst man z. B. meist 5 cm. Der untere Rand erhält einen 3 bis 5 cm breiten Saum; man kann aber auch einen Besatz anbringen. Dafür einen Streifen in der Breite des unteren Randes mit geschlossenem Abnäher zuschneiden.
Die Besätze am Rückenteil werden auf die gleiche Weise hergestellt und in der Breite auf die des Vorderteils abgestimmt.

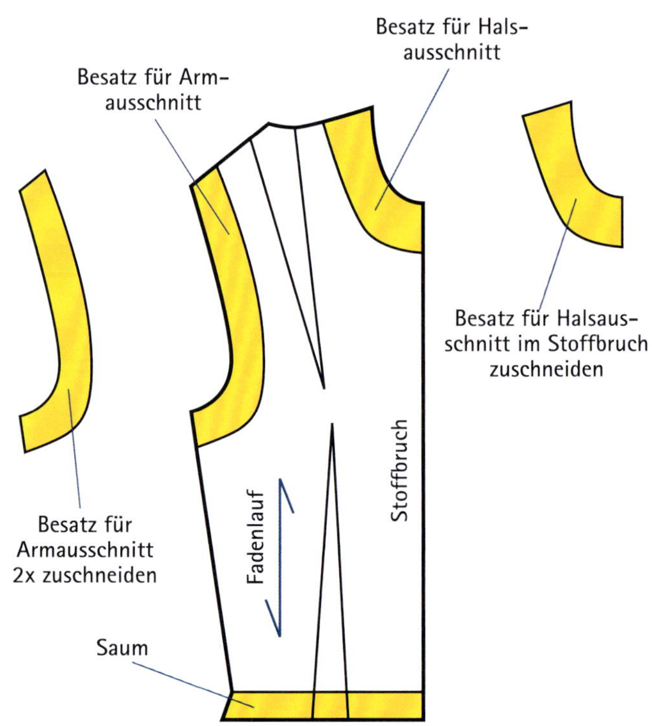

Vollständiger Schnitt des Vorderteils

BILD 2

Papierschnitt

Der beim Drapieren entstandene Stoffschnitt kann auf zweierlei Art auf Papier (Pappe, Kraftpapier) übertragen werden:
– Die Konturen mithilfe von Pauspapier nachziehen.
– Mit einem gezahnten Kopierrädchen (siehe „Material“, S. 15) die Konturen auf dem Stoff so nachfahren, dass die Zacken sich durch den Stoff auf das Papier durchdrücken. Dann die gestanzten Linien und Kurven mithilfe von Lineal und Kurvenlineal nachzeichnen.

Der Papierschnitt muss alle notwendigen Angaben enthalten (in unserem Beispiel: Stoffbruch, vordere Mitte, Fadenlauf). Markieren Sie auch die Passzeichen, hier an der Oberbrustlinie (auch wenn es keine Ärmel gibt, hilft das Zeichen beim Anbringen des Besatzes) und für die Brusthöhe. Geben sie ebenfalls an, ob die Nahtzugabe von 1 cm enthalten ist oder ob der Schnitt ohne Nahtzugabe ist.

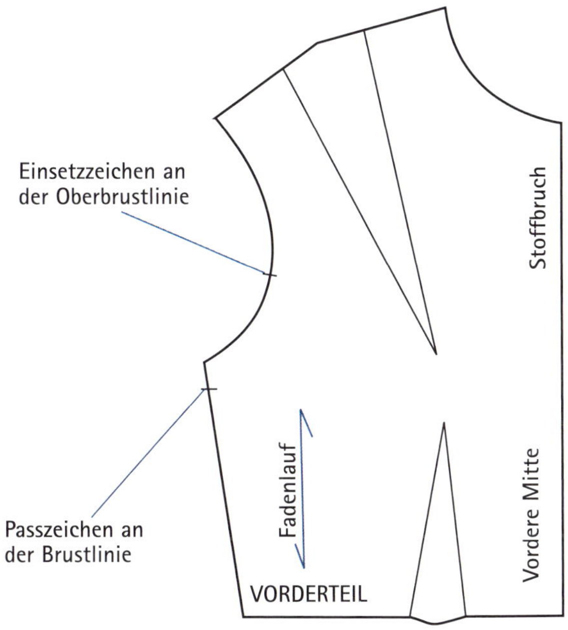

Papierschnitt des halben Vorderteils

BILD 1

Die vorderen Abnäher

Um durch Drapieren ein Modell anzufertigen, müssen im Voraus der Verlauf der Grundkonstruktionslinien sowie die Position der Abnäher festgelegt werden.

Je nach Lage z. B. des seitlichen Abnähers ändert sich der Verlauf der Grundlinien (z. B. der Taillenlinie). Dies muss man bei der Umsetzung berücksichtigen und insbesondere die Taillen- und Seitennähte entsprechend anpassen (siehe S. 54–55).

Die Anpassung dieser Linien muss mit äußerster Sorgfalt vorgenommen werden, da sie von entscheidender Bedeutung für das Endergebnis sind. Daher wird den verschiedenen Abnähern ein eigenes Kapitel gewidmet.

Das Abnäherdach

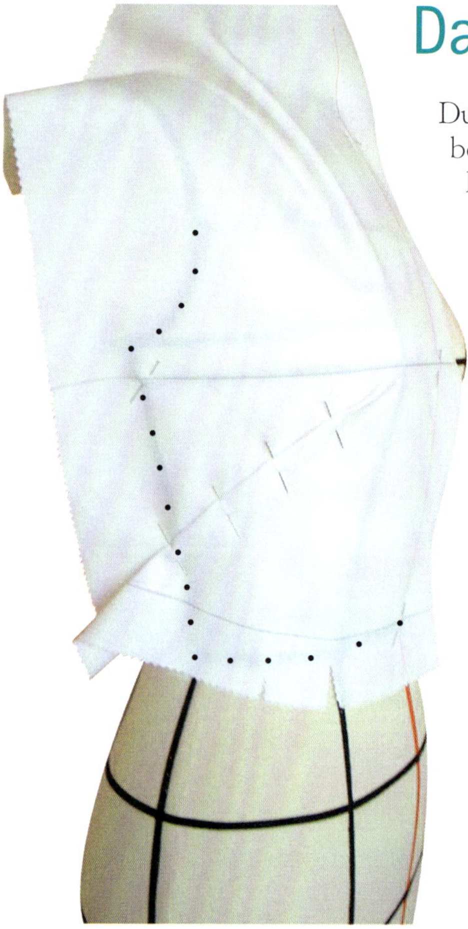

BILD 1

Durch das Anbringen eines Abnähers können sich bestimmte Grundlinien verändern, etwa die Taillen-, Seiten- oder Schulterlinie. In diesem Fall muss man sie neu ausrichten.

Durch den Verlauf der neuen Linie erscheint ein Abnäherdach, das beim Zuschnitt zu berücksichtigen ist. Die verschiedenen Formen des Abnäherdachs werden durch das Abnähermaß und die Neigung der Abnäherachse bestimmt.

Nehmen wir das Beispiel der Konstruktion des Seitenabnähers (Bild 1). Auf dem Schnittmuster verändert dieser die Form von Taillen- und Seitenlinie.

Um die beiden neuen Linien (Taille und Seite) zu bestimmen, die Linie auf dem Nesselstoff entsprechend dem Verlauf der markierten Linien auf der Büste punktieren.

Den Stoff von der Büste nehmen und so auf eine Tischplatte legen, dass die untere Partie ganz glatt ist (Bild 2).

Der Punktierung folgend die neue Taillenlinie zeichnen.

Mit geschlossenem Abnäher auch die Seitenlinie zeichnen.

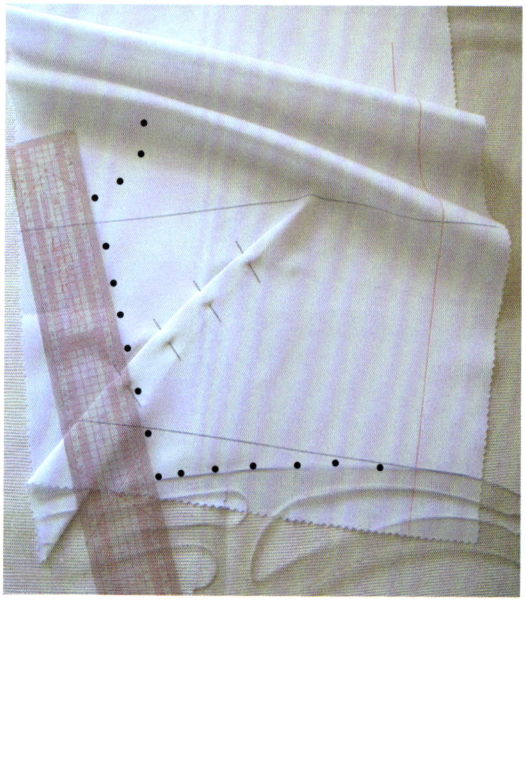

BILD 2

Stecknadeln entfernen, den Stoff, falls nötig, bei niedriger Temperatur bügeln (Bild 3).
Zur Fertigstellung des Schnittes ringsum (außer natürlich in der Mitte) 1 cm Nahtzugabe hinzufügen; dabei die Abnäherdächer beachten.

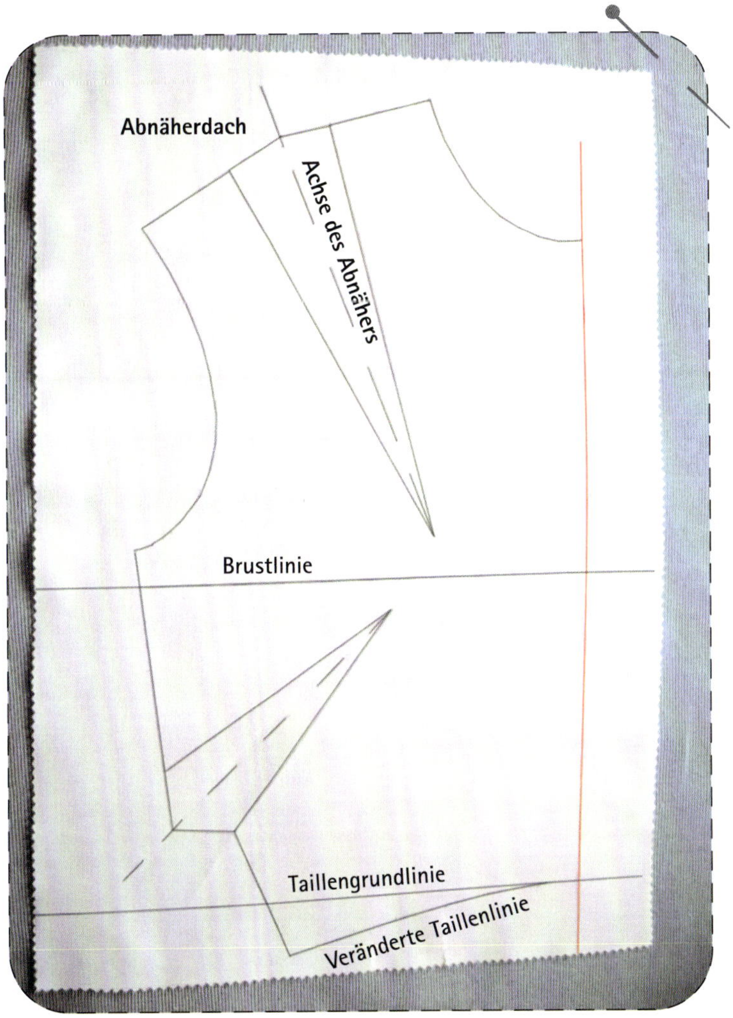

BILD 3

Achtung!
Die Anpassung der Linien immer bei geschlossenen Abnähern durchführen!

Die verschiedenen Abnäher am Vorderteil

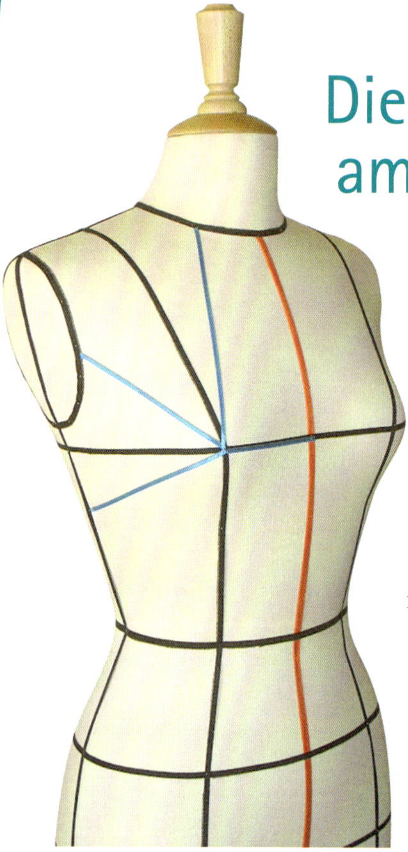

BILD 1

Die Abnäher befinden sich meist am vorderen Oberteil, egal an welcher Stelle, je nach Modell oder Bedarf.

Das vordere Oberteil wird durch eine horizontale Linie, die Brustlinie, in zwei Teile geteilt. Beide Teile erhalten einen „Grund"-Abnäher, mit dem man die obere und untere Partie regulieren kann.

Die obere Partie reguliert der Brustabnäher, dessen Verlauf auf der Büste markiert ist. Die untere Partie reguliert der Taillenabnäher, der in Verlängerung des Brustabnähers verläuft und ebenfalls auf der Büste markiert ist.

Brustabnäher, Abnäher im Hals- und Armausschnitt und Abnäher auf Brusthöhe liegen in der oberen Partie des Oberteils, oberhalb der Brustlinie. Taillen- und Seitenabnäher liegen in der unteren Partie des Oberteils, unterhalb der Brustlinie.

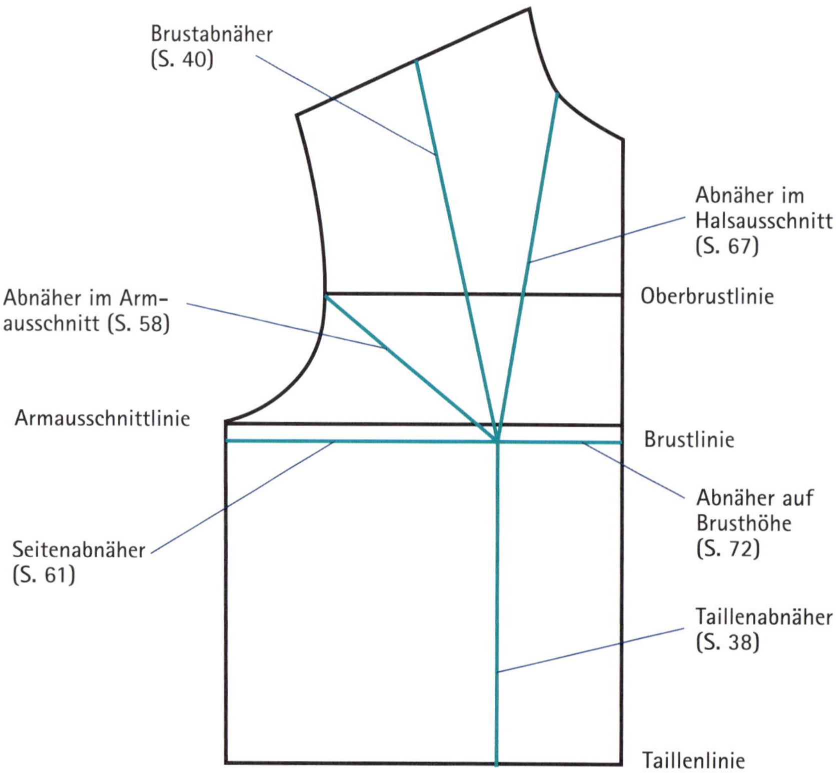

BILD 2

Brustabnäher

Dieser Abnäher wird auch „Grundabnäher“ genannt, vor allem auf zweidimensionalen Schnittmustern. Mit dem Taillenabnäher bildet er eine Linie, die vordere Abnäherlinie. Mit ihm lässt sich die obere Partie von Jacken oder Mänteln anpassen.

Abnäher im Halsausschnitt

Dieser Abnäher kann vom Kragenrevers verdeckt oder in Falten rings um den Halsausschnitt verteilt werden. Meist liegt er in der Mitte des Halsausschnitts (siehe S. 67).

Abnäher auf Brusthöhe

Dieser Abnäher reicht von einem Brustpunkt zum anderen. Er erfordert entweder einen Einschnitt in der oberen Partie des Oberteils oder einen Ausschnitt bis zum Abnäher, da der zur Mitte umgelegte Stoff die vertikale vordere Mitte verformt (siehe S. 72).

Taillenabnäher

Dieser Abnäher entsteht automatisch beim Anpassen der Taille. An der Büste ist er durch die vertikale Verlängerung des Brustabnähers ab dem Brustpunkt markiert. Er ist ein Hauptabnäher der unteren Partie des Oberteils. Wenn hier viel Stoff eingehalten werden muss, sind mehrere Abnäher erforderlich (siehe S. 38).

Seitenabnäher

Dieser Abnäher kann an beliebiger Stelle an der Seite des Oberteils platziert werden, zwischen der Hüftlinie und ca. 4 cm unterhalb der Armausschnittlinie. Mit ihm kann die obere Partie des Oberteils angepasst werden, indem der Brustabnäher einfach an die Seite verlegt wird (siehe S. 61).

Abnäher im Armausschnitt

Sowohl aus technischen als auch aus ästhetischen Gründen beginnt dieser Abnäher meist oberhalb der Oberbrustlinie. Es ist sehr davon abzuraten, in der Kurve des Armausschnitts unterhalb der Oberbrustlinie einen Schnitt zu setzen. Wenn dieser Abnäher in den Taillenabnäher übergeht, erhält man einen sogenannten Prinzessschnitt (siehe S. 58).

Abnäher im Armausschnitt

Technische Zeichnung

Auf der technischen Zeichnung des gewünschten Modells die ungefähren Maße eintragen, anhand derer man das Schnittschema für das Drapieren anfertigen kann:

- Länge und Breite des Vorderteils
- Position der Abnäher

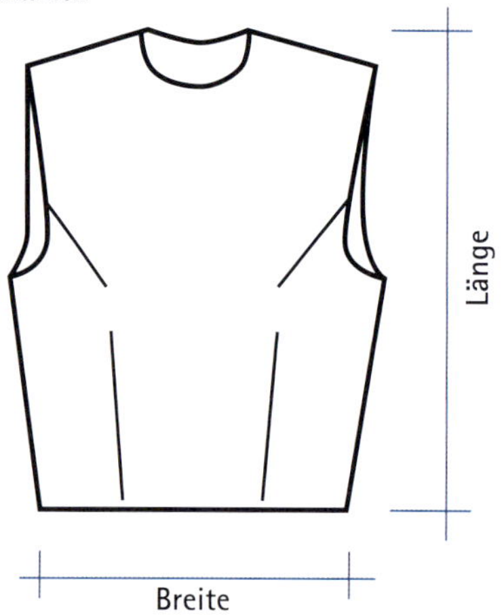

Technische Zeichnung des Vorderteils

BILD 1

Schnittschema für das Drapieren des Vorderteils

A Vordere Mitte einzeichnen (Bild 2, in Rot); dann die Hälfte des Vorderteils einrahmen, dabei Breite und Länge beachten (Bild 2, blaues Rechteck).
B Ringsum 3 bis 5 cm Rand zugeben.
C Dieses Rechteck auf Nesselstoff übertragen. Taillen- und Brustlinie in Schwarz einzeichnen, die vordere Mitte in Rot.

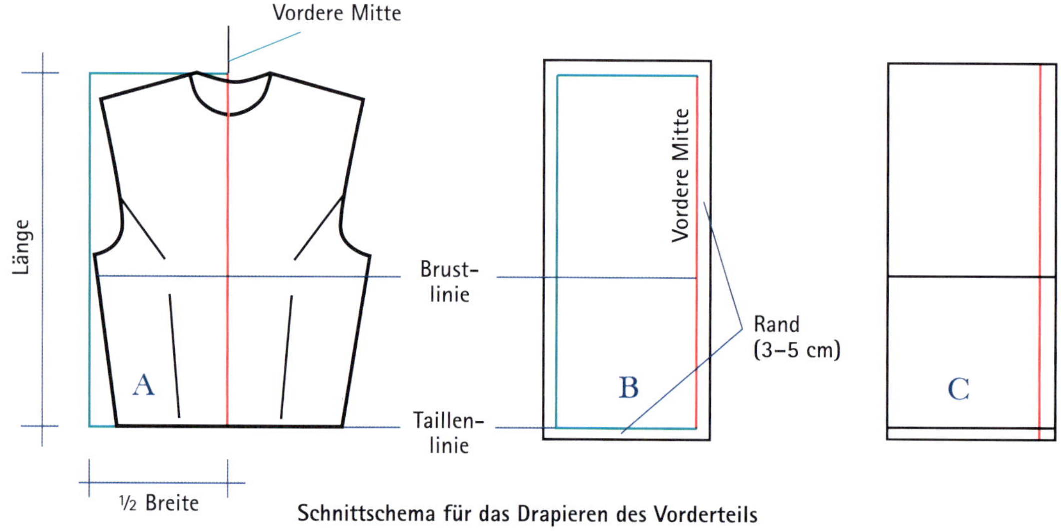

Schnittschema für das Drapieren des Vorderteils

BILD 2

Arbeitsschritte des Drapierens

Den Nessel auf die Büste legen (Bild 3), den auf S. 36–43 beschriebenen Schritten des Drapierens folgen.
In der oberen Partie des Oberteils den Stoff von der vorderen Mitte zum Armausschnitt ausstreichen und am Ende der Schulterlinie feststecken. So entsteht der Abnäherwert ganz natürlich.

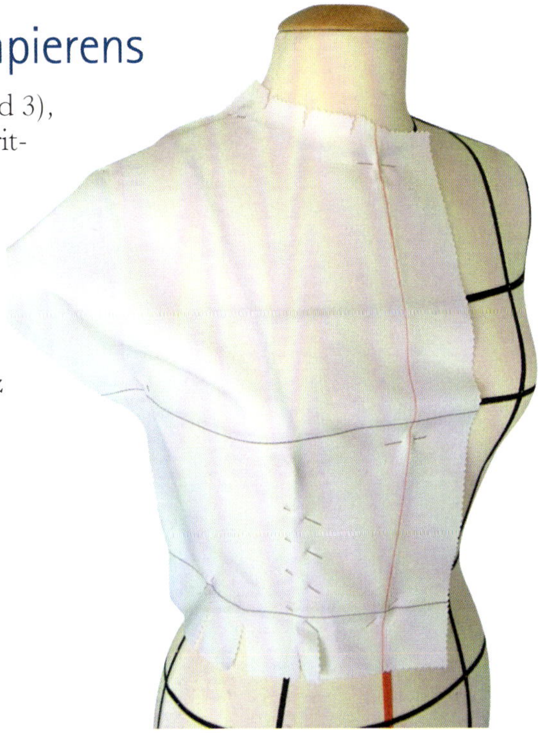

BILD 3

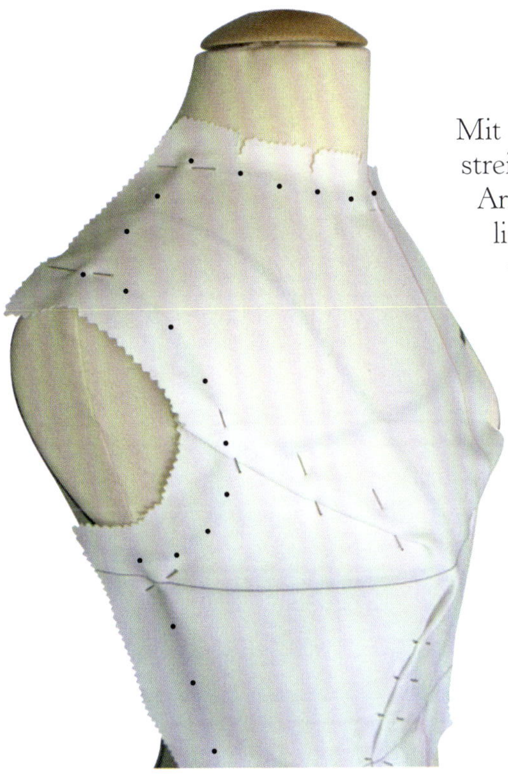

Mit der Hand von der Schulterlinie zur Oberbrustlinie streichen, ebenso vom unteren zum oberen Ende des Armausschnitts. Den Abnäher in Höhe der Oberbrustlinie feststecken; eingehaltene Weite dabei nach oben umlegen (zum Umlegen von Abnähern und Nahtzugaben siehe S. 22).
Die Punktierung anhand des Abdrucks an Seite, Armausschnitt, Schulterlinie und Halsausschnitt durchführen.

BILD 4

Schnittmuster aus Nessel

Den Stoff von der Büste abnehmen, alle Stecknadeln entfernen, nach Bedarf bei niedriger Temperatur bügeln.
Die Schnittkonturen entlang der Punktierung mithilfe von Lineal und Kurvenlineal einzeichnen.
Ringsum 1 cm Nahtzugabe hinzufügen und entlang dieser Linie zuschneiden.
Es empfiehlt sich, das Nesselschnittmuster mithilfe von Pauspapier auf Kraft- oder Bristolpapier zu kopieren. Im Gegensatz zum Stoff kann ein Papierschnitt ohne Gefahr des Sichverformens aufbewahrt werden (siehe „Papierschnitt“, S. 51).

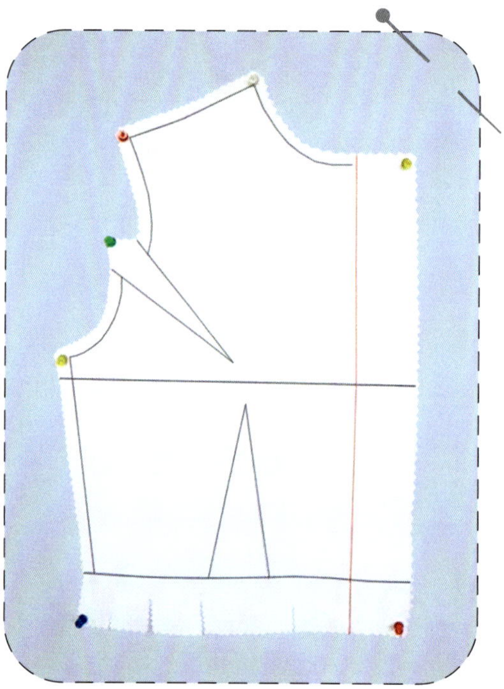

BILD 5

Konstruktion des Seitenabnähers auf der Brustlinie

Technische Zeichnung

Auf der technischen Zeichnung die ungefähren Maße eintragen, anhand derer man das Schnittschema für das Drapieren anfertigt:
– Länge und Breite des Vorderteils
– Position der Abnäher

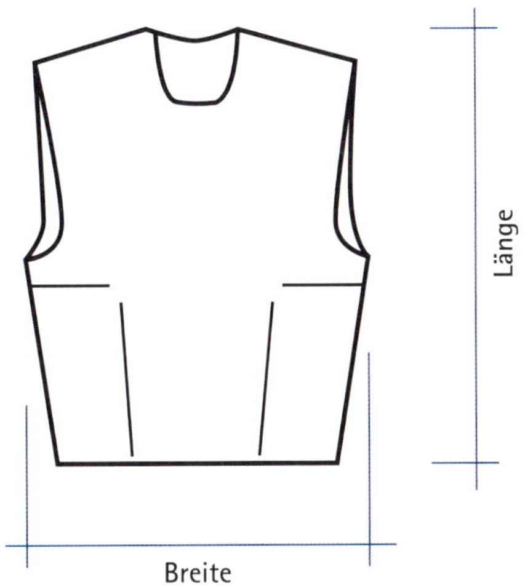

Technische Zeichnung des Vorderteils

BILD 1

Schnittschema für das Drapieren des Vorderteils

A Die vordere Mitte markieren (Bild 2, in Rot); dann die Hälfte des Vorderteils einrahmen, dabei Breite und Länge beachten (Bild 2, blaues Rechteck).
B Ringsum 3 bis 5 cm Rand zugeben.
C Dieses Rechteck auf Nessel übertragen. Taillen- und Brustlinie in Schwarz einzeichnen, die vordere Mitte in Rot.

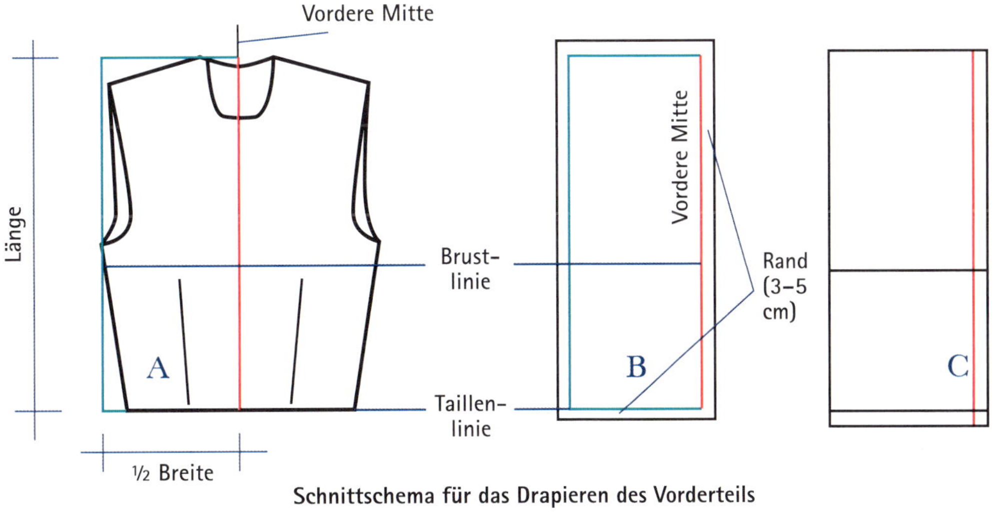

Schnittschema für das Drapieren des Vorderteils

BILD 2

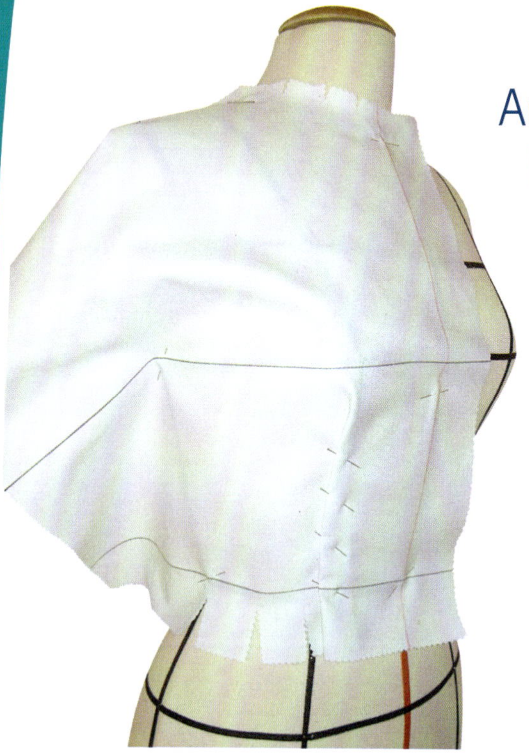

BILD 3

Arbeitsschritte des Drapierens

Den Nessel auf die Büste legen (Bild 3), den auf S. 36–43 beschriebenen Schritten des Drapierens folgen.

In der oberen Partie des Oberteils den Stoff von der vorderen Mitte zum Armausschnitt ausstreichen und am Ende der Schulterlinie feststecken.

Die zuvor unter dem Armausschnitt an die Brustlinie gesteckte Nadel entfernen; Stoff von der Schulter nach unten glatt streichen, sodass er anliegt und keine Falten wirft, und wieder in Höhe der an der Büste markierten Brustlinie feststecken.

Mit der Konstruktion des Abnähers hat sich die auf dem Nessel markierte Brustlinie verschoben. Um sie den anderen Konstruktionslinien wieder anzupassen, muss sie korrigiert werden. Hierfür den Nesselstoff auf dem Abdruck des Bolduc-Bands punktieren (Bild 4).

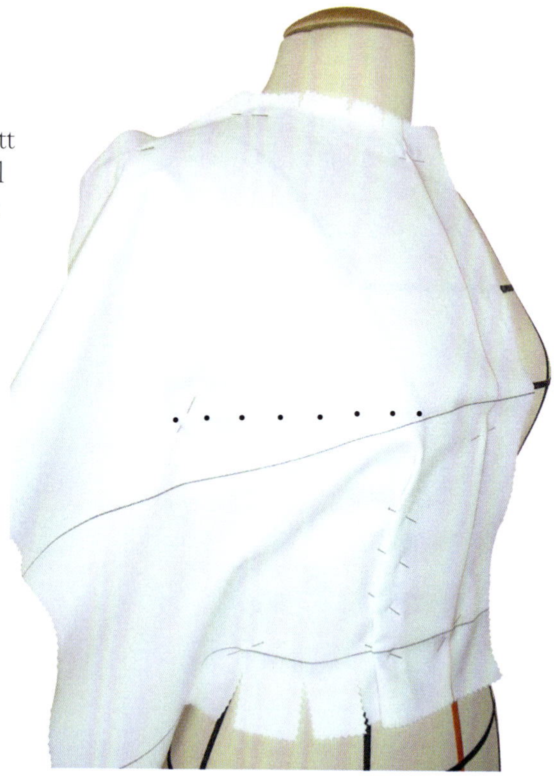

BILD 4

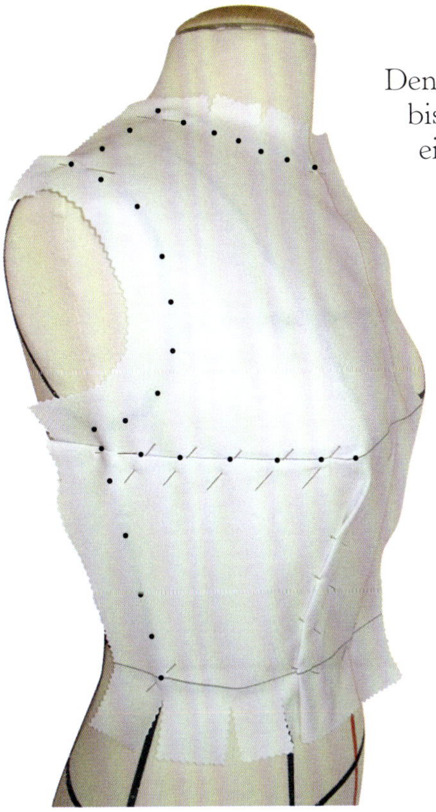

Den Nesselstoff über dem Abdruck der „alten" Brustlinie bis zur „neuen" Brustlinie nach innen falten. So viel Stoff einhalten, dass die Linie des „Schenkels" des Abnähers und die punktierte Linie genau übereinanderliegen. Der Abnäher wird auf der Brustlinie genäht.

Den entstandenen Abnäher etwa alle 3 cm abstecken. Über dem Abdruck des Markierbands punktieren, entlang von Seiten-, Armausschnitt-, Schulter- und Halsausschnittlinie (Bild 5).

Ca. 2 cm vor dem Brustpunkt flach auslaufen lassen (Abflachung).

BILD 5

Schnittmuster aus Nessel

Den Stoff von der Büste abnehmen, alle Stecknadeln entfernen, nach Bedarf bei niedriger Temperatur bügeln.

Die Schnittkonturen entlang der Punktierung mithilfe von Lineal und Kurvenlineal einzeichnen.

Ringsum 1 cm Nahtzugabe hinzufügen und entlang dieser Linie zuschneiden.

Es empfiehlt sich, das Schnittmuster aus Nessel mithilfe von Pauspapier auf Kraft- oder Bristolpapier zu kopieren. Im Gegensatz zum Stoff kann ein Papierschnitt ohne Gefahr des Sichverformens aufbewahrt werden (siehe „Papierschnitt", S. 51).

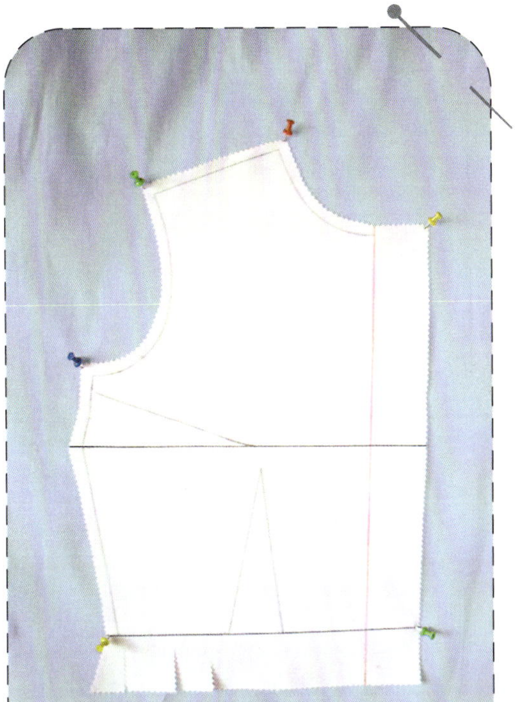

BILD 6

Konstruktion des Seitenabnähers unterhalb der Brustlinie

Technische Zeichnung

Auf der technischen Zeichnung des Modells die ungefähren Maße eintragen, anhand derer man das Schnittschema für das Drapieren anfertigt:
– Länge und Breite des Vorderteils
– Position der Abnäher

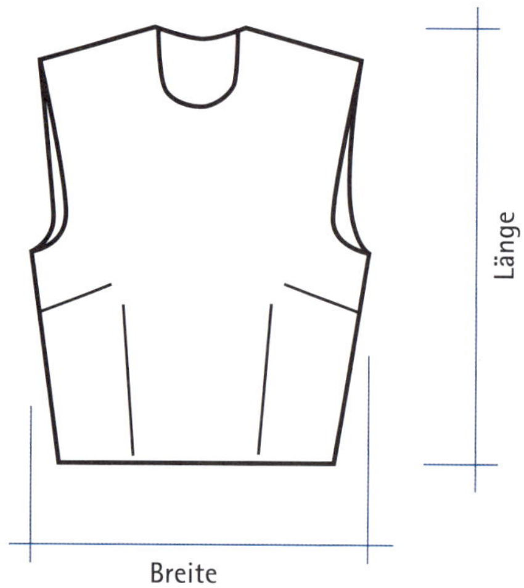

Technische Zeichnung des Vorderteils

BILD 1

Schnittschema für das Drapieren des Vorderteils

A Die vordere Mitte markieren (Bild 2, in Rot); dann die Hälfte des Vorderteils einrahmen, dabei Breite und Länge beachten (Bild 2, blaues Rechteck).
B Ringsum 3 bis 5 cm Rand zugeben.
C Dieses Rechteck auf Nessel übertragen. Taillen- und Brustlinie in Schwarz einzeichnen, die vordere Mitte in Rot.

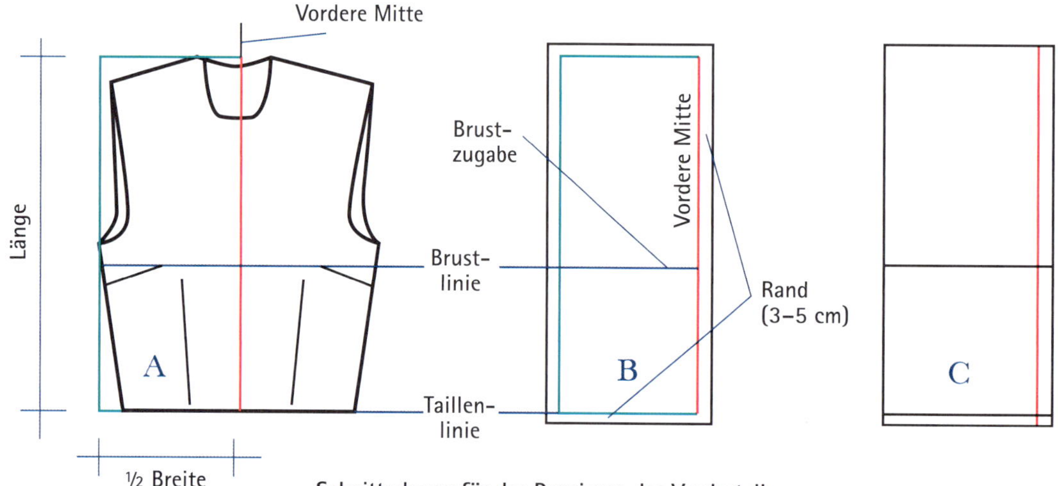

Schnittschema für das Drapieren des Vorderteils

BILD 2

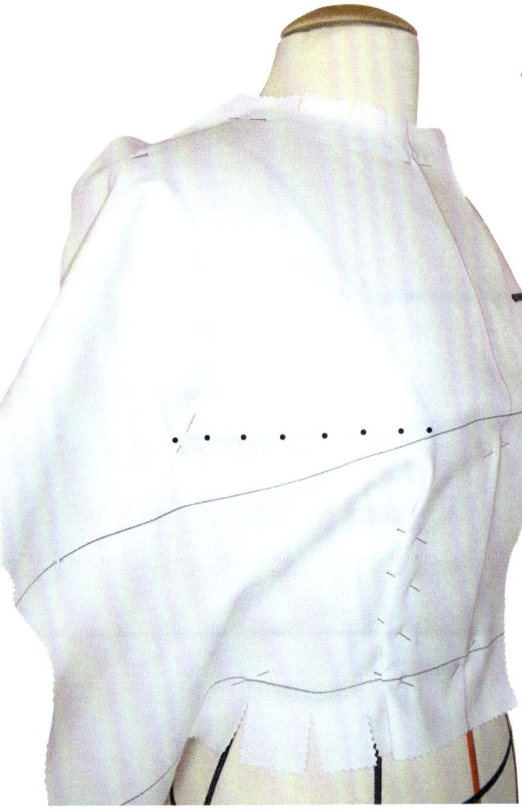

BILD 3

Arbeitsschritte des Drapierens

Den Nessel auf die Büste legen (Bild 3), den auf S. 36–43 beschriebenen Schritten des Drapierens folgen.

In der oberen Partie des Oberteils den Stoff von der vorderen Mitte zum Armausschnitt ausstreichen und am Ende der Schulterlinie feststecken.

Die zuvor unter dem Armausschnitt an die Brustlinie gesteckte Nadel entfernen; Stoff von der Schulter nach unten glatt streichen, sodass er anliegt und keine Falten wirft, und wieder in Höhe der an der Büste markierten Brustlinie feststecken.

Da sich die Brustlinie nun verschoben hat, die neue Linie vom Brustpunkt aus über dem Abdruck des Markierbands punktieren (Bild 3).

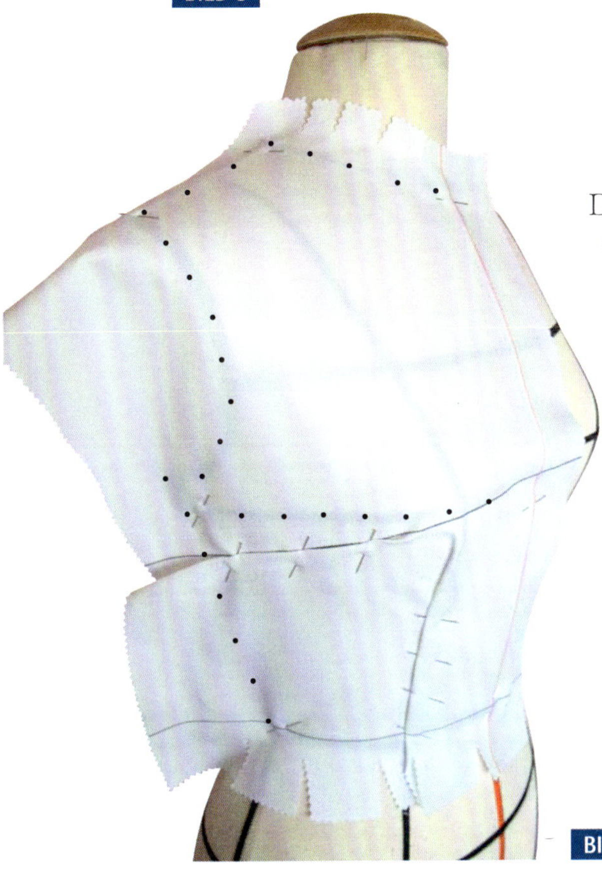

BILD 4

Den Abnäher an der gewünschten Stelle zwischen Brust- und Taillenlinie konstruieren. Etwa alle 3 cm abstecken. Über dem Abdruck des Markierbands punktieren, entlang von Seiten-, Armausschnitt-, Schulter- und Halsausschnittlinie (Bild 4).

Ca. 2 cm vor dem Brustpunkt flach auslaufen lassen (Abflachung).

Schnittmuster aus Nessel

Den Stoff von der Büste abnehmen, alle Stecknadeln entfernen, nach Bedarf bei niedriger Temperatur bügeln.
Die Schnittkonturen entlang der Punktierung mithilfe von Lineal und Kurvenlineal einzeichnen.
Ringsum 1 cm Nahtzugabe hinzufügen und entlang dieser Linie zuschneiden.
Es empfiehlt sich, das Schnittmuster aus Nessel mithilfe von Pauspapier auf Kraft- oder Bristolpapier zu kopieren. Im Gegensatz zum Stoff kann ein Papierschnitt ohne Gefahr des Sichverformens aufbewahrt werden (siehe „Papierschnitt", S. 51).

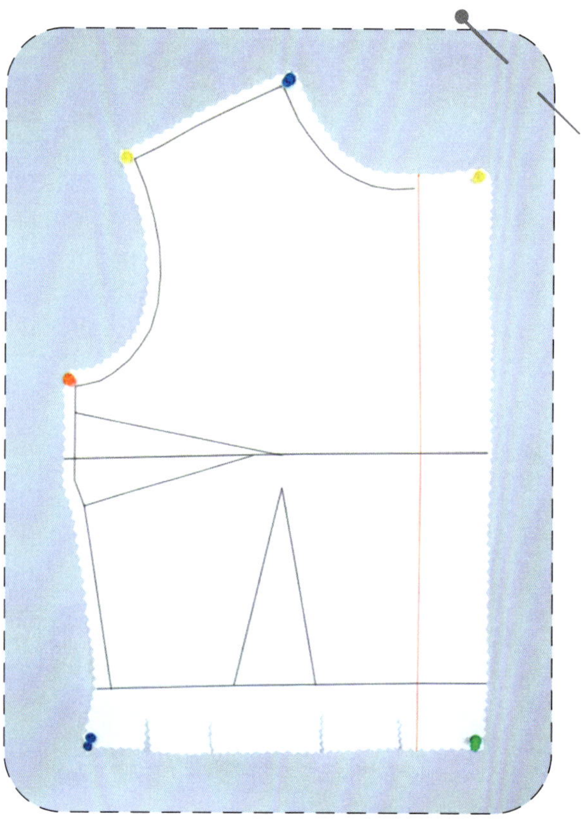

BILD 5

Abnäher im Halsausschnitt

Technische Zeichnung

Auf der technischen Zeichnung des Modells die ungefähren Maße eintragen, anhand derer man das Schnittschema für das Drapieren anfertigt:
– Länge und Breite des Vorderteils
– Position der Abnäher

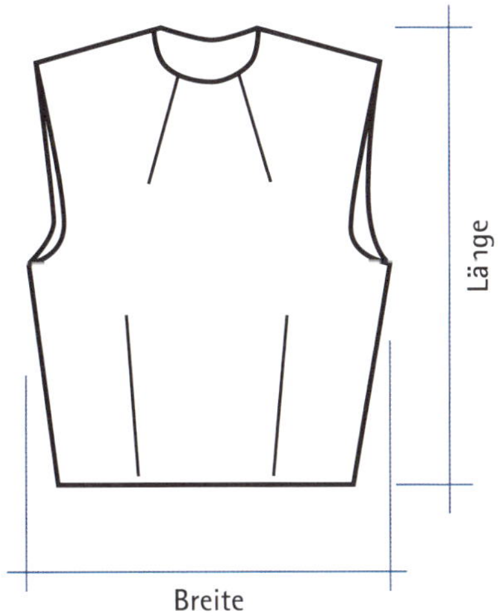

Technische Zeichnung des Vorderteils

BILD 1

Schnittschema für das Drapieren des Vorderteils

A Die vordere Mitte markieren (Bild 2, in Rot); dann die Hälfte des Vorderteils einrahmen, dabei Breite und Länge beachten (Bild 2, blaues Rechteck).
B Ringsum 3 bis 5 cm Rand zugeben.
C Dieses Rechteck auf Nesselstoff übertragen. Taillen- und Brustlinie in Schwarz einzeichnen, die vordere Mitte in Rot.

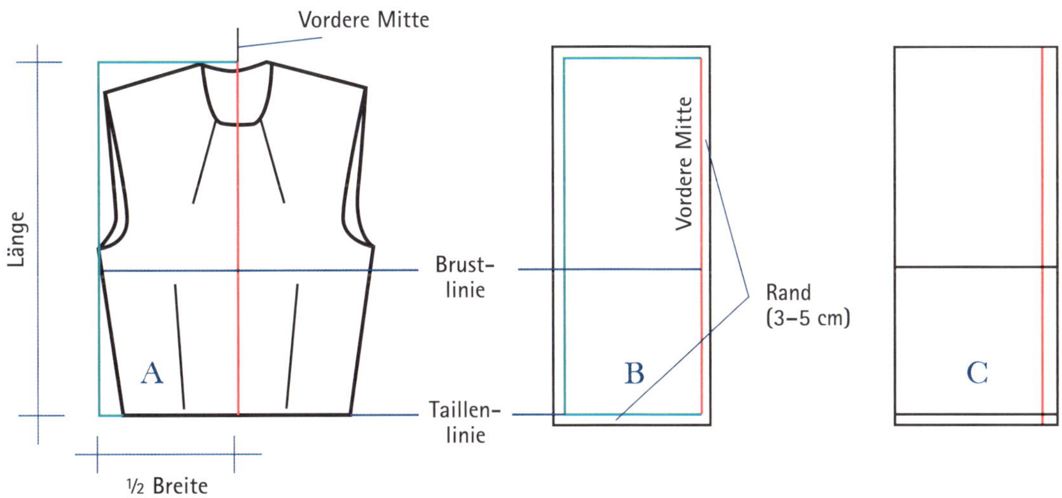

Schnittschema für das Drapieren des Vorderteils

BILD 2

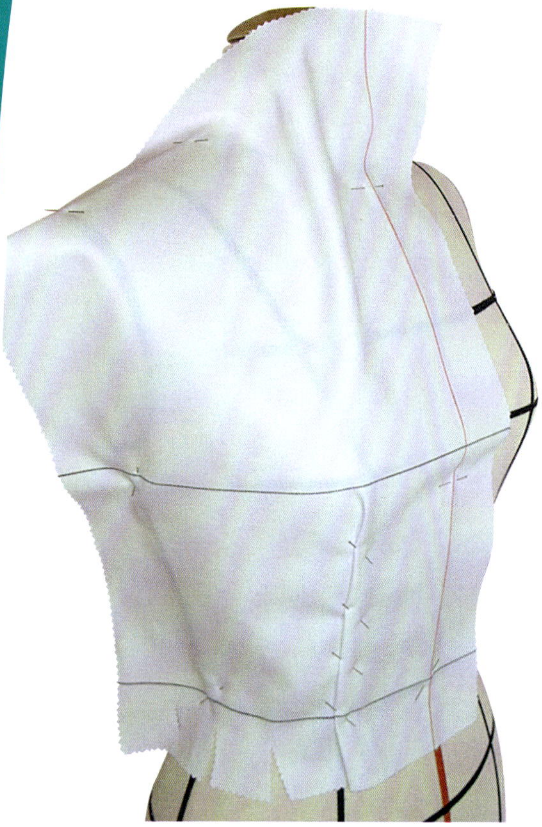

BILD 3

Arbeitsschritte des Drapierens

Den Nessel auf die Büste legen (Bild 3), den auf S. 36–43 beschriebenen Schritten des Drapierens folgen.

In der oberen Partie des Oberteils den Stoff vom Armausschnitt zur vorderen Mitte ausstreichen und am Ende der Schulterlinie sowie an der Halsausschnittlinie feststecken.

Um den Halsausschnitt anzupassen, den Stoff entlang der Halslinie der Büste etwa auf halber Höhe des Halses abschneiden, dann die Kante ringsum so weit einkerben, dass der Stoff perfekt am Hals der Büste anliegt (Bild 4).

Den Abnäher an der gewünschten Stelle am Halsausschnitt konstruieren. In der Regel liegt er mittig zwischen Schulterlinie und vorderer Mitte.

Auf dem Abdruck des Markierbands punktieren – entlang von Seiten-, Armausschnitt-, Schulter- und Halsausschnittlinie, Taillenabnäher und Abnäher im Halsausschnitt. Ca. 2 cm vor dem Brustpunkt flach auslaufen lassen (Abflachung).

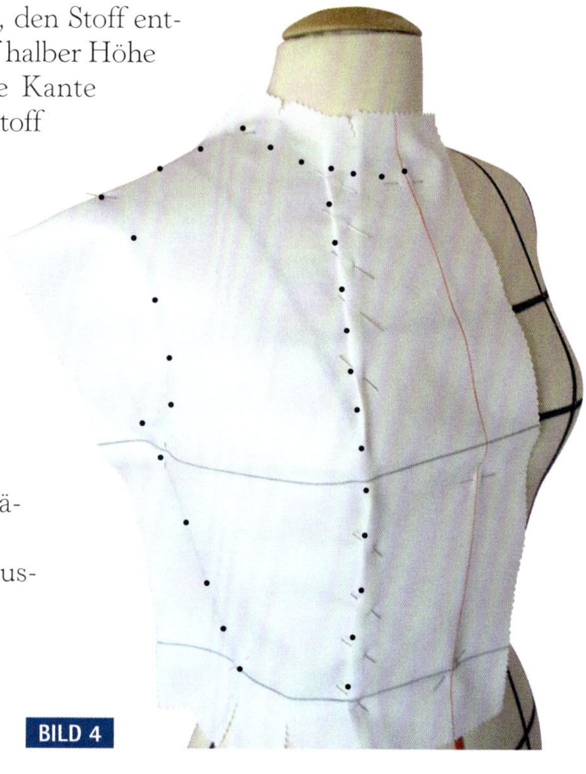

BILD 4

Schnittmuster aus Nessel

Den Stoff von der Büste abnehmen, alle Stecknadeln entfernen, nach Bedarf bei niedriger Temperatur bügeln.

Die Schnittkonturen entlang der Punktierung mithilfe von Lineal und Kurvenlineal einzeichnen.

Ringsum 1 cm Nahtzugabe hinzufügen und entlang dieser Linie zuschneiden.

Es empfiehlt sich, das Schnittmuster aus Nessel mithilfe von Pauspapier auf Kraft- oder Bristolpapier zu kopieren. Im Gegensatz zum Stoff kann ein Papierschnitt ohne Gefahr des Sichverformens aufbewahrt werden (siehe „Papierschnitt“, S. 51).

BILD 5

Angekräuselter Halsausschnitt

Der Abnäher im Halsausschnitt kann durch kleine Kräuselfalten über die gesamte Länge der Halslinie verteilt werden.
Das Schnittschema für das Drapieren und die Arbeitsschritte entsprechen denen des Abnähers im Halsausschnitt (siehe S. 67).
Anders geht man ab der Konstruktion des Abnähers vor, der hier von Kräuselfalten rings um den Halsausschnitt absorbiert wird.
Den Abnäherwert gleichmäßig über die gesamte vordere Breite verteilen und entlang der Halslinie feststecken (Bild 6).
Über dem Abdruck des Markierbands punktieren, entlang von Seiten-, Armausschnitt- und Schulterlinie. Auf der Halsausschnittlinie die Punkte zwischen die Kräuselfalten setzen.

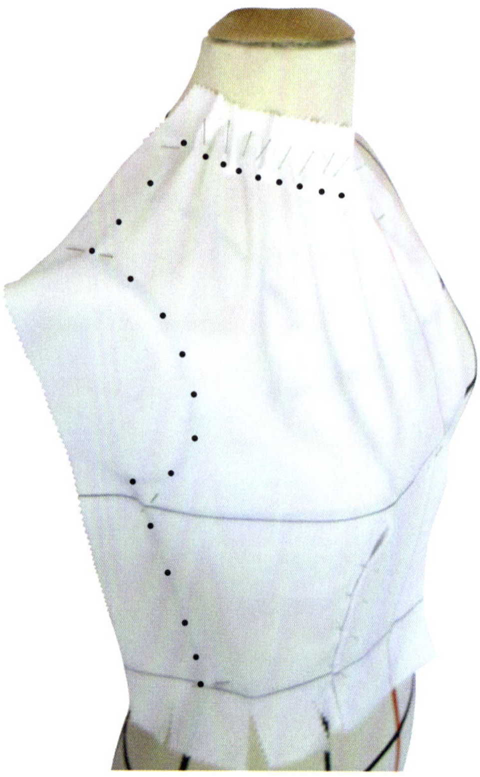

BILD 6

Schnittmuster aus Nessel

Den Stoff von der Büste abnehmen, alle Stecknadeln entfernen, nach Bedarf bei niedriger Temperatur bügeln.
Die Schnittkonturen entlang der Punktierung mithilfe von Lineal und Kurvenlineal einzeichnen.
Ringsum 1 cm Nahtzugabe hinzufügen und entlang dieser Linie zuschneiden.
Es empfiehlt sich, das Schnittmuster aus Nessel mithilfe von Pauspapier auf Kraft- oder Bristolpapier zu kopieren. Im Gegensatz zum Stoff kann ein Papierschnitt ohne Gefahr des Sichverformens aufbewahrt werden (siehe „Papierschnitt“, S. 51).

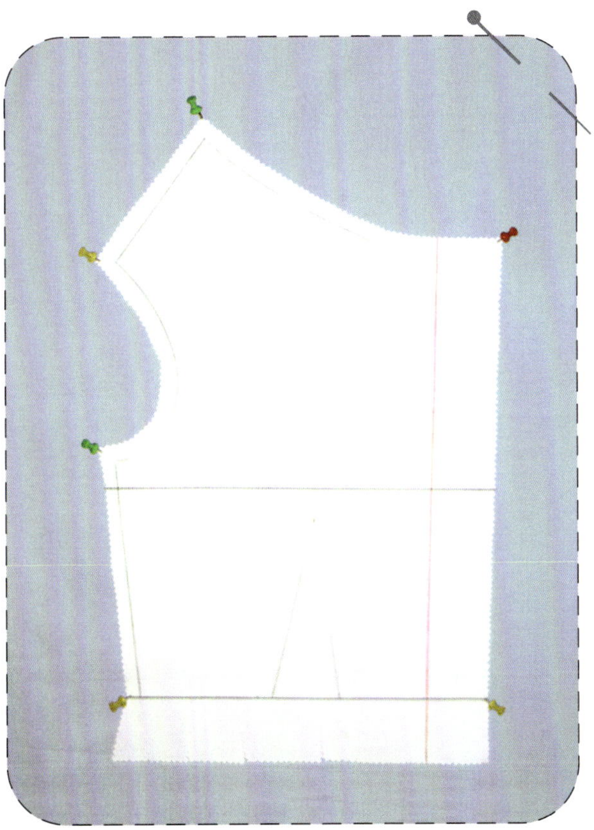

BILD 7

Abnäher auf Brusthöhe

Technische Zeichnung

Auf der technischen Zeichnung des Modells die ungefähren Maße eintragen, anhand derer man das Schnittschema für das Drapieren anfertigt:
– Länge und Breite des Vorderteils
– Position der Abnäher

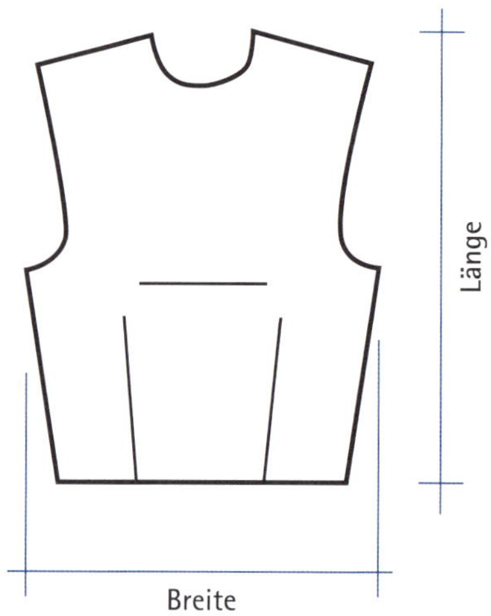

Technische Zeichnung des Vorderteils

BILD 1

Schnittschema für das Drapieren des Vorderteils

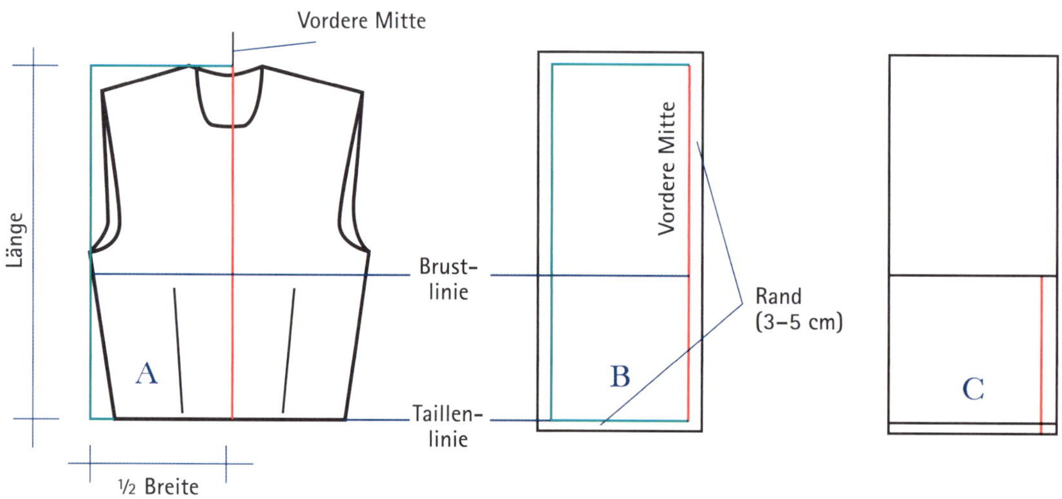

Schnittschema für das Drapieren des Vorderteils

BILD 2

A Die vordere Mitte markieren (Bild 2, in Rot); dann die Hälfte des Vorderteils einrahmen, dabei Breite und Länge beachten (Bild 2, blaues Rechteck).

B Ringsum 3 bis 5 cm Rand zugeben.

C Dieses Rechteck auf Nessel übertragen. Taillen- und Brustlinie in Schwarz einzeichnen, die vordere Mitte in Rot. Letztere wird nur bis zur Brustlinie gezeichnet. Sie wird nach der Konstruktion des Abnähers an der Brust vervollständigt.

Arbeitsschritte des Drapierens

Den Nessel auf die Büste legen (Bild 3), den auf S. 36–43 beschriebenen Schritten des Drapierens folgen.

In der oberen Partie des Oberteils den Stoff vom Armausschnitt zur vorderen Mitte ausstreichen und am Ende der Schulterlinie sowie an der Halsausschnittlinie feststecken.

Um den Halsausschnitt anzupassen, den Stoff entlang der Halslinie der Büste etwa auf halber Höhe des Halses abschneiden, dann die Kante ringsum so weit einkerben, dass der Stoff perfekt am Hals der Büste anliegt.

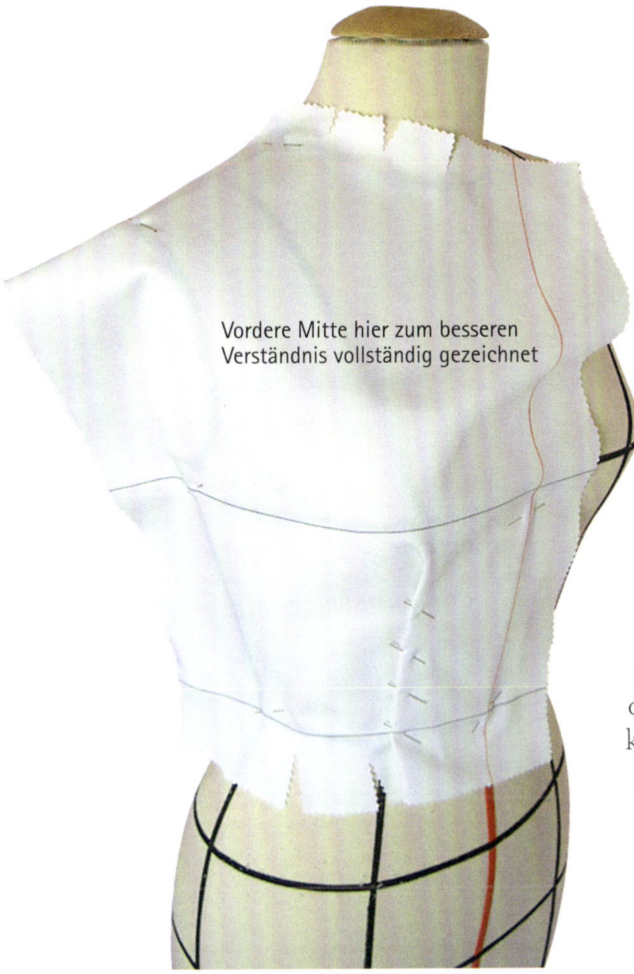

BILD 3

Eine Stecknadel in der Mitte der vorderen Halslinie befestigen. Stoff nach unten bis zur Brustlinie ausstreichen. Den so automatisch entstandenen Abnäherwert abstecken.
Entlang der vorderen Mitte über dem Abdruck des Markierbands punktieren, dann entlang von Halsausschnitt, Schulterlinie, Armausschnitt, Seitenlinie, Taillenabnäher und Abnäher zwischen den Brustpunkten.

Ca. 2 cm vor dem Brustpunkt flach auslaufen lassen (Abflachung).
Zur Bestimmung der tatsächlichen vorderen Mitte bei geschlossenem Abnäher zwischen den Brustpunkten die mittlere Partie des Stoffes auf einer ebenen Fläche ausbreiten (Bild 5) (siehe auch „Das Abnäherdach", S. 54).

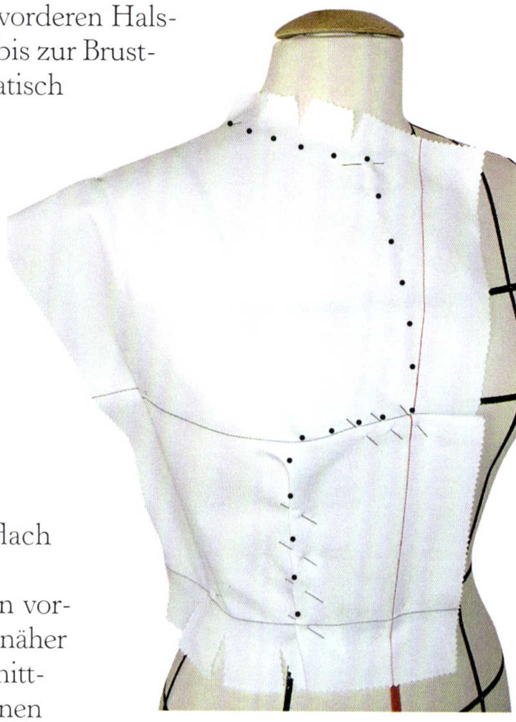

BILD 4

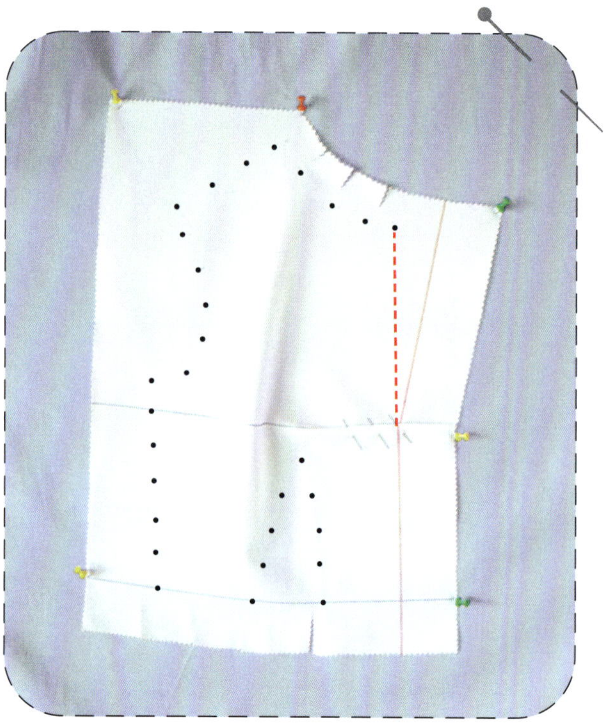

BILD 5

Schnittmuster aus Nessel

Den Stoff von der Büste abnehmen, alle Stecknadeln des Abnähers entfernen, nach Bedarf bei niedriger Temperatur bügeln.
Die Schnittkonturen entlang der Punktierung mithilfe von Lineal und Kurvenlineal einzeichnen.
Ringsum 1 cm Nahtzugabe hinzufügen und entlang dieser Linie zuschneiden.
Es empfiehlt sich, das Schnittmuster aus Nessel mithilfe von Pauspapier auf Kraft- oder Bristolpapier zu kopieren. Im Gegensatz zum Stoff kann ein Papierschnitt ohne Gefahr des Sichverformens aufbewahrt werden (siehe „Papierschnitt“, S. 51).

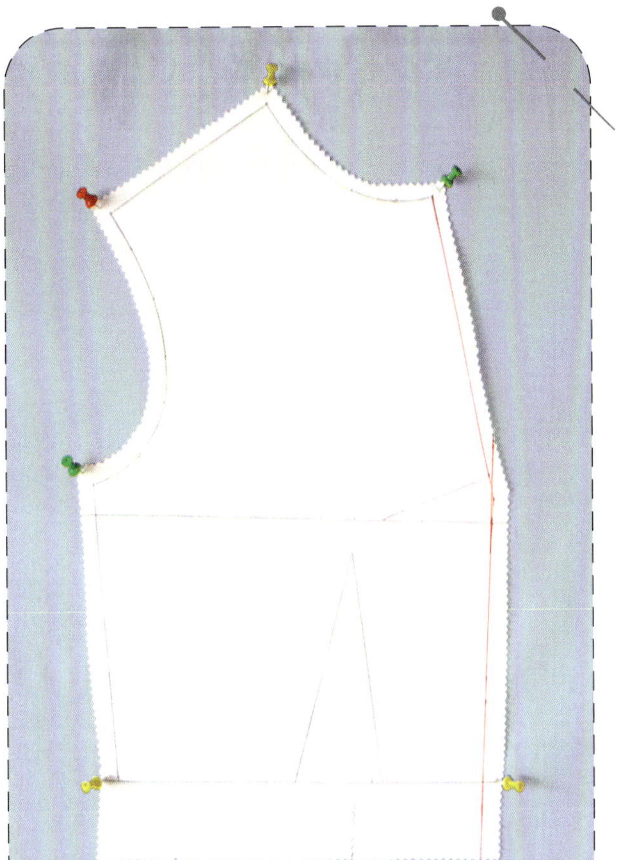

BILD 6

Kragen

Es gibt unzählige Kragenvarianten. Hier wird für jede Kragenkategorie ein Modell vorgestellt: Kragen mit Revers, Schalkragen, Stehkragen und Umlegekragen.

Jeder Schritt der Kragenkonstruktion wird ausführlich erläutert und mit Fotos belegt, sodass jeder nach seinem Geschmack und seinen Ideen andere Varianten anfertigen kann (weitere Details zu den Kragenformen und verschiedenen Modellen siehe Band 1, *Grundschnitte*, S. 149).

Reverskragen

Das Revers ist ein am Halsausschnitt ansetzender Aufschlag einer Partie des Vorderteils. Es wird mit einem Besatz gefüttert, der nach demselben Schnittmuster zugeschnitten wird wie das Vorderteil.

Seine verschiedenen Formen bilden in der Regel ein mehr oder weniger tiefes V.

Das Revers ist ein wesentlicher Teil eines Modells, da es sehr dekorativ ist. Es kann am Vorderteil angesetzt werden, einzeln oder in Verbindung mit einem angesetzten Kragen (etwa einem offenen angesetzten Kragen).

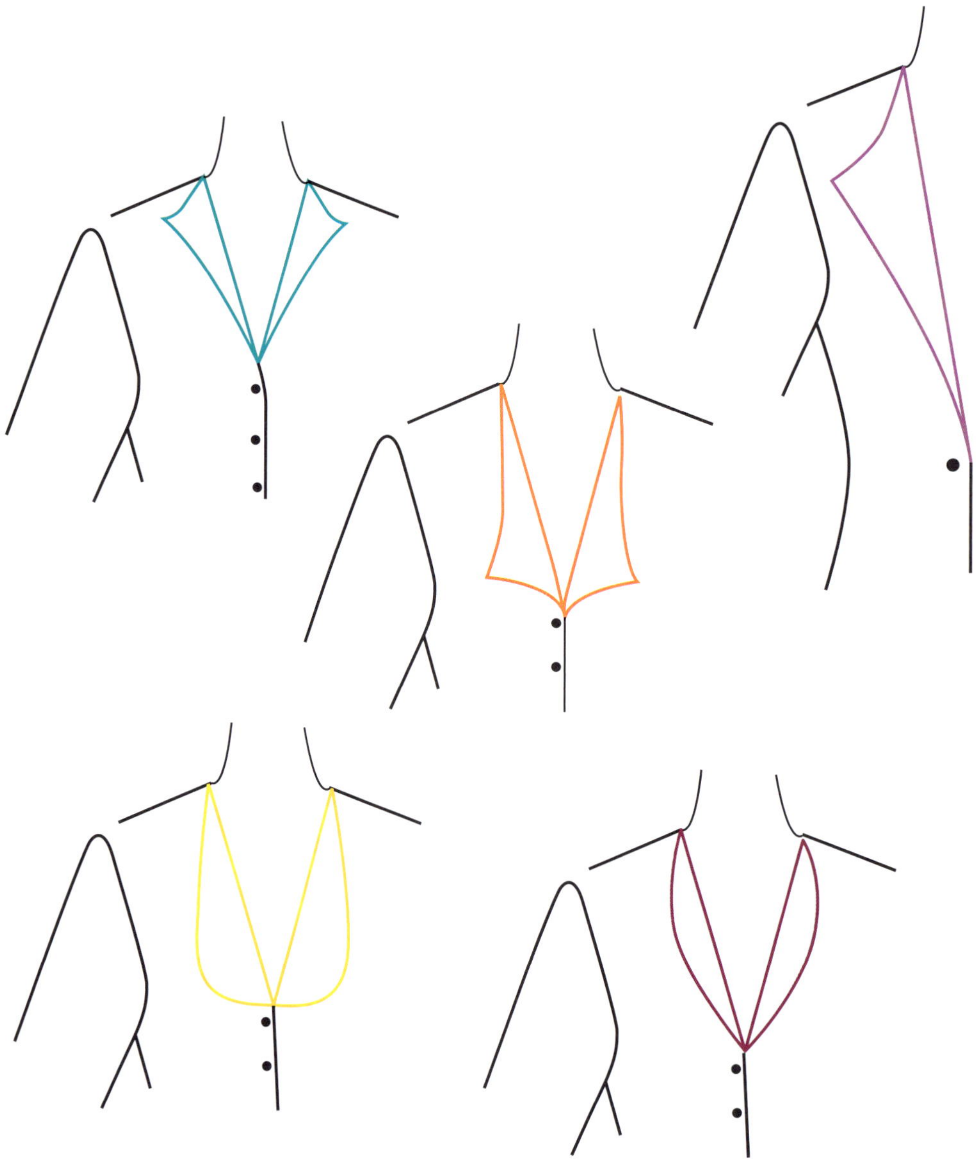

Konstruktion des Revers mit separatem Besatz

Technische Zeichnung

Auf der technischen Zeichnung des gewünschten Modells Ausschnitttiefe und Reversbreite eintragen.

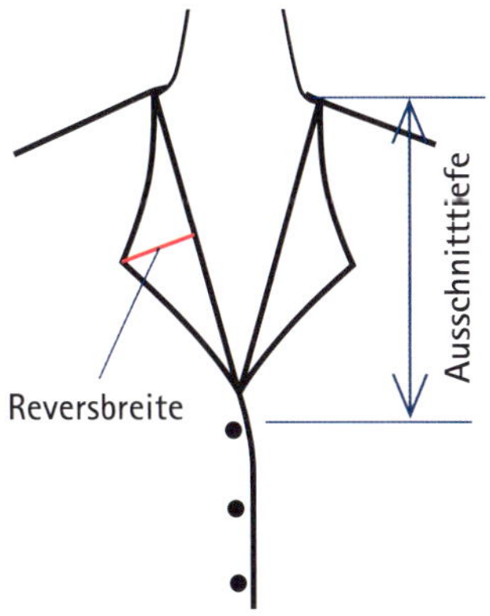

Technische Zeichnung des Revers

BILD 1

Schnittschema für das Drapieren

A Das Revers spiegelbildlich zeichnen (Bild 2, in Grün) und die vordere Mitte einzeichnen (Bild 2, in Rot). Das halbe Vorderteil einrahmen, dabei Breite und Länge beachten (Bild 2, Rechteck in Orange).

B Oben, unten und an der Seite einen Rand von 3 bis 5 cm zugeben, an der vorderen Mitte einen schmaleren Rand von 1 bis 2 cm.

C Dieses Rechteck auf Nesselstoff übertragen und die Hauptkonstruktionslinien einzeichnen: Taillen- und Brustlinie (Bild 2, in Schwarz) und vordere Mitte (Bild 2, in Rot).

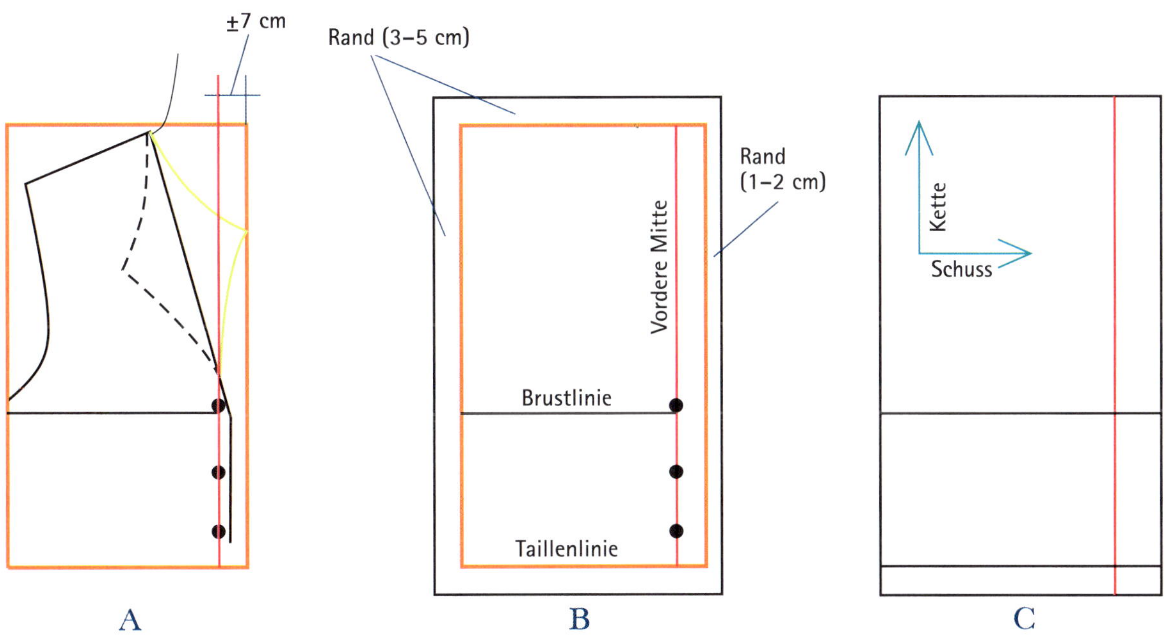

Schnittschema für das Drapieren des Revers

BILD 2

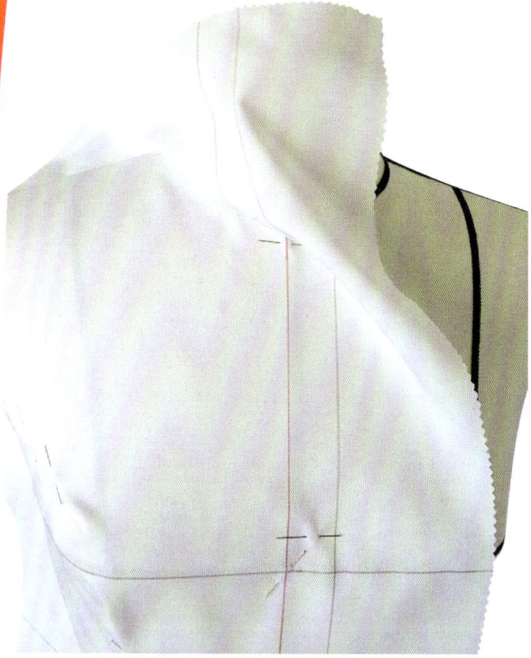

BILD 3

Arbeitsschritte des Drapierens

Den Nessel auf die Büste legen (Bild 3), den auf S. 36–43 beschriebenen Schritten des Drapierens folgen. Abnäher je nach gewünschtem Modell anbringen (hier Abnäher im Armausschnitt und Taillenabnäher). Ausschnitttiefe mit einer Stecknadel auf der Übertrittkante markieren (hier ca. 3 cm oberhalb der Brustlinie). Die Breite des Übertritts variiert je nach Art der Öffnung oder Durchmesser der gewählten Knöpfe.

Unterhalb des Ausschnitts den Stoff ca. 1 bis 2 cm neben der Übertrittkante abschneiden (Bild 4).
An der oberen Partie des Vorderteils Stoff umschlagen – von der Stecknadel am Halsausschnitt bis zur Nadel, mit der die Ausschnitttiefe markiert ist. Gewünschte Breite und Form des Revers einzeichnen.

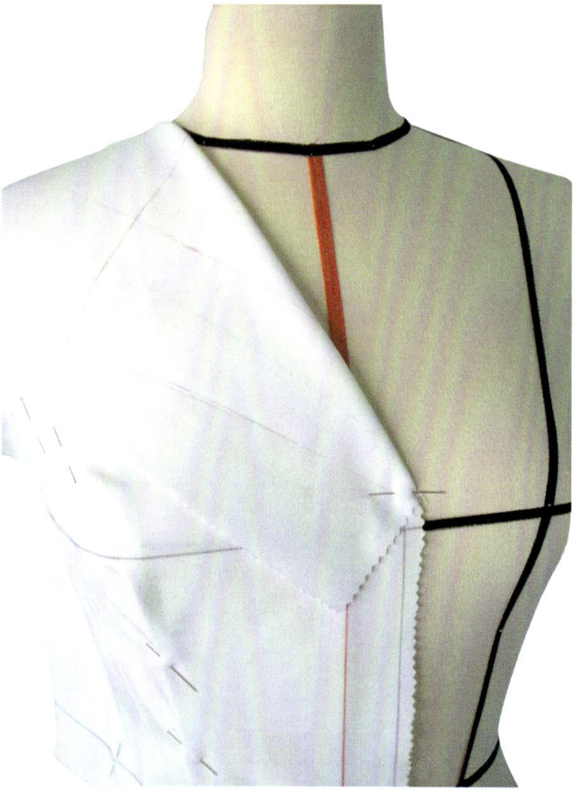

BILD 4

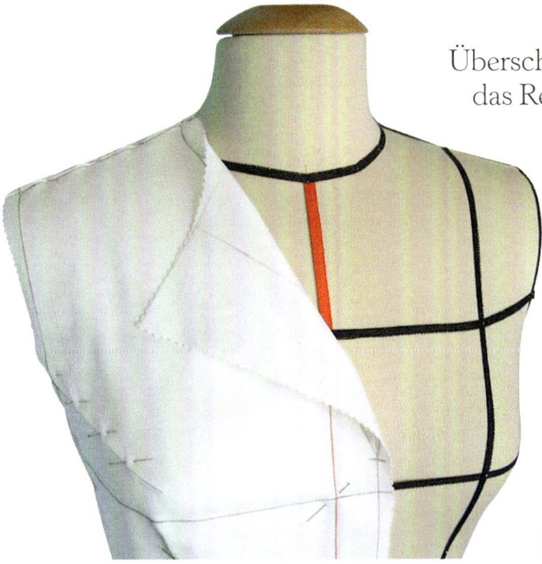

Überschüssigen Stoff abschneiden, dabei um das Revers 1 bis 2 cm Nahtzugabe vorsehen. Übergang vom Halsausschnitt zum Revers für eine schöne Optik abgerundet einzeichnen.
Die Bruchkante kann ebenfalls nachgezeichnet werden, ganz gerade von der Schulterlinie bis zum tiefsten Punkt des Ausschnitts.

BILD 5

Schnittmuster aus Nessel

Den Stoff von der Büste abnehmen, alle Stecknadeln des Abnähers entfernen, nach Bedarf bei niedriger Temperatur bügeln.
Die Konturen des Schnittes entlang der Punktierung mithilfe von Lineal und Kurvenlineal aufzeichnen.
Ringsum 1 cm Nahtzugabe hinzufügen und entlang dieser Linie zuschneiden.
Es empfiehlt sich, das Schnittmuster aus Nessel mithilfe von Pauspapier auf Kraft- oder Bristolpapier zu kopieren. Im Gegensatz zum Stoff kann ein Papierschnitt ohne Gefahr des Sichverformens aufbewahrt werden (siehe „Papierschnitt“, S. 51).

BILD 6

Konstruktion des Revers mit Besatz im Stoffbruch

Wenn die Reversbreite nicht über die Umbruchlinie des Übertritts hinausgeht, kann man ein Revers mit Besatz im Stoffbruch arbeiten.
Durch einen Besatz werden die Kanten ohne Naht sauberer. Er befindet sich an der Innenseite und ist nur bei umgeschlagenem Revers sichtbar.

Die technische Zeichnung

Auf der technischen Zeichnung zunächst die von der Form der Knöpfe abhängige Breite des Übertritts (2 bis 3 cm) festlegen, dann die Ausschnitttiefe.
Die Form des Revers kann nur in der oberen Partie (Bild 1, farbige Linien) verändert werden. Die Breite des Revers bleibt stets konstant, da die Reverskante die vertikale Verlängerung des Übertritts ist.

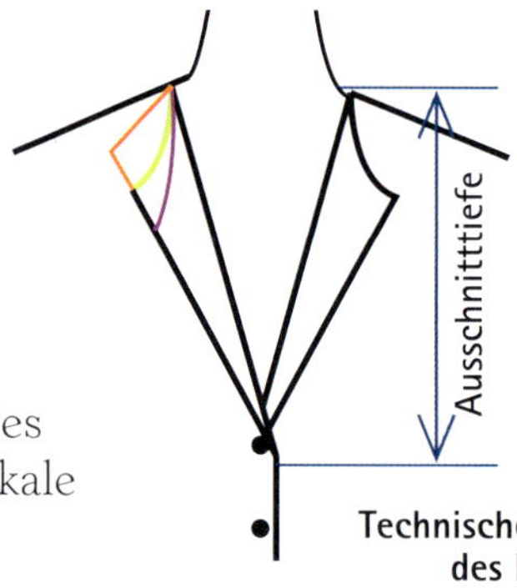

Technische Zeichnung des Revers

BILD 1

Schnittschema für das Drapieren

A Die vordere Mitte, dann die Breite des Übertritts (Bild 2, in Grün) einzeichnen. Die obere Linie des Revers (nur Halsausschnittlinie) spiegelbildlich von der technischen Zeichnung abzeichnen (Bild 2, in Schwarz). Form des Besatzes einzeichnen (Bild 2, in Violett). Dieser muss an den Schultern breit genug sein, damit er sich nicht umschlägt. An der vorderen Mitte muss er 1 bis 2 cm breiter sein als der Übertritt.
B Den Besatz an der Umbruchlinie spiegeln, dann den Umriss des Vorderteils mit nicht umgeschlagenem Besatz einrahmen (Bild 2, Rechteck in Orange).

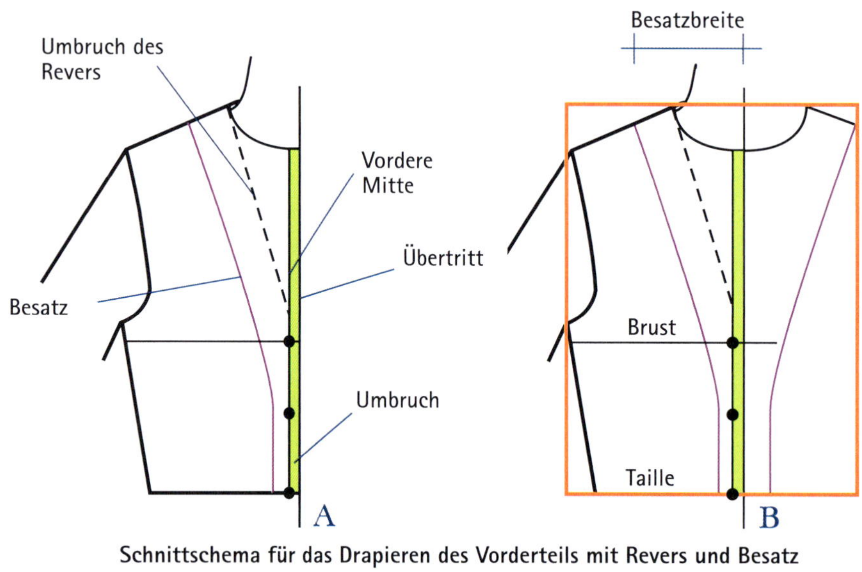

Schnittschema für das Drapieren des Vorderteils mit Revers und Besatz

BILD 2

C Rings um das Rechteck einen Rand zugeben, wie auf der Skizze angegeben.
D Dieses Rechteck auf Nessel übertragen und die Hauptkonstruktionslinien einzeichnen: vordere Mitte (Bild 3, in Rot), Taillen- und Brustlinie (Bild 3, in Schwarz), Umbruchlinie (Bild 3, gestrichelt).

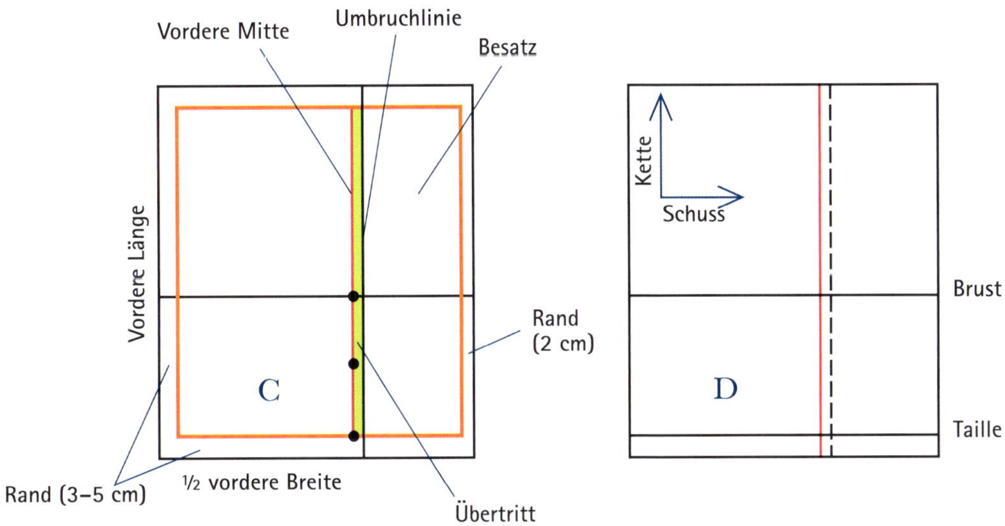

Schnittschema für das Drapieren des Vorderteils mit Revers und Besatz (Fortsetzung)

BILD 3

BILD 4

Arbeitsschritte des Drapierens

Den Nesselstoff so auf die rechte Seite der Büste legen, dass die auf dem Stoff eingezeichnete vordere Mitte genau über der markierten vorderen Mitte an der Büste liegt.
Auch bei den horizontalen Linien an Brust und Taille auf Übereinstimmung achten.
Dann je nach gewünschtem Modell die Abnäher konstruieren (hier Abnäher im Armausschnitt und Taillenabnäher).

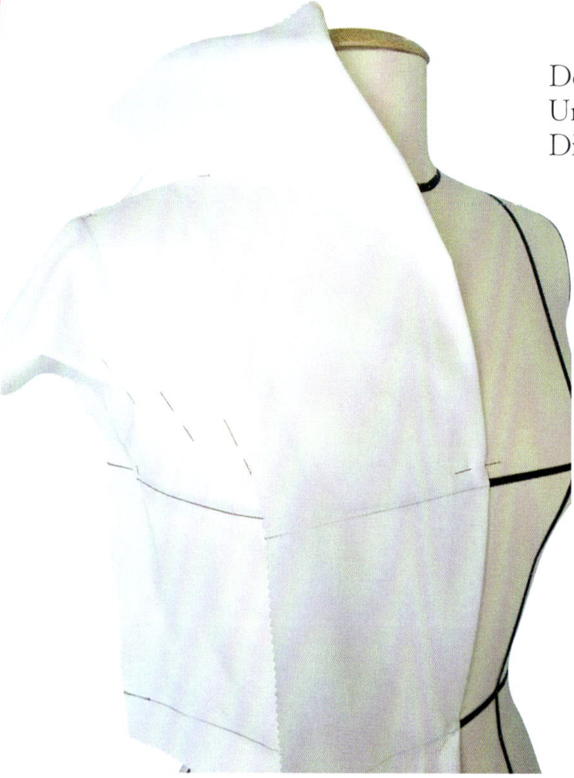

Den Nesselstoff entlang der gesamten Umbruchlinie falten.
Die Ausschnitttiefe mit einer Stecknadel am Übertritt markieren (hier ca. 3 cm oberhalb der Brustlinie).
Beide Stofflagen gut ausstreichen, damit sie glatt und faltenfrei aufliegen. Beide Lagen an der Schulterlinie zusammenstecken.

BILD 5

Das Revers samt Besatz auf das Vorderteil umlegen und in der oberen Partie die gewünschte Form einzeichnen.
Die Breite des Besatzes an der Taillenlinie markieren.
Dieses Maß kann je nach Stoffdicke oder je nach Modell variieren, doch es ist immer 1 bis 2 cm breiter als die Breite des Übertritts und weniger breit als eine halbe Brustzugabe: Um nicht störend zu wirken, darf der Besatz nie über den Brustpunkt hinausgehen. Die am häufigsten verwendete Besatzbreite liegt bei 5 bis 7 cm.

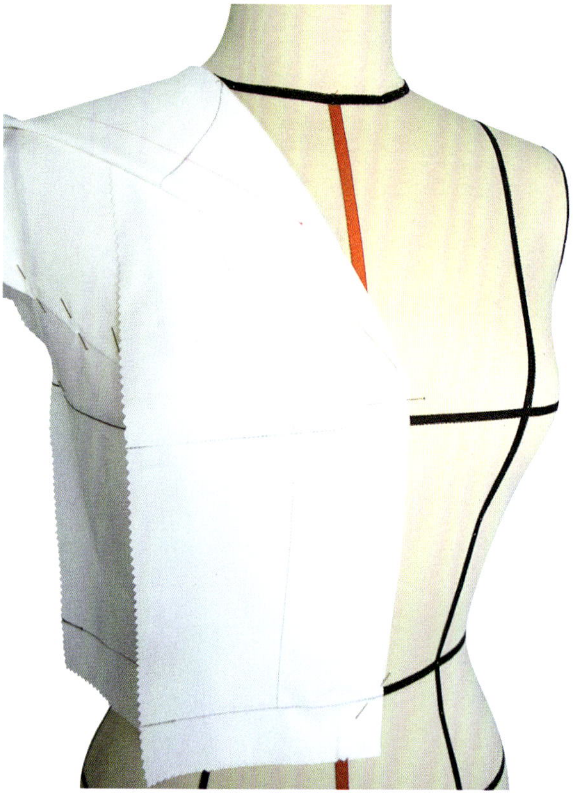

BILD 6

Den Stoff an der oberen Reverspartie und am gesamten Besatz entlang der eingezeichneten Linien zuschneiden; dabei am Übergang von der vertikalen Linie zum Schrägschnitt in Höhe der Brustlinie abrunden.
Den Besatz entlang der Umbruchlinie nach innen falten.
Schulter , Armausschnitt und Seiten linie punktieren (siehe S. 42, Bild 14).

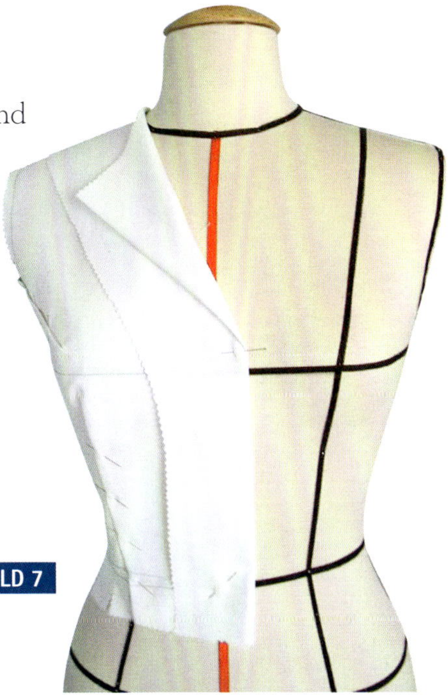

BILD 7

Schnittmuster aus Nessel

Den Stoff von der Büste abnehmen, alle Stecknadeln des Abnähers entfernen, nach Bedarf bei niedriger Temperatur bügeln.
Konturen des Schnittes entlang der Punktierung mithilfe von Lineal und Kurvenlineal aufzeichnen.
Ringsum 1 cm Nahtzugabe hinzufügen und entlang dieser Linie zuschneiden.
Es empfiehlt sich, das Schnittmuster aus Nessel mithilfe von Pauspapier auf Kraft- oder Bristolpapier zu kopieren. Im Gegensatz zum Stoff kann ein Papierschnitt ohne Gefahr des Sichverformens aufbewahrt werden (siehe „Papierschnitt“, S. 51).

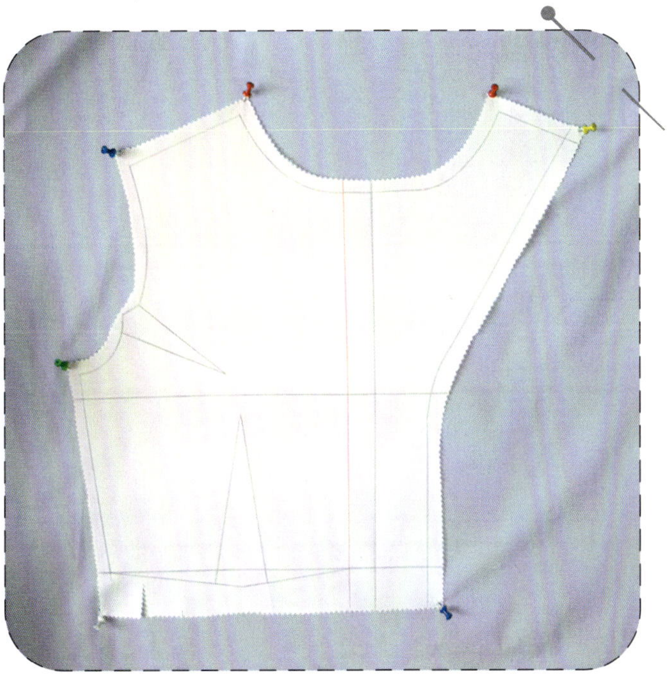

BILD 8

Schalkragen

Der Schalkragen ist ein am Rückenteil fortgesetztes Revers. Er besteht aus Kragensteg und Kragenfall.
Bei allen Schalkragenformen (siehe die verschiedenen Beispiele unten) sind die Arbeitsschritte beim Drapieren die gleichen.

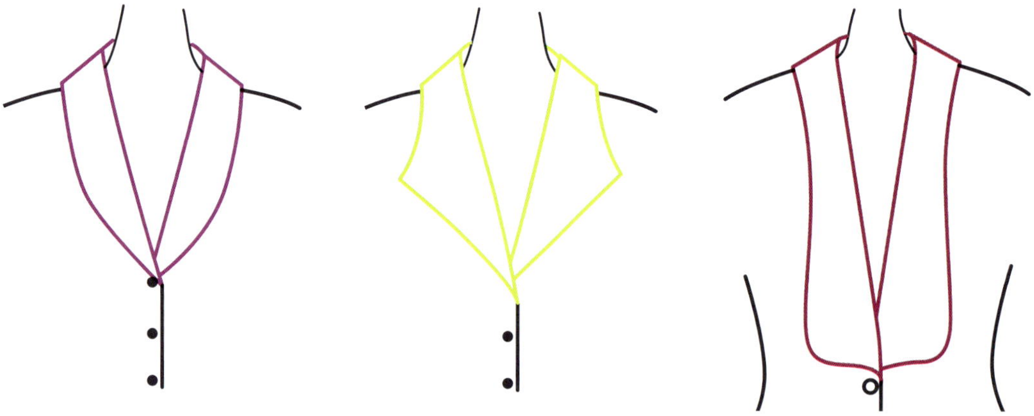

A
Klassischer Schalkragen

B
Schalkragen mit eckigem Revers

C
Bis zur Taille ausgeschnittener Schalkragen mit Fantasierevers

BILD 1

Technische Zeichnung

Auf der technischen Zeichnung zunächst die nötigen Angaben eintragen: Ausschnitttiefe, Reversbreite des Kragens und Breite des Übertritts.

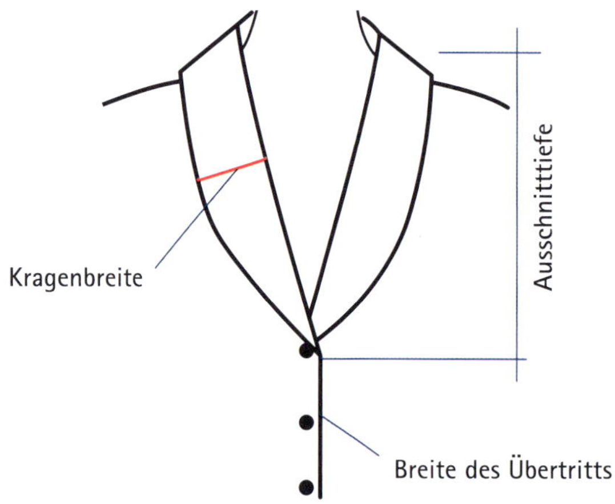

Technische Zeichnung des Schalkragens

BILD 2

Schnittschema für das Drapieren

A Die vordere Mitte markieren (Bild 3, in Rot), dann die Breite des Übertritts (Bild 3, in Grün). Form des Schalkragens einzeichnen (Bild 3, gestrichelt), dann den Kragen entlang der Umbruchlinie spiegeln (Bild 3, in Violett). Umriss des Vorderteils mit gespiegeltem Kragenteil einrahmen (Bild 3, Rechteck in Orange).

B An der Seite und unten 3 bis 5 cm Rand, an der vorderen Mitte 1 bis 2 cm Rand (Breite der Nahtzugabe) zufügen. Oben einen Rand zufügen, der der Kragenbreite plus 3 bis 5 cm entspricht. Beispiel: Kragenbreite = 9 cm, oberer Rand = 9 + 5 cm = 14 cm.

C Das entstandene Rechteck mit den Hauptkonstruktionslinien auf den Nessel übertragen. Die Tiefe des Ausschnitts kann jederzeit geändert werden und nichts an der weiteren Abfolge der Konstruktion, da die Ausschnitttiefe auf dem Schnittschema für das Drapieren gar nicht verzeichnet wird..

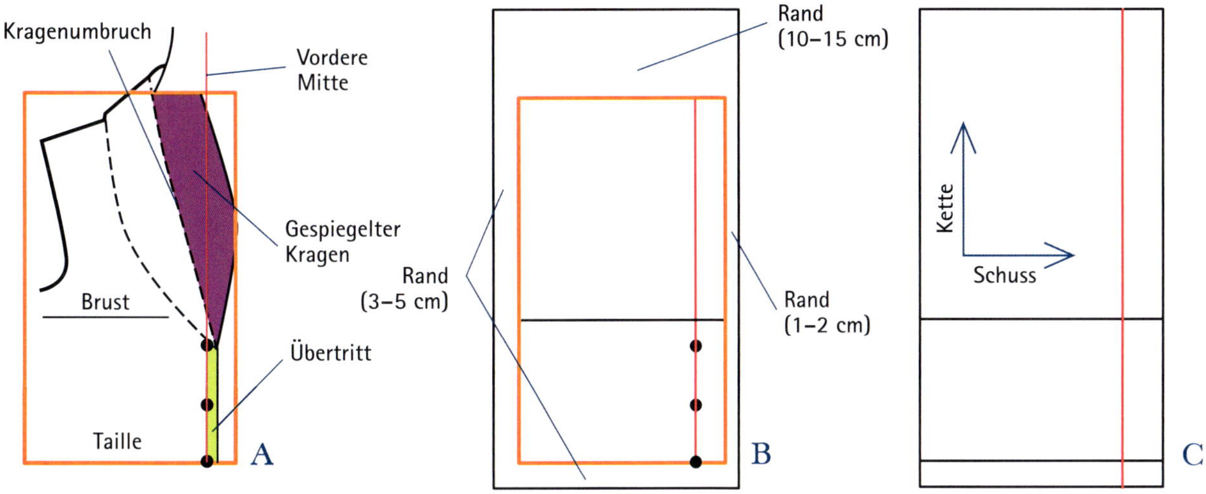

Schnittschema für das Drapieren des Schalkragens

BILD 3

BILD 4

Arbeitsschritte des Drapierens

Den Nesselstoff so auf die rechte Seite der Büste legen, dass die auf dem Stoff eingezeichnete vordere Mitte genau über der markierten vorderen Mitte an der Büste liegt.

Auch bei den horizontalen Linien an Brust und Taille auf Übereinstimmung achten.

Dann je nach gewünschtem Modell die Abnäher konstruieren.

Die Ausschnitttiefe mit einer Stecknadel am Übertritt markieren (hier ca. 3 cm oberhalb der Brustlinie).

Zwei Stecknadeln an der Schulterlinie fixieren, eine am Armausschnitt, die zweite am Halsausschnitt.

Für die Konstruktion des Schalkragens einfach die Schulterlinie punktieren und den Stoff 2 bis 3 cm neben der Punktierung bis zur Halsausschnittlinie abschneiden (Bild 5).

BILD 5

Den Stoff über der abgeschnittenen Partie am Rücken um den Hals der Büste legen und am Kreuzungspunkt von Halsausschnittlinie und hinterer Mitte feststecken. Dem Abdruck der Markierung folgend die Halsausschnittlinie punktieren. Die Höhe des Kragenstegs festlegen und die hintere Mitte um dieses Maß am Hals nach oben verlängern (punktieren).

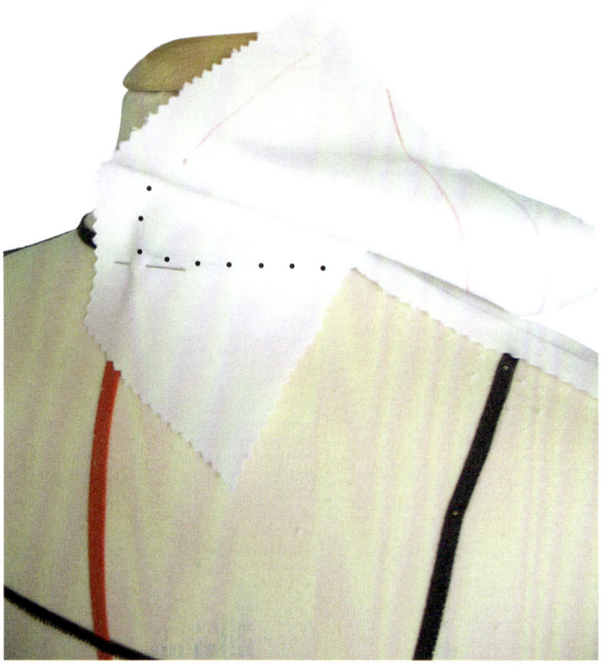

BILD 6

Den Kragen über dem zuvor festgelegten Kragensteg falten, dann am Kragenfall die hintere Mitte markieren. An der hinteren Mitte feststecken.
Am Vorderteil beginnend die Form des Kragenrands und die Breite des gewünschten Revers nachzeichnen; am Rückenteil enden.
Den überschüssigen Stoff abschneiden; dabei auf der gesamten Länge 1 bis 2 cm Rand lassen.

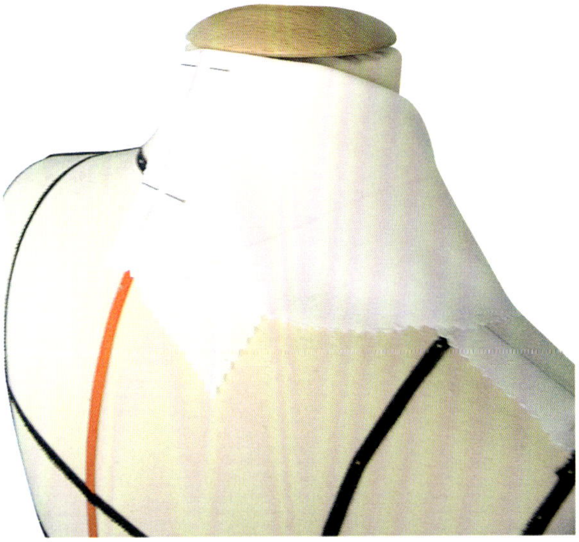

BILD 7

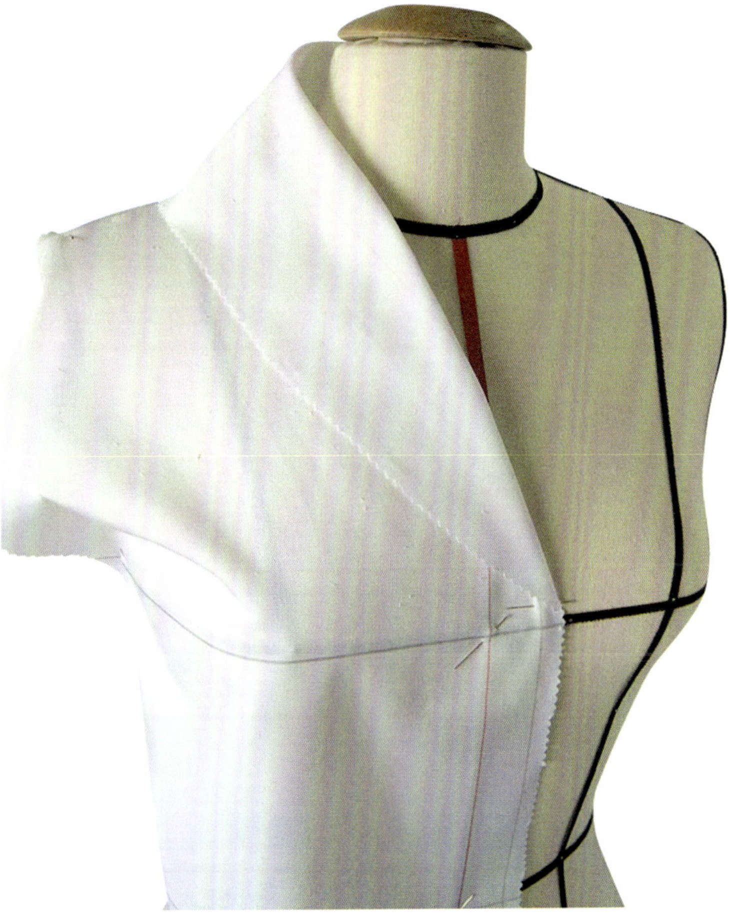

BILD 8

Auf diesem Foto ist der Schalkragen mit einer Stegbreite von 5 cm und eng am Hals anliegend gearbeitet.
Die Höhe des Steges kann je nach Modell variieren.
Um einen weiter vom Hals entfernt sitzenden Kragen zu erhalten, genügt es, die Halsausschnittlinie zu erweitern. Die Arbeitsschritte bleiben die gleichen.

Schnittmuster aus Nessel

Den Stoff von der Büste abnehmen, alle Stecknadeln des Abnähers entfernen, nach Bedarf bei niedriger Temperatur bügeln.
Die Konturen des Schnittes entlang der Punktierung mithilfe von Lineal und Kurvenlineal aufzeichnen.
Ringsum 1 cm Nahtzugabe hinzufügen und entlang dieser Linie zuschneiden.
Es empfiehlt sich, das Schnittmuster aus Nessel mithilfe von Pauspapier auf Kraft- oder Bristolpapier zu kopieren. Im Gegensatz zum Stoff kann ein Papierschnitt ohne Gefahr des Sichverformens aufbewahrt werden (siehe „Papierschnitt", S. 51).

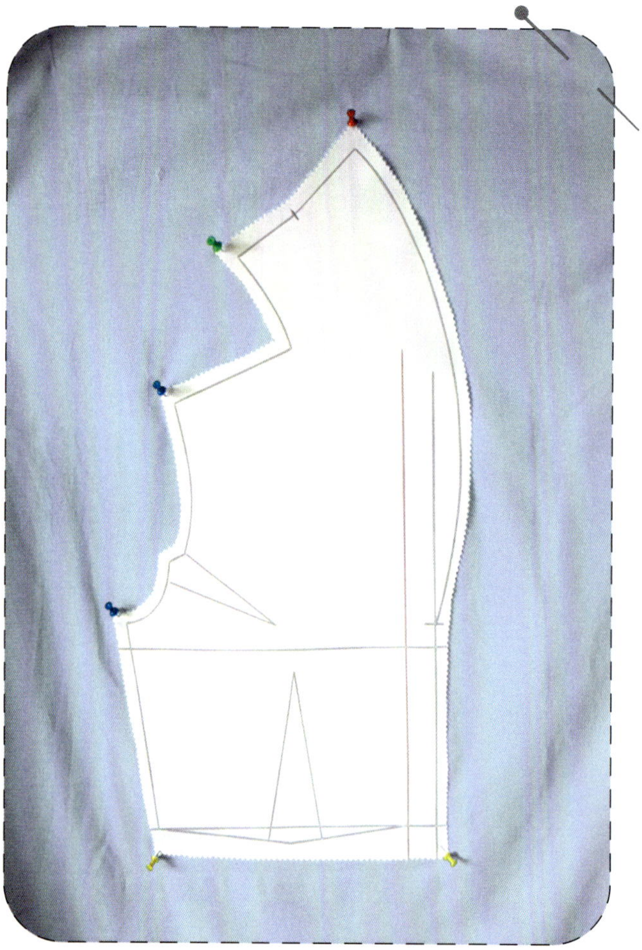

BILD 9

Stehkragen

Der Stehkragen ist eine Verlängerung von Vorder- und Rückenteil am Hals. Er ist mehr oder weniger hoch und mehr oder weniger halsfern.
Die Verlängerung entsteht durch mehr oder weniger starke Neigung der Schulterlinie ab der Halsausschnittlinie.
Die Arbeitsschritte der Konstruktion eines Stehkragens sind immer gleich, unabhängig von seiner speziellen Form (mit oder ohne Revers, symmetrisch oder asymmetrisch, offen oder geschlossen; siehe die unten abgebildeten verschiedenen Formen).

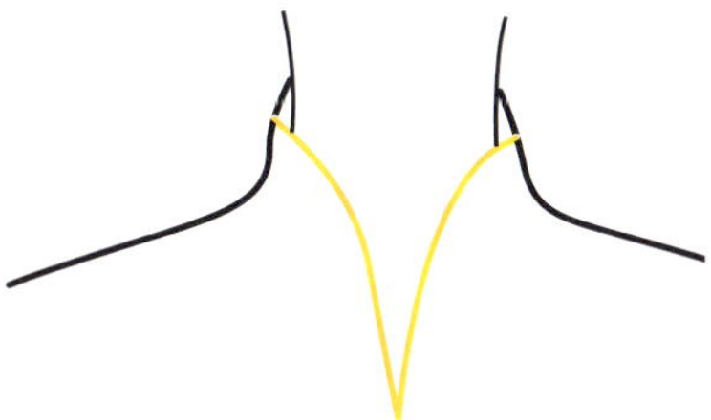

A
Klassischer Stehkragen

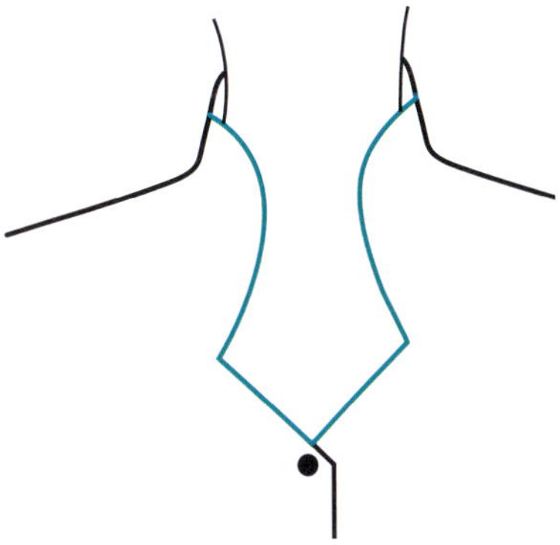

B
Fantasiestehkragen

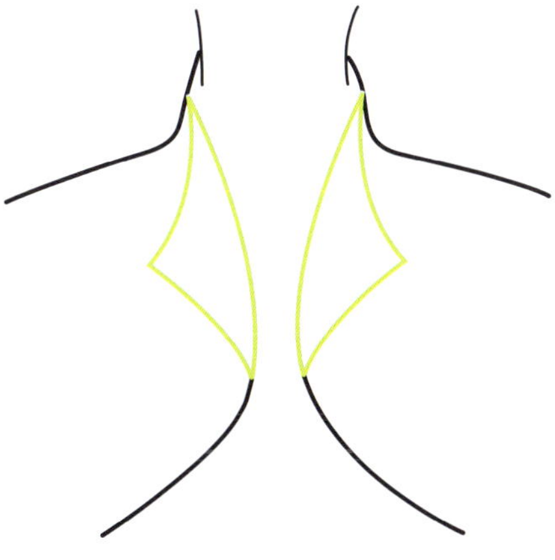

C
Stehkragen mit Revers

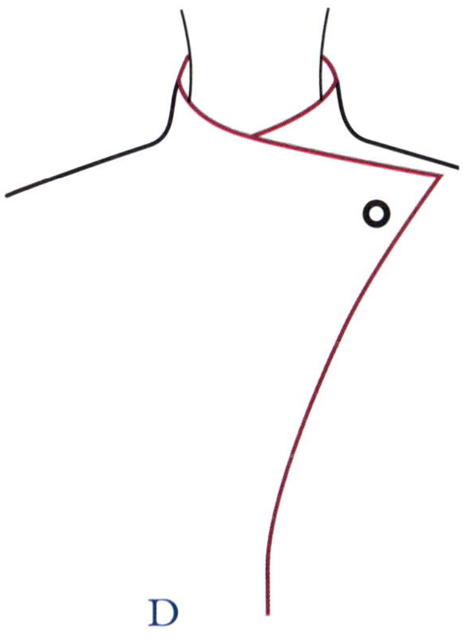

D
Asymmetrischer Stehkragen

Klassischer Stehkragen

Technische Zeichnung

Auf der technischen Zeichnung zunächst die nötigen Angaben eintragen, z. B. die Höhe des gewünschten Kragens und die Ausschnitttiefe.

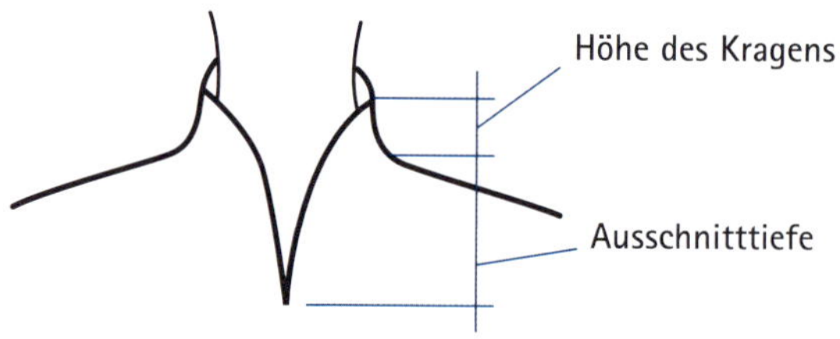

Technische Zeichnung des Stehkragens

BILD 1

Schnittschema für das Drapieren

A und **B** Vordere (A) und hintere Mitte (B) einzeichnen, dann Vorder- und Rückenteil einrahmen wie auf unten stehender Skizze (in Orange).
C Nach den Angaben der Skizze an Vorder- und Rückenteil gleich viel Rand zugeben.
D Das entstandene Rechteck mit den Hauptkonstruktionslinien auf den Nessel übertragen (hintere und vordere Mitte in Rot, Brust- und Taillenlinie in Schwarz).

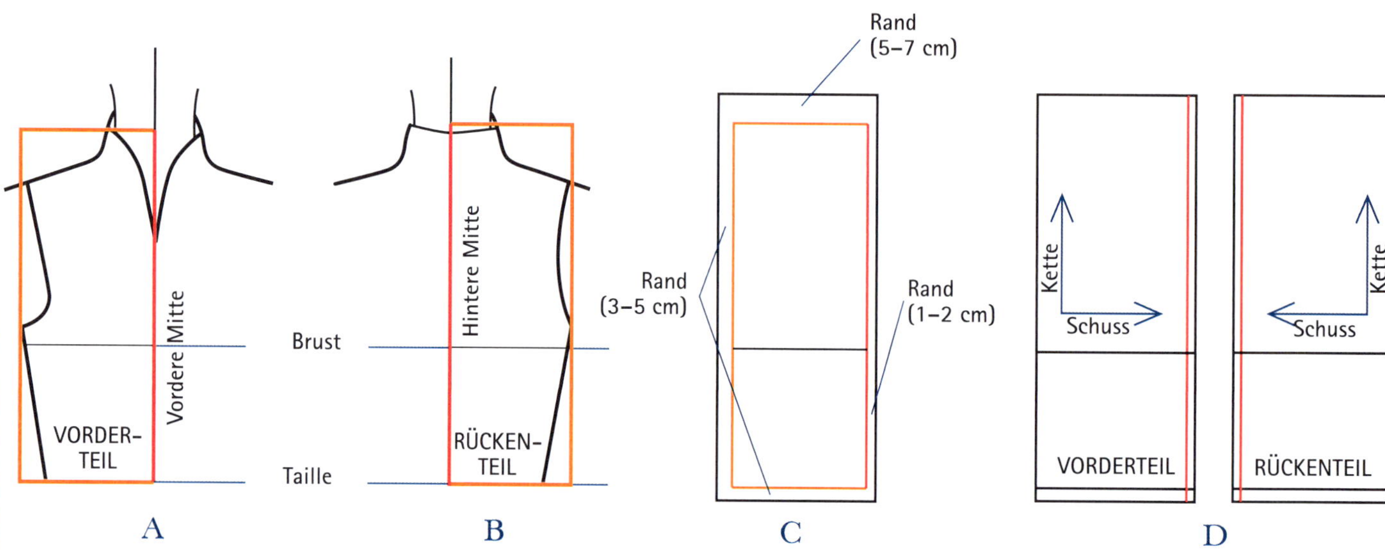

Schnittschema für das Drapieren eines Oberteils mit Stehkragen

BILD 2

Arbeitsschritte des Drapierens

Nessel auf die Büste legen und den im Kapitel „Drapieren an der Schneiderbüste" auf S. 36 und 44 beschriebenen Schritten folgen.
Abnäher je nach gewünschtem Modell konstruieren.
An der oberen Partie des Oberteils (Rücken- und Vorderteil) die Punktierung an Halsausschnitt und Schulterlinie durchführen.

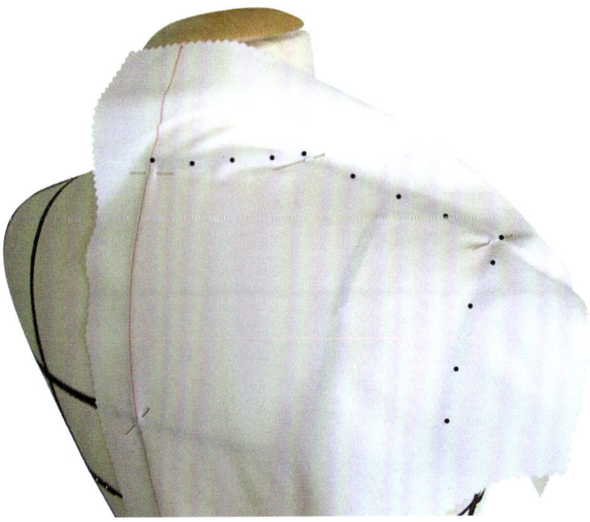

Rückenteil

BILD 3

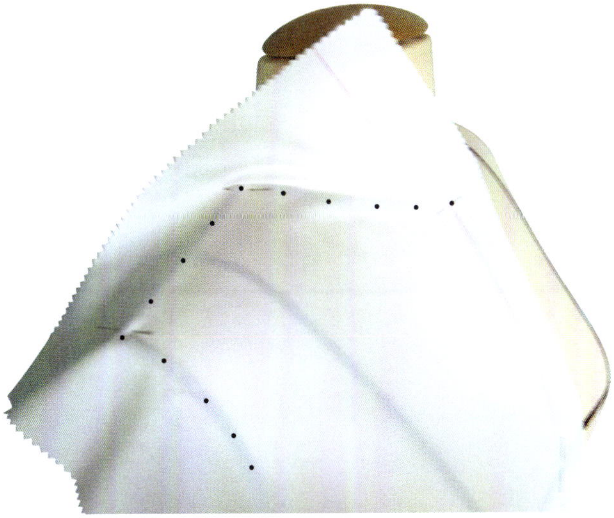

Vorderteil

BILD 4

Der Stehkragen ist die Verlängerung von Rücken- und Vorderteil und wird ohne Naht am Halsausschnitt angefügt. Daher müssen bei der Schnittkonstruktion Abänderungen vorgenommen werden.
Den Stoff von der Büste abnehmen und nach Bedarf bei niedriger Temperatur bügeln.
Auf einer ebenen Fläche ausbreiten und die Kragenlinien einzeichnen.
Am Vorderteil (Bild 5) die Schulterlinie um das Maß der gewünschten Kragenhöhe verlängern, z. B. 3 bis 5 cm; dann eine horizontale Linie einzeichnen (Bild 5, in Blau). Zum Schluss einen Rand von 2 bis 3 cm als Nahtzugabe anfügen (Bild 5, in Weiß).

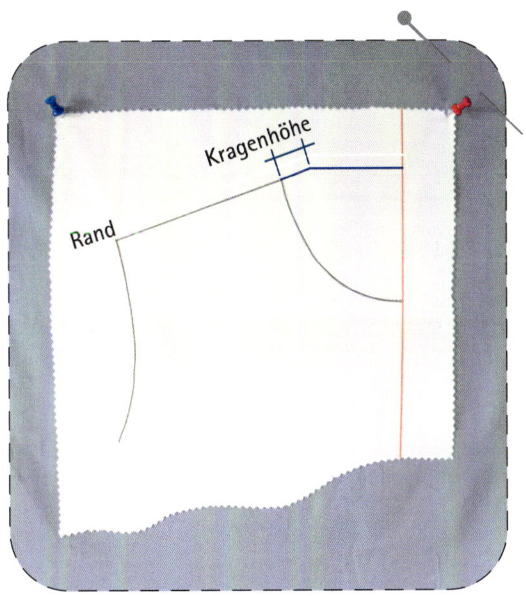

Vorderteil

BILD 5

Am Rückenteil (Bild 6) ab der Halsausschnittlinie eine vertikale Linie derselben Höhe einzeichnen wie die Verlängerung der Schulterlinie am Vorderteil (Kragenhöhe), dann eine horizontale Linie (Bild 6, in Blau). 2 bis 3 cm Rand zugeben (Bild 6, in Weiß).

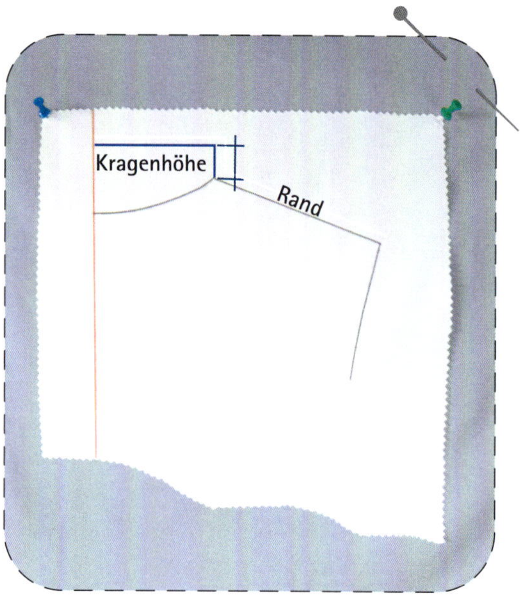

Rückenteil

BILD 6

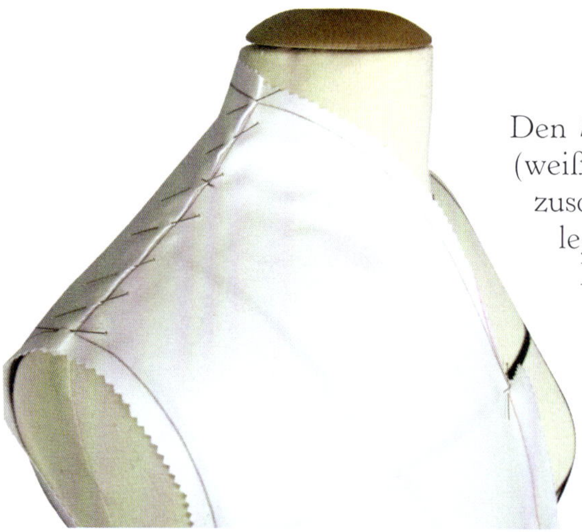

Den Stoff entlang der abgeänderten Linien (weiße Linien) an Vorder- und Rückenteil zuschneiden. Erneut auf die Schneiderbüste legen. Die Schulter abstecken, dabei die Nahtzugabe zum Rückenteil hin umlegen (siehe „Nähte", S. 22).

Rücken- und Vorderteil zusammenfügen; dabei beachten, dass alle Konstruktionslinien aneinanderpassen.

Zuletzt den Rand der Kragenform einzeichnen und zuschneiden.

BILD 7

Achtung!
Bei einem Stehkragen von mehr als 5 cm Höhe werden Abnäher auf der Halsausschnittlinie erforderlich.

Schnittmuster aus Nessel

Den Stoff von der Büste abnehmen, alle Stecknadeln des Abnähers entfernen, nach Bedarf bei niedriger Temperatur bügeln.
Die Konturen des Schnittes entlang der Punktierung mithilfe von Lineal und Kurvenlineal aufzeichnen.
Ringsum 1 cm Nahtzugabe hinzufügen und entlang dieser Linie zuschneiden.
Es empfiehlt sich, das Schnittmuster aus Nessel mithilfe von Pauspapier auf Kraft- oder Bristolpapier zu kopieren. Im Gegensatz zum Stoff kann ein Papierschnitt ohne Gefahr des Sichverformens aufbewahrt werden (siehe „Papierschnitt", S. 51).

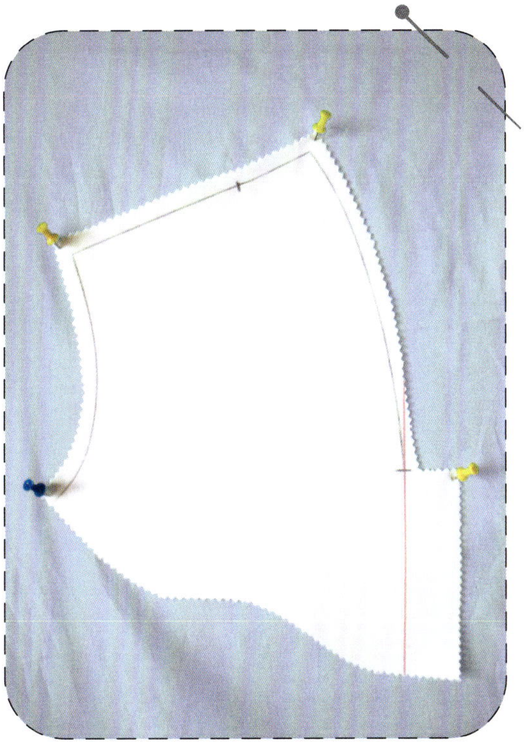

Vorderteil

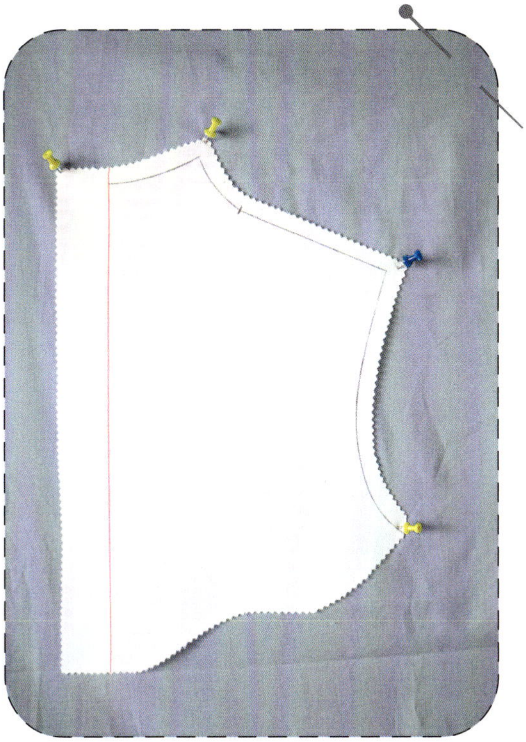

Rückenteil

BILD 8

Stehkragen mit Revers

Technische Zeichnung

Auf der technischen Zeichnung des gewünschten Stehkragenmodells mit Revers die nötigen Informationen für das Schnittschema für das Drapieren eintragen: Provisorisch die Form des Revers einzeichnen (hier ein spitzes Revers; die Form kann jedoch variieren); dann die Reversbreite sowie die Kragenhöhe am Hals markieren.

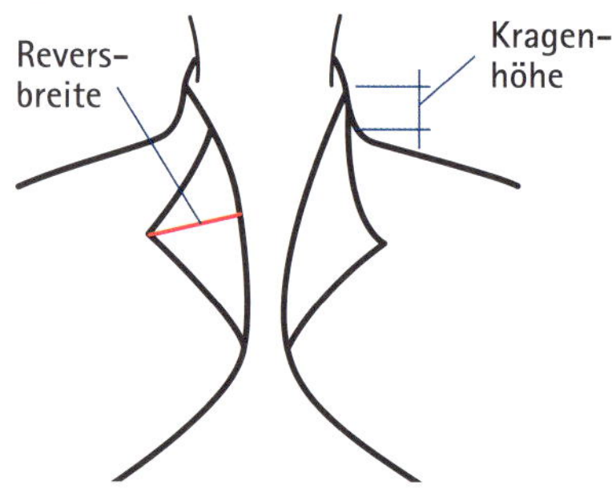

Technische Zeichnung des Stehkragens mit Revers

BILD 1

Schnittschema für das Drapieren

A Die vordere Mitte einzeichnen. Revers spiegeln (Bild 2, in Violett), sodass die Achse sich am Reversbruch befindet.
B Das Vorderteil wie auf der Skizze unten einrahmen (Bild 2, Rechteck in Orange).
C An der Seite sowie an Ober- und Unterkante 3 bis 5 cm Rand zugeben sowie rechts der vorderen Mitte einen Rand in der Breite einer Nahtzugabe (1 bis 2 cm).
D Das entstandene Rechteck mit den Hauptkonstruktionslinien auf den Nesselstoff übertragen: vordere Mitte in Rot, Brustlinie in Schwarz.
Als Schnittschema für das Drapieren des Rückenteils das Schema des vorherigen Modells übernehmen (siehe S. 92).

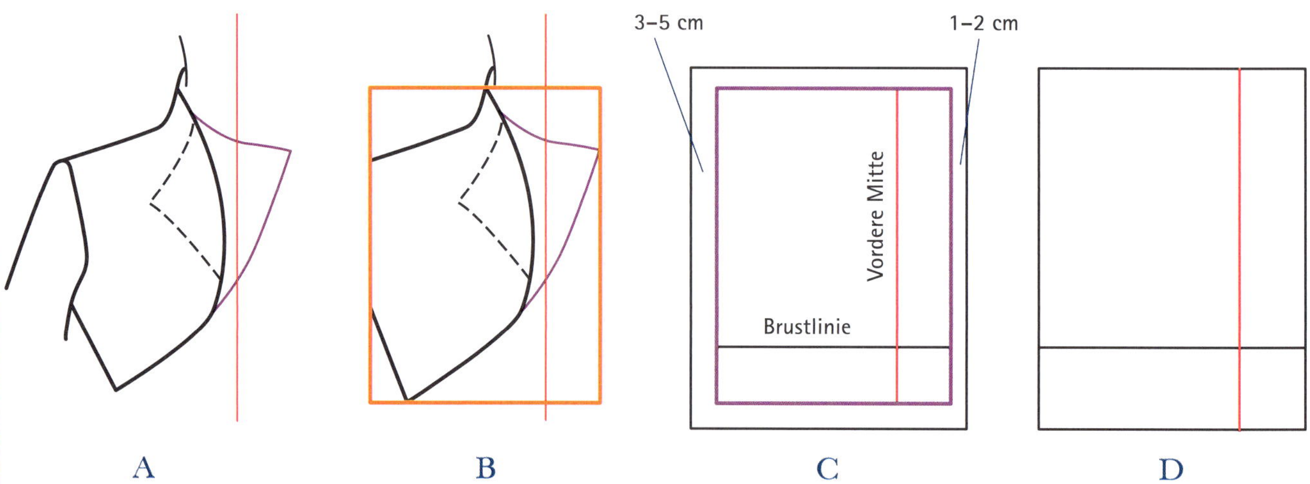

Schnittschema für das Drapieren des Stehkragens mit Revers

BILD 2

Arbeitsschritte des Drapierens

Den Stoff von Vorder- und Rückenteil wie beim vorherigen Modell vorbereiten (siehe S. 93 f.).
Die Kragenlinien an Vorder- und Rückenteil gemäß der Anleitung auf S. 93 f. einzeichnen.
Die Stoffstücke erneut auf die Schneiderbüste legen. Rücken- und Vorderteil zusammenfügen; dabei beachten, dass die Konstruktionslinien aneinanderpassen.

BILD 3

Revers in der vorderen Mitte bis zum oberen Ausschnittende umschlagen. Auf dem umgeschlagenen Revers die gewünschte Form einzeichnen und zuschneiden. Der Reversbruch kann auf der gesamten Länge gerade verlaufen oder nur auf einem Teil. Man kann diese Linie auch natürlich abgerundet lassen, was den Charme dieses Stehkragens mit Revers ausmacht.

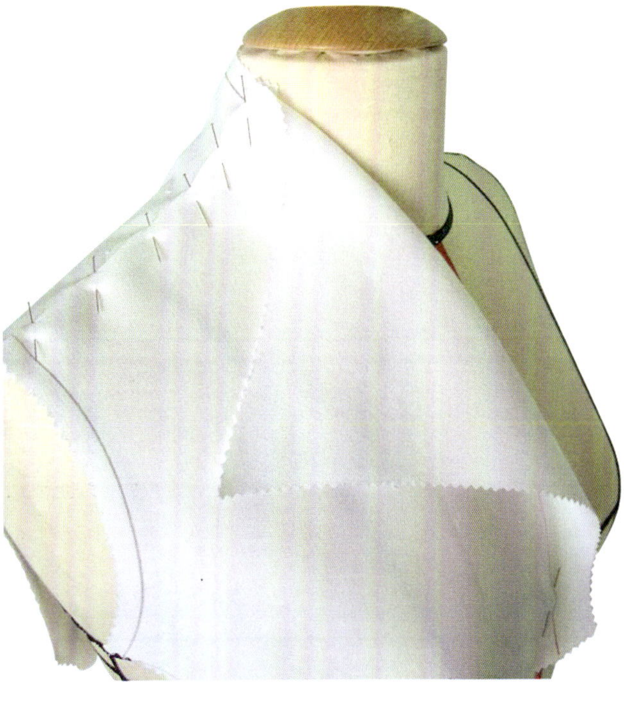

BILD 4

Schnittmuster aus Nessel

Den Stoff von der Büste abnehmen, alle Stecknadeln entfernen, nach Bedarf bei niedriger Temperatur bügeln.
Die Konturen des Schnittes entlang der Punktierung mithilfe von Lineal und Kurvenlineal aufzeichnen.
Ringsum 1 cm Nahtzugabe hinzufügen und entlang dieser Linie zuschneiden.
Es empfiehlt sich, das Schnittmuster aus Nessel mithilfe von Pauspapier auf Kraft- oder Bristolpapier zu kopieren. Im Gegensatz zum Stoff kann ein Papierschnitt ohne Gefahr des Sichverformens aufbewahrt werden (siehe „Papierschnitt“, S. 51).

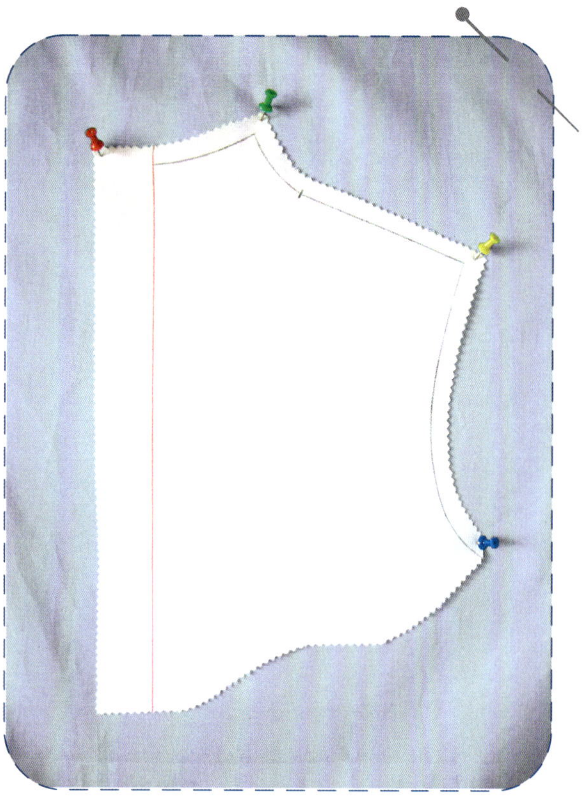

Rückenteil

Vorderteil

BILD 5

Umlegekragen

Wie der Name andeutet, werden Umlegekragen flach auf die Schultern umgelegt. Dies ist der einzige Kragentyp ohne Kragensteg und Kragenfall. Er wird an Rücken- und Vorderteil über der Halsausschnittlinie konstruiert. Die Methode und die Arbeitsschritte des Drapierens sind für alle Formen des Umlegekragens gleich. Die Skizzen A, B und C zeigen die verschiedenen Modelle.

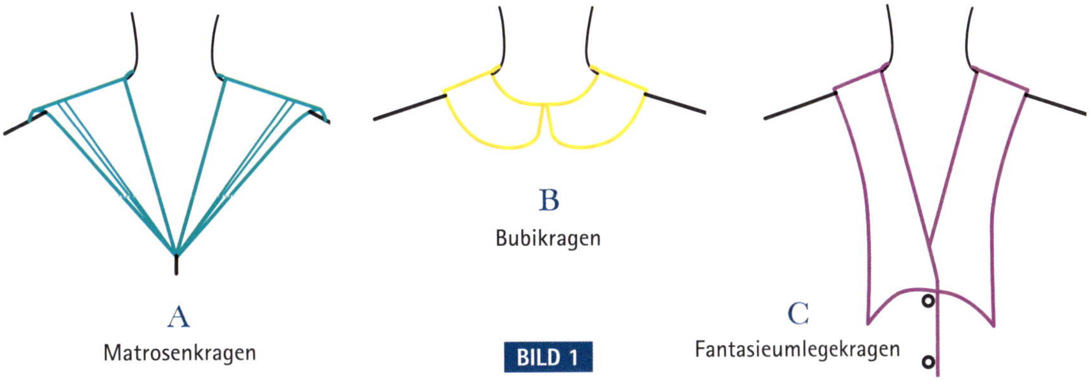

BILD 1

Arbeitsschritte des Drapierens

A Für alle Umlegekragen zunächst das Schnittmuster aus Nessel vorbereiten (Vorder- und Rückenteil; siehe Kapitel „Drapieren an der Schneiderbüste", S. 36 und 44), da dieser Kragentyp anhand des Abdrucks der Halsausschnittlinie konstruiert wird. Schnittmuster aus Nessel oder Papier auf einer ebenen Fläche ausbreiten (Bild 2). Mithilfe von Pauspapier Halsausschnittlinie sowie hintere und vordere Mitte nachzeichnen.
Die hintere Mitte muss immer vertikal gelegt werden (Bild 2). Dann das Schnittmuster des Vorderteils daran ausrichten (niemals umgekehrt); dabei am Ende der Schulterlinie ±1 cm Abstand lassen, damit der Kragen schön anliegt.

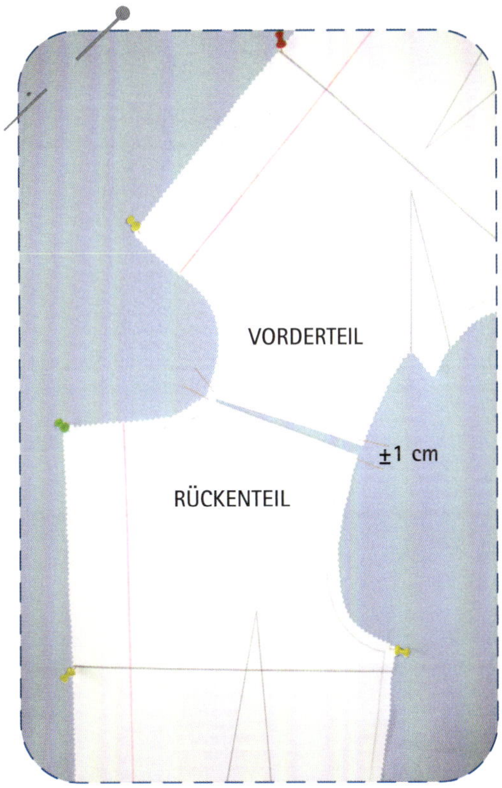

BILD 2

B Mithilfe von Pauspapier den hinteren und vorderen Halsausschnitt nachzeichnen (Bild 3).
C Die gewünschte Form des Umlegekragens aufzeichnen und zuschneiden; dabei einen Rand in Breite einer Nahtzugabe (1 bis 2 cm) zugeben, nicht jedoch an der Rundung des Halsausschnitts, für die dieser Rand bereits beim Drapieren von Rücken- und Vorderteil zugegeben wurde.
Bild 3 zeigt in Grün den Matrosenkragen, in Blau den Bubikragen, in Rosa den Fantasieumlegekragen.

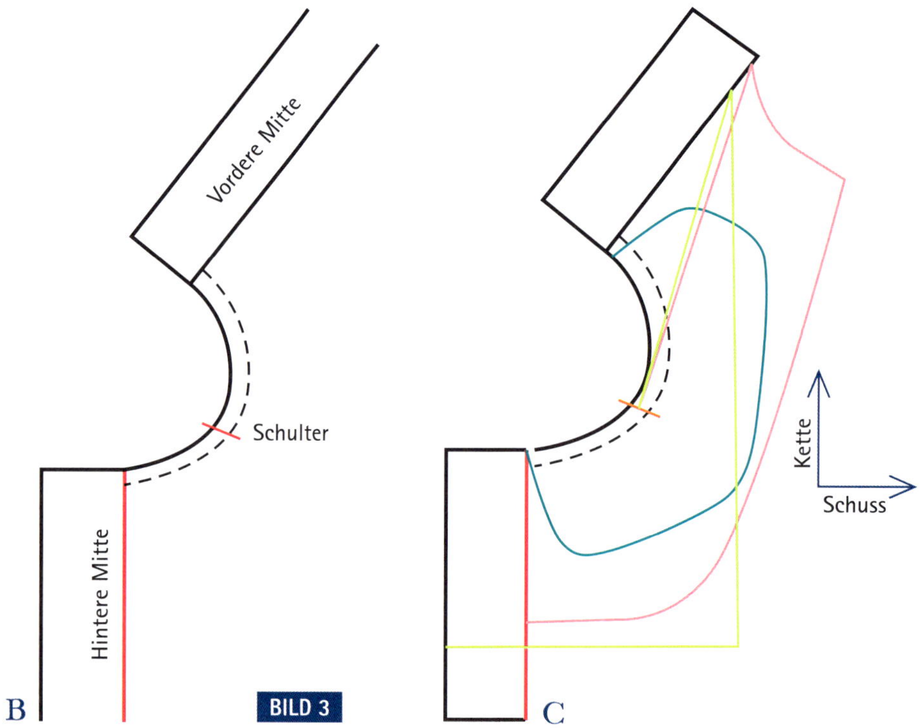

BILD 3

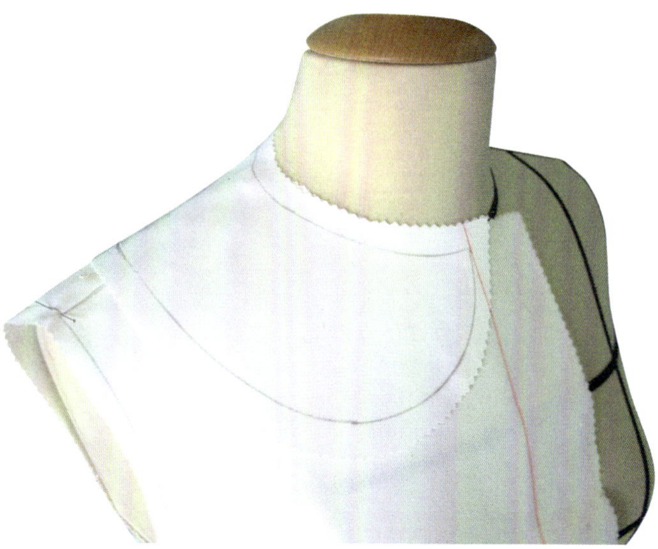

Bubikragen

BILD 4

Angesetzte Kragen

Es gibt eine große Vielfalt an angesetzten Kragen. Der Unterschied besteht ausschließlich im Verlauf der Kante am Vorderteil, da die hintere Mitte grundsätzlich im Fadenlauf gelegt wird.
Grundlage für die Konstruktion der verschiedenen Modelle angesetzter Kragen ist immer die Halsausschnittlinie an Rücken- und Vorderteil.

A

Geschlossener angesetzter Kragen

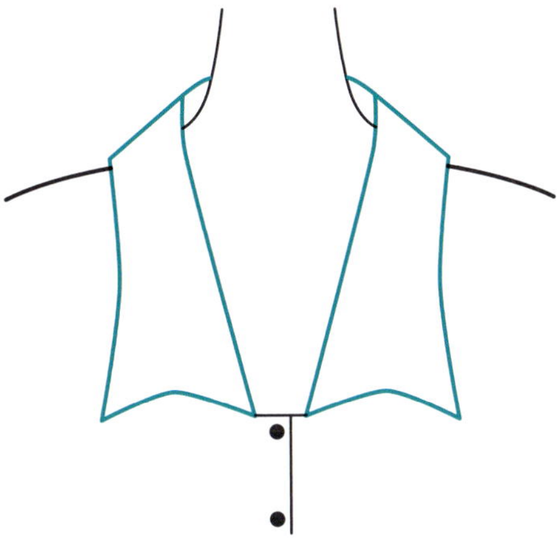

B

Angesetzter Kragen mit V-Ausschnitt

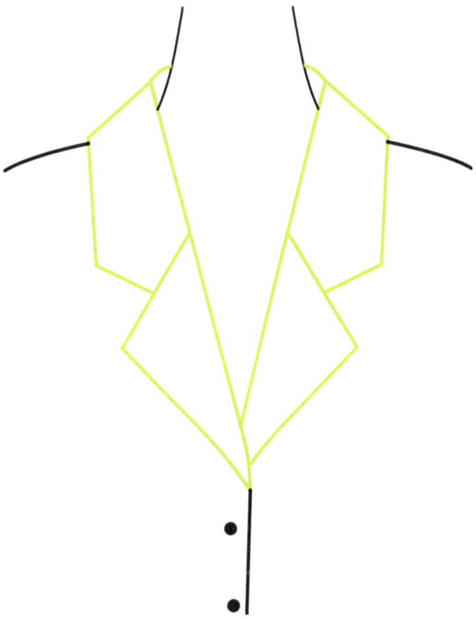

C

Angesetzter Kragen mit Revers

Beispiele für angesetzte Kragen

BILD 1

Technische Zeichnung

Auf der technischen Zeichnung des angesetzten Kragens des gewünschten Modells die nötigen Informationen für das Schnittschema für das Drapieren skizzieren:

– Länge des angesetzten Kragens; dafür wird von der Reverskante bis zur hinteren Mitte gemessen (Bild 1, in Blau).

– Breite des angesetzten Kragens; diese setzt sich aus Breite des Kragenfalls und Breite des Kragenstegs zusammen (Bild 1, in Orange).

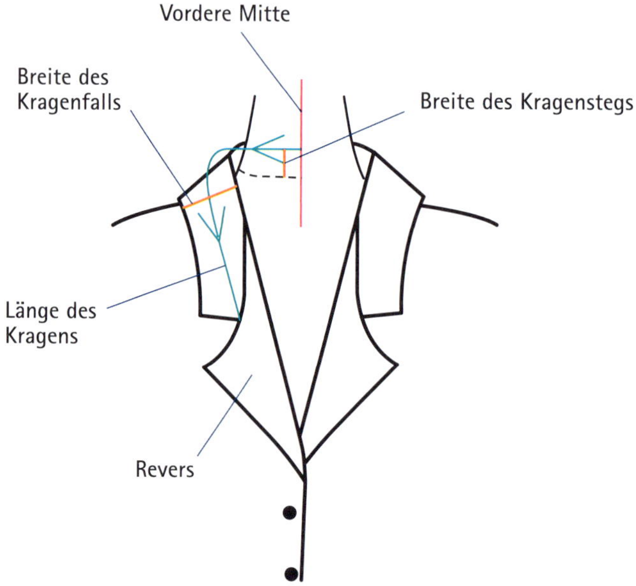

Technische Zeichnung des angesetzten Kragens

BILD 1

Schnittschema für das Drapieren

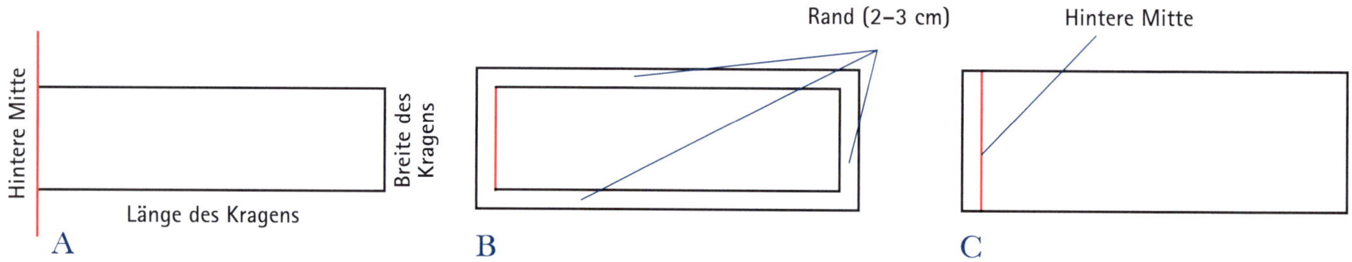

Schnittschema für das Drapieren des angesetzten Kragens

BILD 2

102

A Eine vertikale Linie zeichnen, die der hinteren Mitte entspricht. Umriss des Kragens einrahmen; dabei die auf der technischen Zeichnung festgelegte Länge und Breite des Kragens berücksichtigen.

B Rings um das entstandene Rechteck 2 bis 3 cm Rand zugeben.

C Das Rechteck mit Rand auf den Nessel übertragen; beachten Sie, dass die hintere Mitte senkrecht verläuft.

Arbeitsschritte des Drapierens

Das Oberteil (Rücken- und Vorderteil) mit Revers nach der Anleitung zur Konstruktion eines Revers mit separatem Besatz (S. 79) vorbereiten.

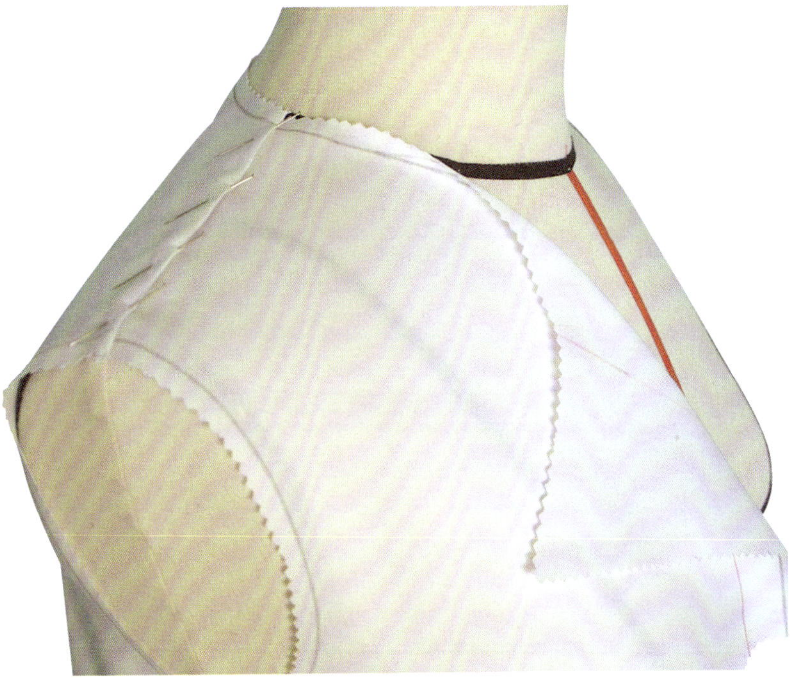

BILD 3

Den Kragenzuschnitt so auf das Rückenteil legen, dass die beiden Linien der hinteren Mitte übereinstimmen. Auf der Halsausschnittlinie feststecken. 1 bis 2 cm Rand als Nahtzugabe hinzufügen.
Eine zweite Stecknadel ca. 3 cm weiter oben fixieren. Sie markiert die Breite des Kragenstegs. In der Regel beträgt diese 2 bis 4 cm, kann jedoch je nach Modell vergrößert oder verkleinert werden.

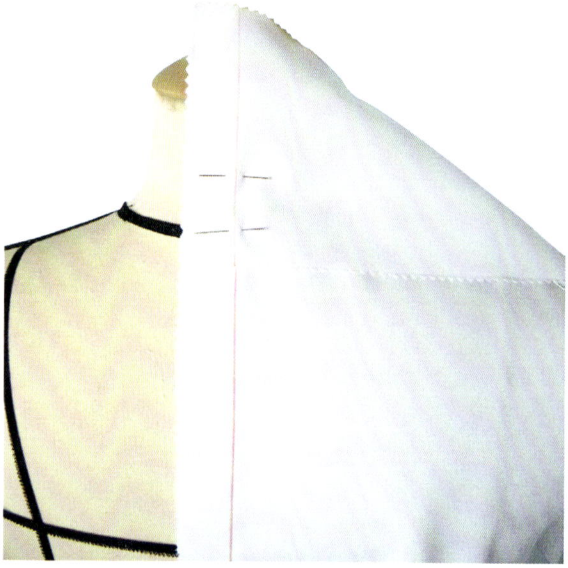

BILD 4

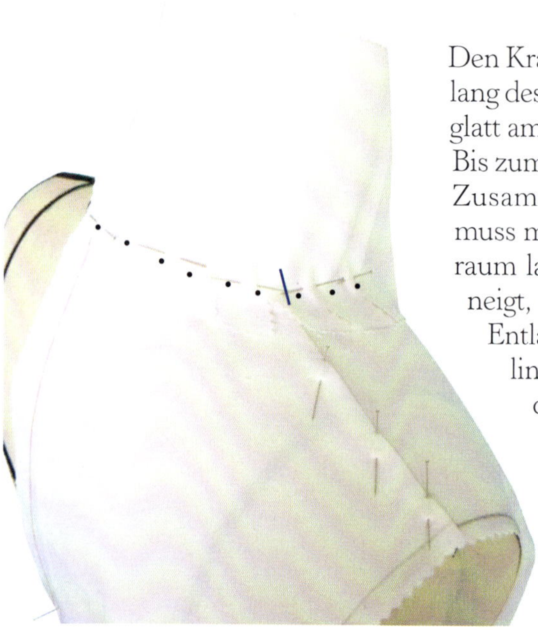

Den Kragen genau vertikal ausrichten und entlang des oberen Randes einschneiden, damit er glatt am Hals anliegt.
Bis zum Revers am Vorderteil abstecken. Beim Zusammenfügen mit dem Halsausschnitt muss man am Kragenteil einen kleinen Spielraum lassen, da die Halsausschnittlinie dazu neigt, sich auszudehnen.
Entlang des Abdrucks der Halsausschnittlinie punktieren. Am Rand des Kragens die Position der Schulterlinie markieren. Diese Markierung wird beim Zusammennähen unbedingt benötigt (Bild 5, in Blau).

BILD 5

Den Kragen über der im vorherigen Schritt festgelegten Höhe des Kragenstegs umlegen (zweite Stecknadel an der hinteren Mitte).
Am Vorderteil geht die Umbruchlinie des Kragens in den Reversbruch über.
Kragen und Revers gut ausstreichen, damit er sich nicht wirft oder Falten entstehen.
Die gewünschte Kragenform einzeichnen (Bild 6).

Den Stoff von der Büste nehmen und auf einer ebenen Fläche ausbreiten (Bild 7).
Mithilfe eines Kurvenlineals die Krümmung am unteren Kragenrand zeichnen.

BILD 6

BILD 7

Die Kragenform zuschneiden; ringsum 1 bis 2 cm Nahtzugabe zugeben – außer natürlich in der hinteren Mitte: Der Kragen wird im Stoffbruch zugeschnitten; die hintere Mitte muss stets im Fadenlauf bleiben.
Das Foto unten (Bild 8) zeigt einen fertig drapierten angesetzten Kragen. Alle Formen des angesetzten Kragens (siehe S. 101) werden auf die gleiche Weise angefertigt wie oben beschrieben.

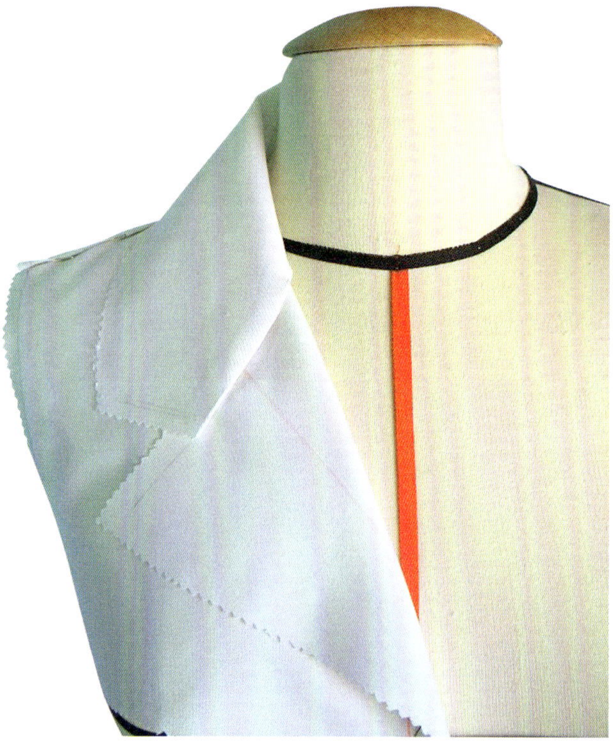

BILD 8

Schnittmuster aus Nessel

Den Stoff von der Büste abnehmen, alle Stecknadeln entfernen, nach Bedarf bei niedriger Temperatur bügeln.
Die Konturen des Schnittes entlang der Punktierung mithilfe von Lineal und Kurvenlineal einzeichnen.

Ringsum 1 cm Nahtzugabe hinzufügen und entlang dieser Linie zuschneiden.
Es empfiehlt sich, das Schnittmuster aus Nessel mithilfe von Pauspapier auf Kraft- oder Bristolpapier zu kopieren. Im Gegensatz zum Stoff kann ein Papierschnitt ohne Gefahr des Sichverformens aufbewahrt werden (siehe „Papierschnitt", S. 51).

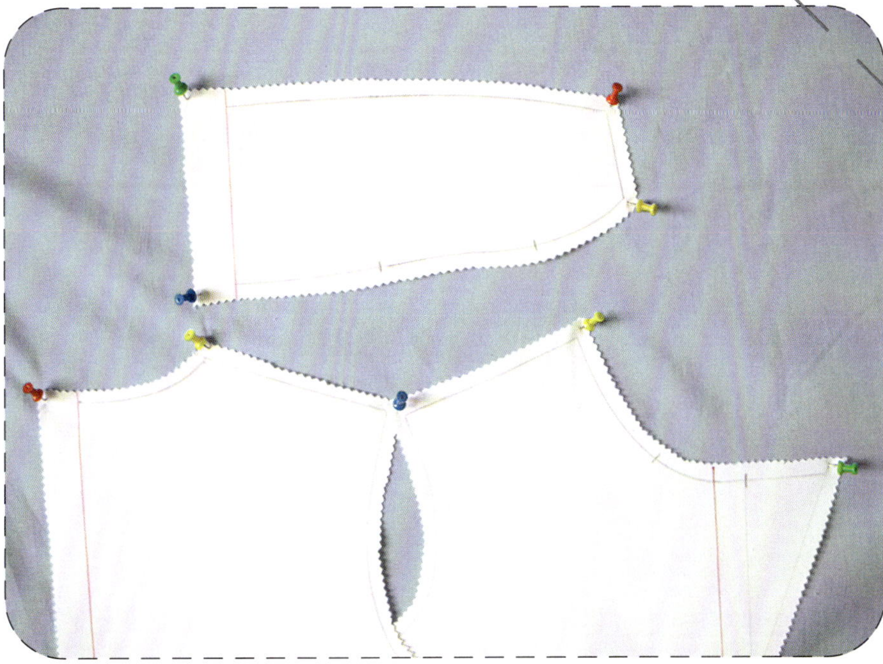

BILD 9

Ärmel

Um den Schnitt der Ärmel durch Drapieren zu konstruieren, setzt man wegen der natürlichen Rundung der Schulter in der Regel den Arm an die Büste.

Bevor man jedoch den Arm benutzt und damit umzugehen weiß, muss man lernen, den Ärmel gut im Armausschnitt einzusetzen und zu erkennen, wie die Linien des Ärmels verlaufen und mit denen des Oberkörpers korrespondieren.

Daher werden in diesem Buch, das nur die Grundlagen des Drapierens darstellt, einfache Ärmelmodelle vorgestellt, für die man keinen Arm an der Büste benötigt. In diesem Kapitel geht es vor allem um die Ärmelkugel, deren Grundtypen detailliert beschrieben werden (Ärmelkugel glatt angesetzt, angekräuselt, schräg angeschnitten …). Davon ausgehend werden später kompliziertere Modelle ausgearbeitet.

Allgemeines

Die Ärmel werden grundsätzlich aus einem Stück gearbeitet, da die Rückenpartie und die vordere Partie nicht gleich breit sind. Auch die Kurve oben an der Ärmelkugel verläuft vorn anders als hinten. Daher ist es nicht möglich, das Drapieren an einem halben Ärmel vorzunehmen wie bei den meisten anderen Teilen: Vorder-, Rückenteil oder Kragen.

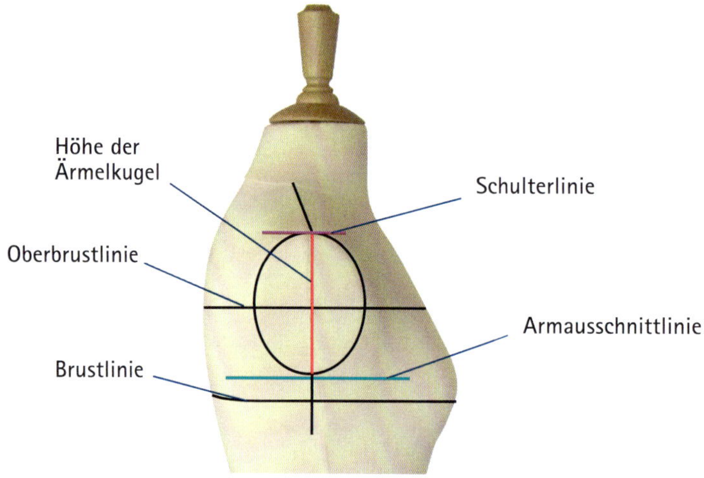

BILD 1

Achtung!
Die Armausschnittlinie nicht mit der Brustlinie verwechseln!

Um ein Schnittschema für das Drapieren des Ärmels anzufertigen, wird eine zusätzliche Linie benötigt: die Armausschnittlinie (Bild 1, in Blau). Sie ermöglicht es, den Ärmel unter dem Arm einzupassen und die Höhe der Ärmelkugel zu bestimmen.

Die Armausschnittlinie darf nicht mit der Brustlinie verwechselt werden. Die Brustlinie ist unveränderlich, ihre Position wechselt nicht je nach Modell. Sie bleibt stets auf derselben Höhe, die durch den Brustpunkt bestimmt wird, egal ob es sich um einen weiten Mantel oder ein eng anliegendes Kleid handelt.

Die Lage der Armausschnittlinie hängt dagegen davon ab, wie weit ein Kleidungsstück werden soll. Bei einem Mantel liegt sie tiefer, 2 bis 3 cm oder auch mehr, je nach gewünschtem Komfort; bei einem eng anliegenden Oberteil liegt sie 1 bis 2 cm höher.

Der Ärmel passt sich dem Armausschnitt immer perfekt an, wenn er auf die vertikalen und horizontalen Linien am Oberkörper abgestimmt wird.

Ein Schnittschema für das Drapieren der Ärmelkugel fertigt man an, indem man sich nach dem Abdruck des Markierbands um den Armausschnitt an der Büste richtet.

Man misst den Armumfang, um annähernd die Breite des Ärmels zu bestimmen. Man kann auch für den rückwärtigen Teil ¾ der Länge des hinteren Armausschnitts und für den vorderen Teil ¾ der Länge des vorderen Armausschnitts nehmen. So erhält man eine komfortable Ärmelbreite, die 3 bis 4 cm weiter ist als der Armumfang. Zur Konstruktion des Ärmels siehe Band 1, S. 60, und Band 2, S. 19.

Das erhaltene Maß auf der blauen Linie (Bild 2) eintragen, links für die hintere, rechts für die vordere Partie.

In der Regel ist die hintere Ärmelpartie um 1 bis 1,5 cm weiter als die vordere.

Wegen der natürlichen Rundung der Schulter für die Höhe der Ärmelkugel zu dem am Markierband der Büste genommenen Maß 2 bis 3 cm zugeben. Diese sogenannte Mehrweite (siehe Band 1, *Grundschnitte*, S. 29) variiert je nach Art der Ärmelkugel: mit Falten, angekräuselt …

Nun zu beiden Seiten der Ärmelmitte 4 bis 6 cm abmessen, um genügend Stoff für die Abflachung oben am Ärmel zu haben. Die Enden der so entstandenen Linie mit den Enden der Breite der Armausschnittlinie verbinden. Auf diese Weise hat man die Ärmelkugel über der Oberbrustlinie geweitet.

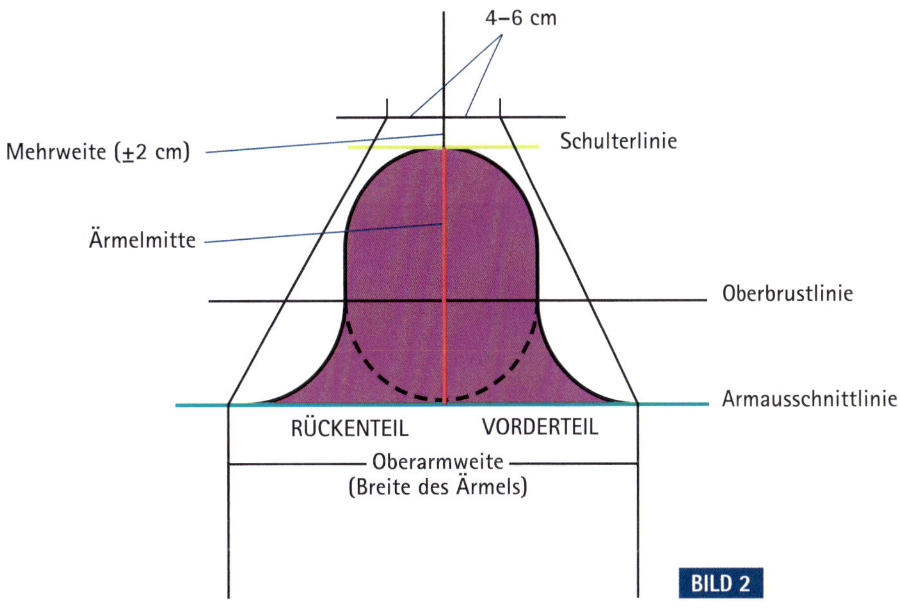

BILD 2

Achtung!
Die unterschiedliche Weite des Ärmels in der hinteren und vorderen Partie auf der Armausschnittlinie beachten, da sonst die Ärmelmitte nach dem Zusammennähen nicht senkrecht fällt.

Ringsum 2 bis 3 cm Rand zugeben (siehe Skizze).
Den Umriss des Ärmels auf den Nesselstoff übertragen. Konstruktionslinien einzeichnen: Oberbrust- und Armausschnittlinie in Schwarz, Ärmelmitte in Rot. Diese Linien sind für die gute Passform des Ärmels unbedingt erforderlich.

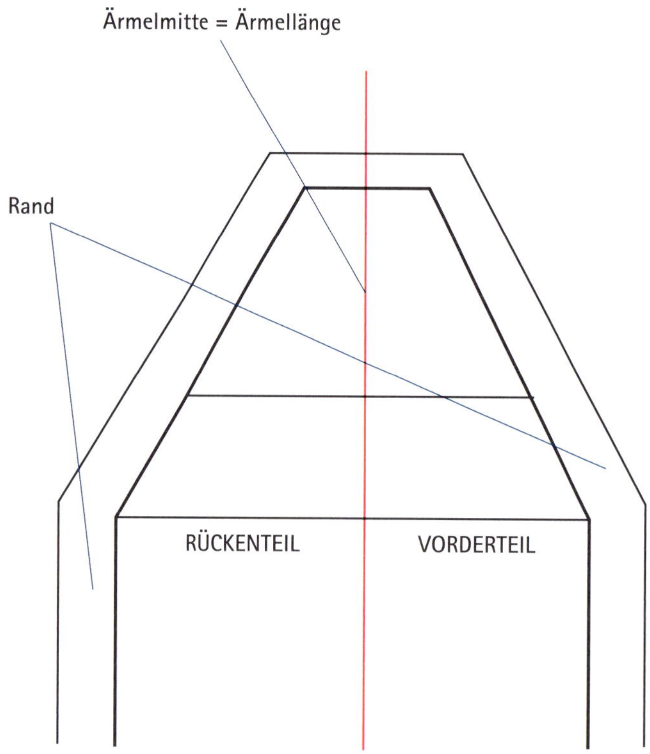

BILD 3

Gerader Ärmel

Technische Zeichnung

Die notwendigen Angaben zur Anfertigung eines Schnittschemas für das Drapieren eintragen: Länge und Breite (Oberarmweite) des Ärmels sowie Breite des Handgelenks (Handgelenkweite). Diese muss so bemessen sein, dass die Hand bequem hindurchpasst, da der Ärmel unten keine weitere Öffnung erhält. Falls man eine solche wünscht, muss deren Position und die Länge des Schlitzes auf der Skizze eingezeichnet werden.

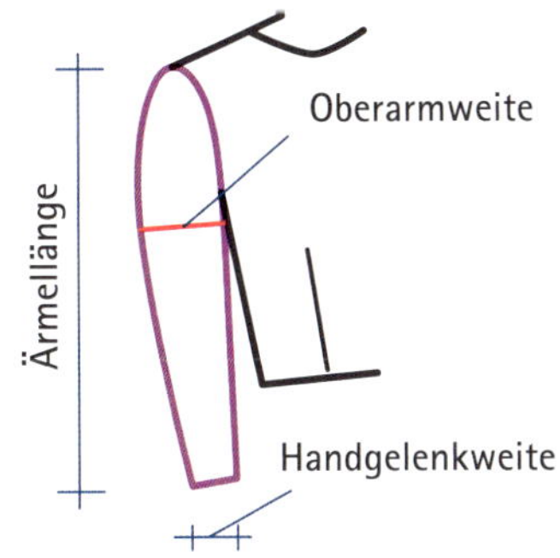

Technische Zeichnung des Ärmels

BILD 1

Schnittschema für das Drapieren

A Eine vertikale rote Linie zeichnen, die Ärmelmitte. Dann die horizontalen Linien einzeichnen, die den an der Büste markierten Linien am Oberkörper entsprechen: Armausschnitt-, Oberbrust- und Schulterlinie.
1 bis 2 cm oberhalb der Schulterlinie und parallel zu ihr eine Linie für die Erhöhung der Ärmelkugel einzeichnen. Auf dieser Linie von der Ärmelmitte aus 6 cm (auf jeder Seite 3 cm) markieren. Breite des Ärmels (Oberarmweite) auf der Armausschnittlinie eintragen.

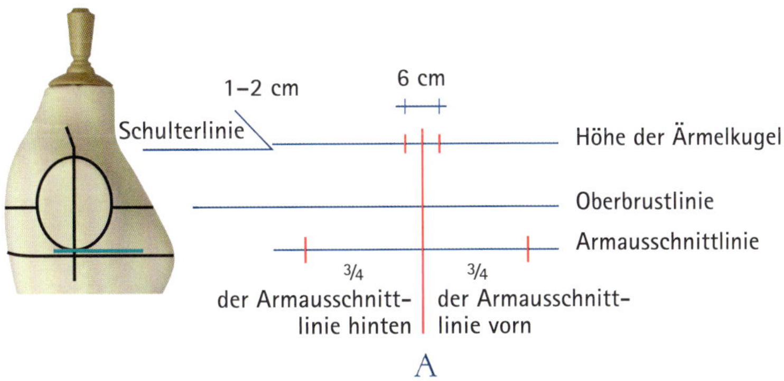

Schnittschema für das Drapieren der Ärmelkugel

BILD 2

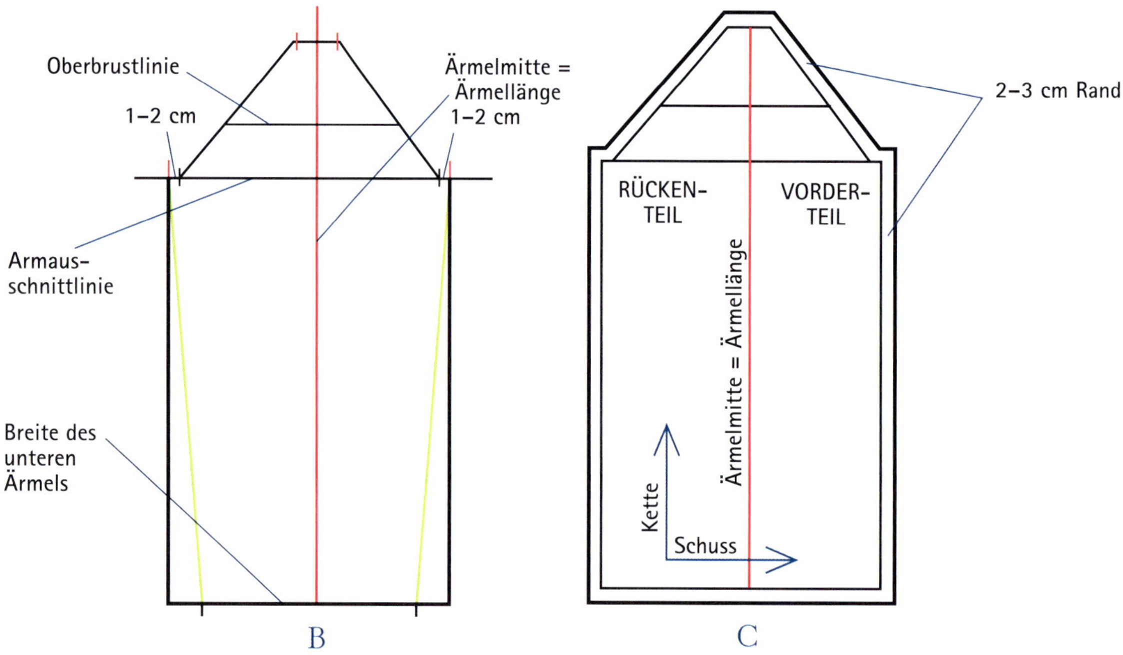

Schnittschema für das Drapieren des Ärmels

BILD 3

B Zu beiden Seiten der Armausschnittlinie 1 bis 2 cm Spielraum für die Rundung des Armausschnitts zugeben. Die unter A markierten Punkte verbinden; dann vom höchsten Punkt der Ärmelkugel aus an der Ärmelmitte die gewünschte Ärmellänge eintragen.
Die Handgelenkweite markieren.
Auf der Skizze entspricht die schwarze Linie einem geraden Ärmel und die grüne einem engeren Ärmel.
C Den Umriss des Ärmels auf Nesselstoff übertragen, ringsum 2 bis 3 cm Rand zugeben.
Für einen guten Fall des Ärmels müssen unbedingt die Konstruktionslinien auf dem Stoff eingezeichnet werden.

Arbeitsschritte des Drapierens

Den Ärmel so an den Armausschnitt der Büste legen, dass die Armausschnittlinie auf dem Stoff auf dem blauen Markierband liegt.
Oberbrustlinien von Ärmel und Büste ebenfalls übereinanderlegen, zuerst an der Rückenpartie. Feststecken, dann über dem Abdruck des Markierbands die Armausschnittkurve punktieren (Bild 4).
Die vordere Ärmelpartie ebenso bearbeiten.

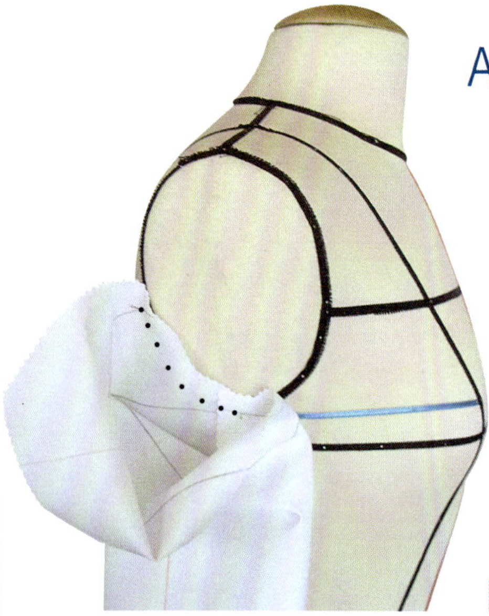

BILD 4

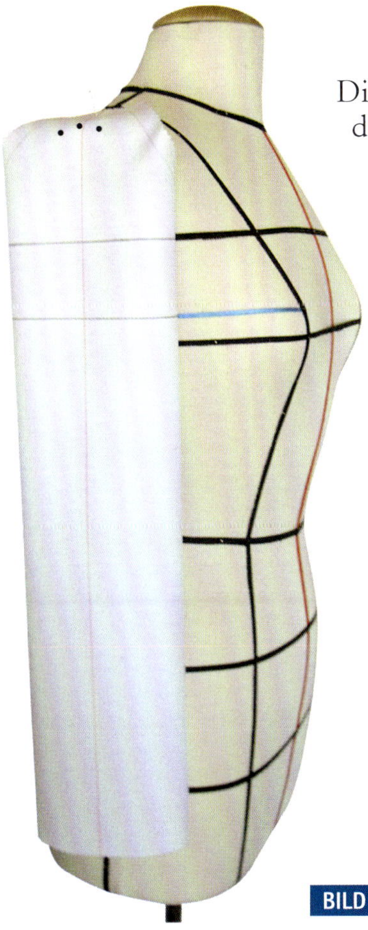

Die Ärmelkugel an der Schulter feststecken; dabei Schulterlinie und Ärmelmitte so gerade aneinander ausrichten, dass der Ärmel auf der gesamten Länge keine Falten wirft. Er muss ganz glatt liegen.

Die Abflachung oben an der Ärmelkugel punktieren (ca. 2 cm, Bild 5).

Den Ärmel von der Büste abnehmen, Den Stoff auf einer ebenen Fläche ausbreiten und nach Bedarf bei niedriger Temperatur bügeln.

BILD 5

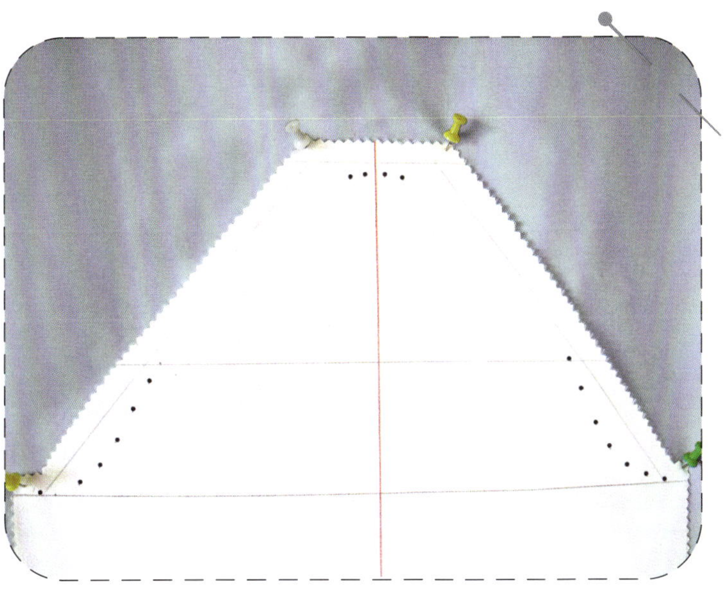

BILD 6

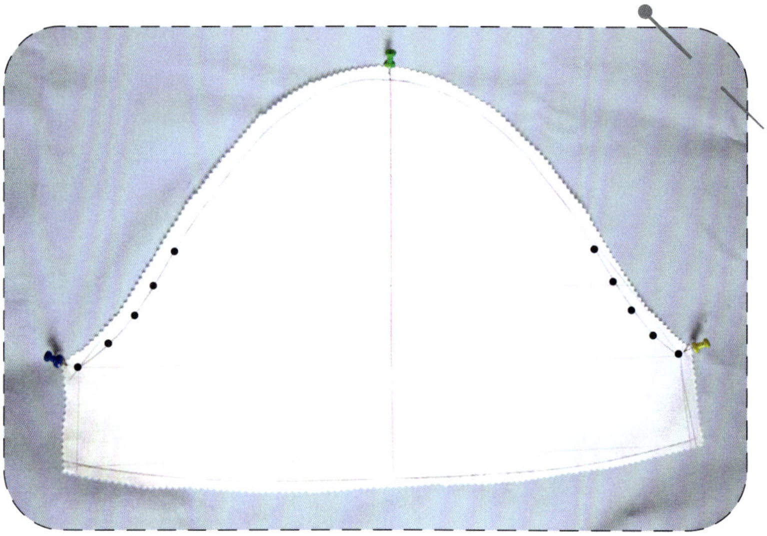

BILD 7

Mithilfe eines Kurvenlineals der Punktierung folgend die Ärmelkugel einzeichnen (Bild 7). An der gesamten Ärmelkugel 1 cm Nahtzugabe hinzufügen und den Stoff an dieser Linie zuschneiden.
Den Ärmel am Armausschnitt ansetzen; dabei beachten, dass die vertikalen und horizontalen Linien am Oberkörper und am Ärmel übereinstimmen. Dafür das Vorder- und Rückenteil wenden und unten am Armausschnitt beginnen.
Eine erste Stecknadel innen am Ärmel fixieren. Oberbrustlinien von Büste und Ärmel hinten und vorn aufeinander abstimmen und dort die zweite und dritte Stecknadel anbringen. Die Ärmelmitte mit der Schulterlinie in Übereinstimmung bringen und dort die vierte Stecknadel setzen.

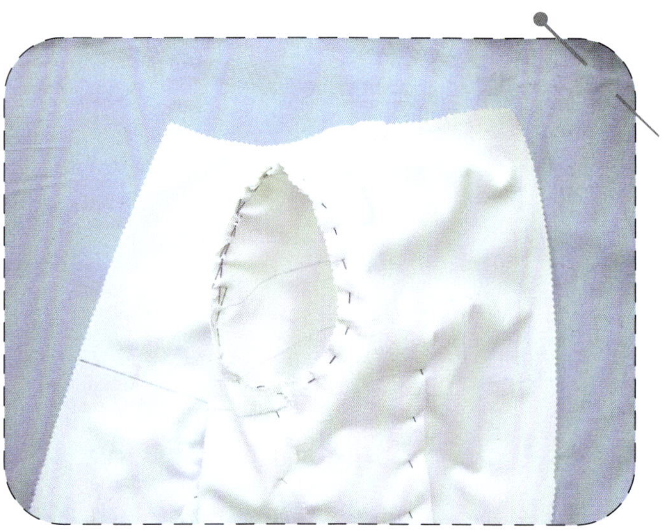

BILD 8

Unten am Armausschnitt, zwischen Oberbrust- und Armausschnittlinie, kontrollieren, dass die Kanten von Ärmel und Rumpfteilen schön glatt liegen, sodass dort nach dem Zusammenfügen weder Beulen noch Falten erscheinen.
Im Gegensatz dazu muss oben an der Ärmelkugel wegen der natürlichen Rundung des Armes etwas Mehrweite zugegeben werden (siehe auch Band 1, *Grundschnitte*). Die Mehrweite wird vor allem durch die Lage der Nahtzugabe am Armausschnitt bedingt (siehe S. 22).

Nach dem Einsetzen des Ärmels den Stoff am Oberkörper wieder auf die Büste legen, die Weite am Handgelenk und die gewünschte Ärmellänge festlegen.
Damit sind die Konstruktion der Ärmelkugel und ihr Einsetzen im Armausschnitt beendet. Die hier beschriebene Technik des Einsetzens ist bei allen Ärmeln anzuwenden, die an die Form des Armausschnitts angepasst werden.

BILD 9

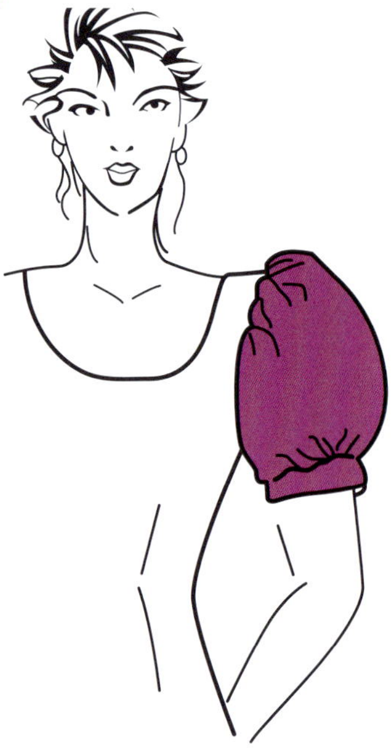

Puffärmel

Technische Zeichnung

Die nötigen Informationen für das Schnittschema für das Drapieren eintragen: Gesamtlänge des Ärmels (mit Manschette), Weite des Armumfangs und Weite am Ärmelbund. Ein Stoffbündchen hält die geraffte Weite unten am Ärmel zusammen.

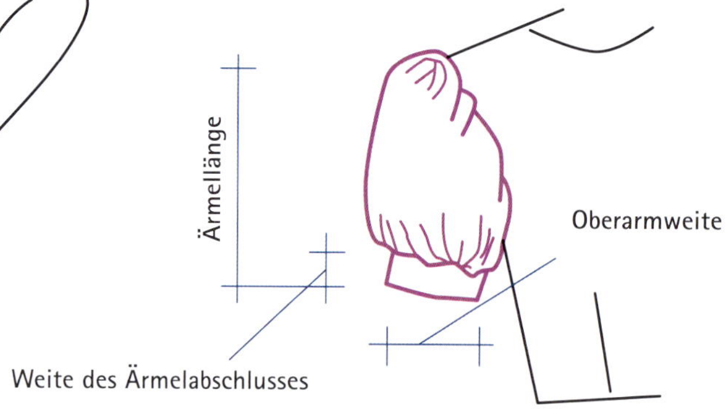

Technische Zeichnung des Ärmels

BILD 1

118

Schnittschema für das Drapieren

A Eine rote vertikale Linie, die Ärmelmitte, zeichnen. Dann die horizontalen Linien zeichnen, die den Linien an der Büste entsprechen: Armausschnitt-, Oberbrust- und Schulterlinie.

Ca. 4 cm unterhalb der Schulterlinie eine parallele Linie für die Erhöhung des Ärmels ziehen. Oberbrustlinie ca. 0,5–1 cm nach oben verschieben. Die Gründe für diese Veränderungen werden in den Arbeitsschritten des Drapierens ab S. 120 erläutert.

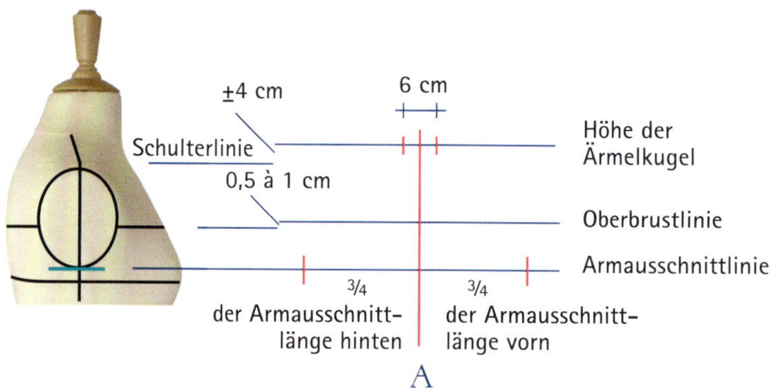

Schnittschema für das Drapieren der Ärmelkugel

BILD 2

Auf der Linie der Höhe der Ärmelkugel zu beiden Seiten der Ärmelmitte 3 cm markieren (= 6 cm). Zum Eintragen der Ärmelbreite (Oberarmweite) auf der Armausschnittlinie siehe vorheriges Modell (siehe S. 113 A).

B Beim hier besprochenen Modell wird die Ärmelkugel oben und unten gekräuselt. Daher muss die Weite vergrößert werden, damit man genügend Stoff zum Kräuseln hat. In der Regel wird für eine mittlere, nicht zu dichte Kräuselung die ursprüngliche Weite verdoppelt.
Es gibt eine sehr einfache Methode, um festzustellen, ob die Weite der gewünschten Kräuselung entspricht.
Dazu einen 15 cm langen Stoffstreifen am Rand mit einem Faden bis zur gewünschten Kräuselung raffen. Die gekräuselte Breite abmessen. Die ursprüngliche Breite des Ärmels (Bild 2, Markierung auf der Armausschnittlinie) durch die gekräuselte Breite dividieren. Bsp.: Armumfang = 32 cm, Breite des gekräuselten Probestücks = 8 cm, 32 : 8 = 4 cm, dann 4 x 15 = 60 cm. Um die gewünschte Kräuselung am Saum zu erhalten, auf der Armausschnittlinie eine Weite von 60 cm eintragen.
Zu dieser Weite 1 bis 2 cm Spielraum hinzugeben, damit der Ärmel die Rundung des Armausschnitts nicht verzieht.
Das Maß an der oberen Ärmelkugel ebenfalls verdoppeln, also auf 12 cm.
Damit das Bündchen nicht nach oben zieht, unten am Ärmel etwas Spielraum zufügen, d. h. in der Ärmelmitte ca. 3 cm Länge zugeben und die untere Ärmelkante abgerundet nachzeichnen.

C Den Umriss des Ärmels auf Nesselstoff übertragen. Ringsum 2 bis 3 cm Rand zugeben.
Die Konstruktionslinien (Oberbrust-, Armausschnittlinie und Ärmelmitte) unbedingt auf dem Stoff einzeichnen, damit der Ärmel gut fällt.

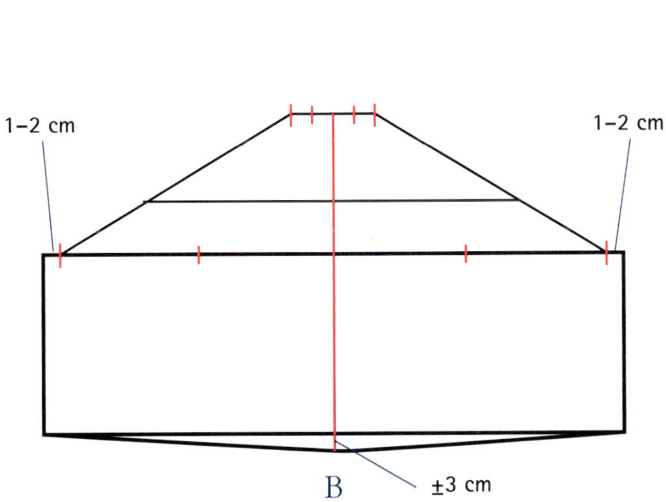

BILD 3

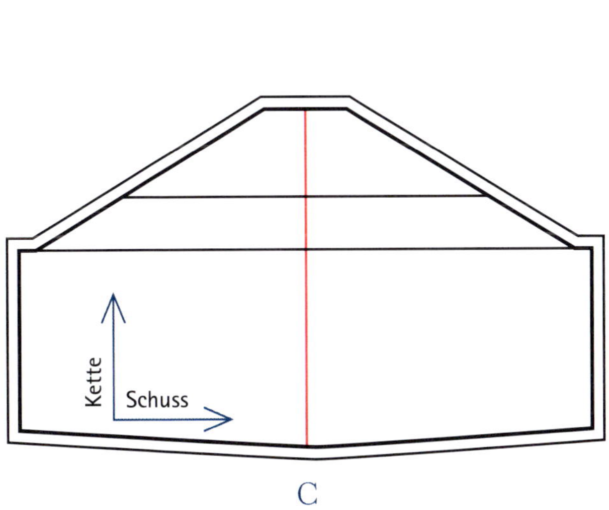

BILD 4

Arbeitsschritte des Drapierens

Den Ärmel so an den Armausschnitt der Büste legen, dass die Armausschnittlinie auf dem Stoff auf dem blauen Markierband liegt.

Die Oberbrustlinien von Ärmel und Büste ebenfalls übereinanderlegen, zuerst an der Rückenpartie. Feststecken, dann über dem Abdruck des Markierbands die Kurve des Armausschnitts punktieren (siehe S. 114, Bild 4).

Die vordere Partie des Ärmels ebenso bearbeiten.

BILD 5

Den Ärmel von der Büste abnehmen, Stoff auf einer ebenen Fläche ausbreiten und nach Bedarf bei niedriger Temperatur bügeln.
Mithilfe eines Kurvenlineals entlang der Punktierung die Ärmelkugel einzeichnen; dabei die Höhe der Ärmelkugel aus dem Schnittschema beachten. Ringsum 1 cm Nahtzugabe hinzufügen und zuschneiden (Bild 6).

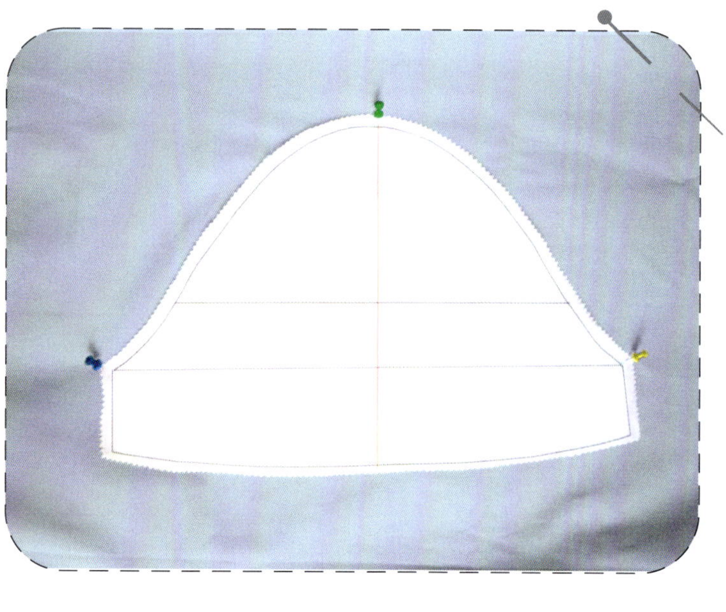

BILD 6

Für das Kräuseln der unteren Ärmelkante und die Kontur der Ärmelkugel ab der Oberbrustlinie von Hand mit kleinen Heftstichen (2 bis 3 mm Abstand) einreihen.
Für das Bündchen einen Stoffstreifen in der Länge der doppelten Oberarmweite und in gewünschter Breite (hier 3 cm) aufzeichnen, zuschneiden und an die untere Ärmelkante stecken (Bild 8).

BILD 7

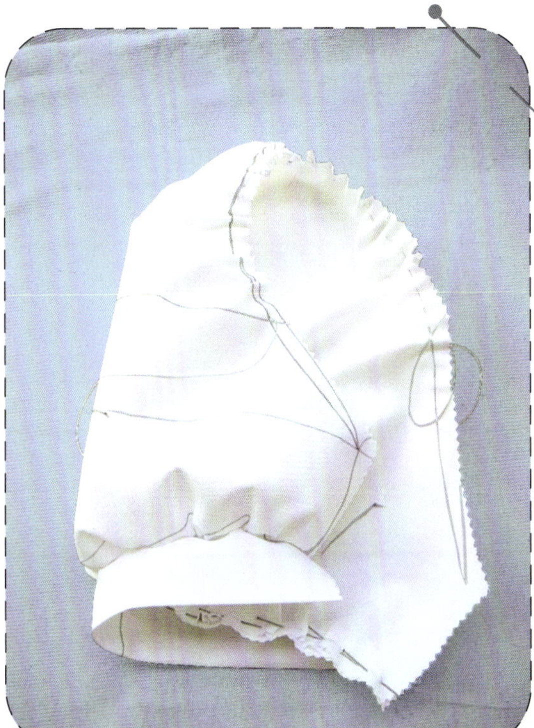

BILD 8

Den Ärmel gemäß Anleitung auf S. 116, Bild 8, in den Armausschnitt der Büste einsetzen.
Den Stoff wieder auf die Büste legen. Die Linien auf dem Ärmelstoff (Armausschnitt-, Oberbrustlinie und Ärmelmitte) müssen mit denen am Oberkörper genau übereinstimmen.

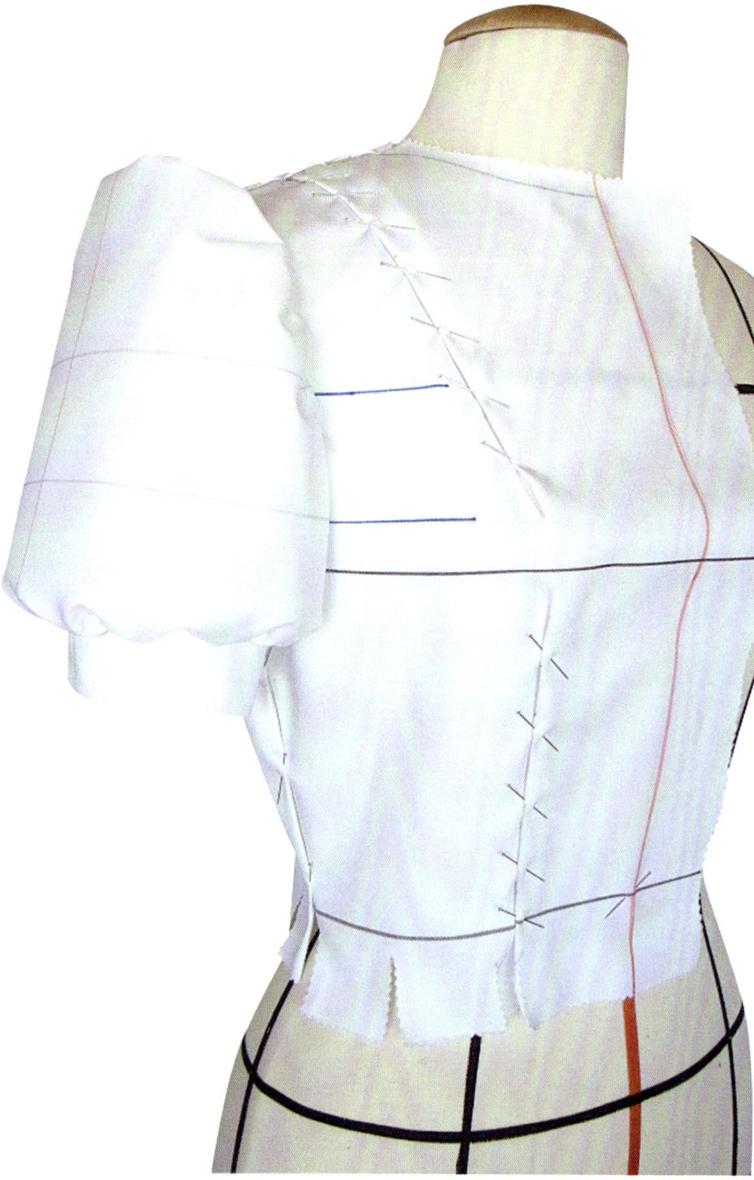

BILD 9

Ausgestellter Ärmel

Technische Zeichnung

Um durch Drapieren den Schnitt eines ausgestellten Ärmels anzufertigen, auf der technischen Zeichnung die Ärmellänge und ungefähre Mehrweite am unteren Rand (hier ca. 4 cm gegenüber einem geraden Ärmel) eintragen.

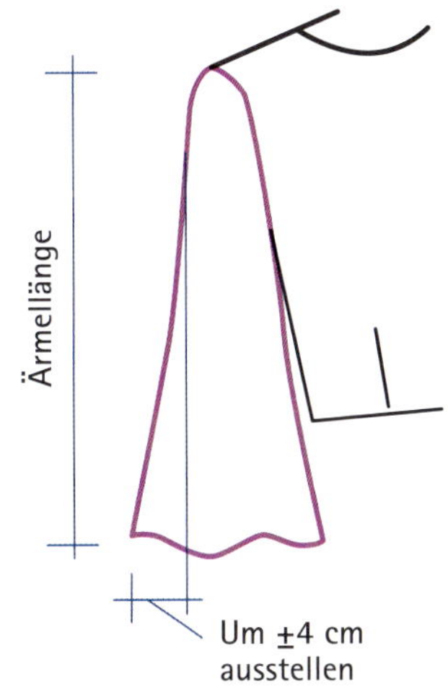

Technische Zeichnung des ausgestellten Ärmels

BILD 1

Schnittschema für das Drapieren

A Eine vertikale rote Linie, die Ärmelmitte, zeichnen. Dann die horizontalen Linien einzeichnen, die den Linien am Oberkörper an der Büste entsprechen: Armausschnitt-, Oberbrust- und Schulterlinie.
Die Ärmelweite (Armumfang) auf der Armausschnittlinie markieren (siehe S. 111). Oben an der Ärmelkugel von der Ärmelmitte aus 6 cm (auf jeder Seite 3 cm) markieren.

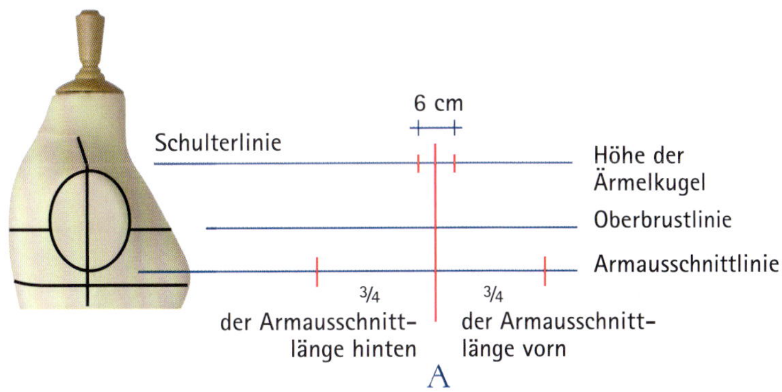

Schnittschema für das Drapieren der Ärmelkugel

BILD 2

B Die im vorhergehenden Schritt gesetzten Punkte verbinden. Auf der Armausschnittlinie beidseitig 1 bis 2 cm Weite zugeben, damit die Rundung des Armausschnitts mehr Spielraum hat. Dann von der Schulterlinie aus auf der Ärmelmitte die gewünschte Ärmellänge eintragen. Die Handgelenkweite markieren.

C Den Umriss des Ärmels auf Nesselstoff übertragen, ringsum 2 bis 3 cm Rand zugeben.
Für einen guten Fall des Ärmels müssen unbedingt die Konstruktionslinien (Oberbrust-, Armausschnittlinie und Ärmelmitte) auf dem Stoff eingezeichnet werden.

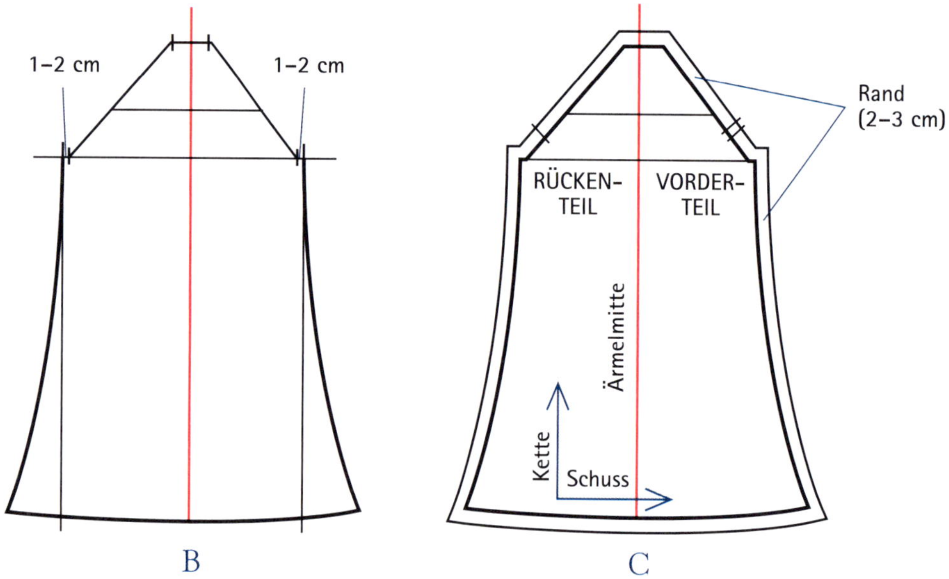

Schnittschema für das Drapieren des Ärmels

BILD 3

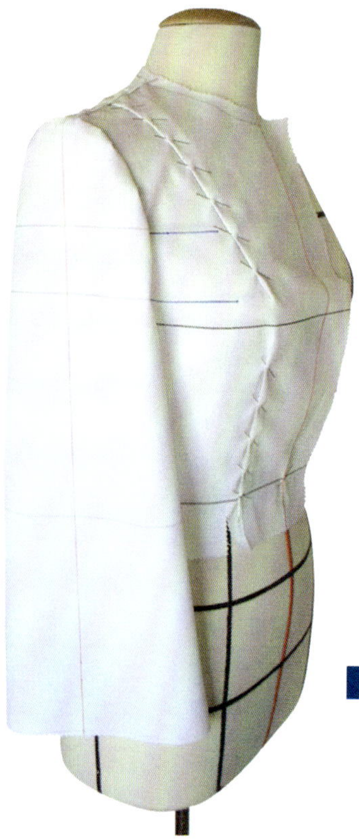

BILD 4

Arbeitsschritte des Drapierens

Der ausgestellte Ärmel wird ebenso konstruiert und am Oberteil angesetzt wie der gerade Ärmel (siehe S. 113).

Schmetterlingsärmel

Technische Zeichnung

Für das Schnittschema für das Drapieren eines solchen Ärmels wird auf der technischen Zeichnung die gewünschte Ärmellänge eingetragen.

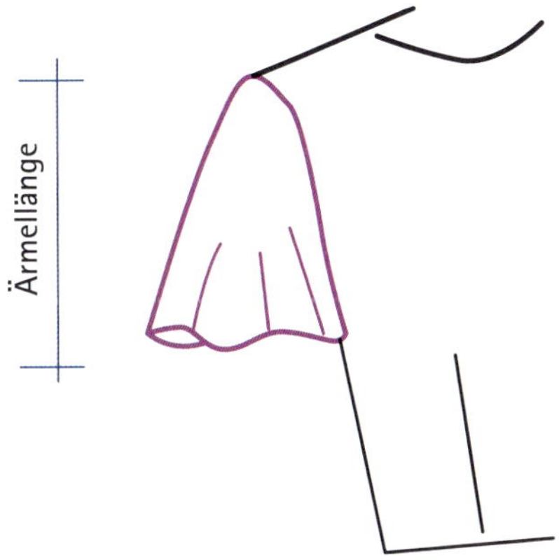

Technische Zeichnung des Ärmels

BILD 1

Schnittschema für das Drapieren

A Eine vertikale rote Linie, die Ärmelmitte, zeichnen. Dann die horizontalen Linien einzeichnen, die den Linien am Oberkörper an der Büste entsprechen: Armausschnitt-, Oberbrust- und Schulterlinie.
Die Ärmelweite (Armumfang) auf der Armausschnittlinie markieren (Details siehe S. 111). Oben an der Ärmelkugel von der Ärmelmitte aus 6 cm (auf jeder Seite 3 cm) markieren.

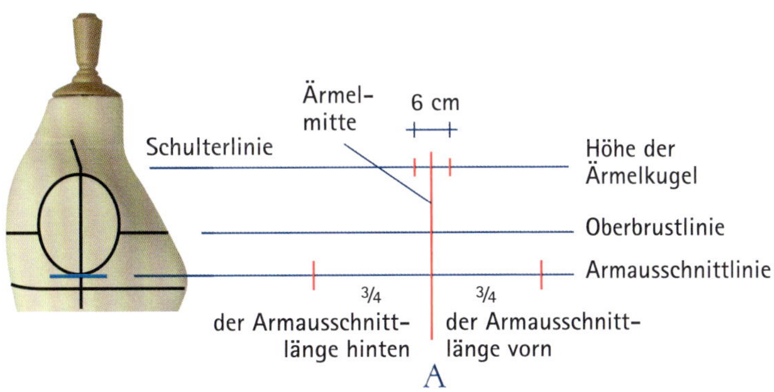

Schnittschema für das Drapieren der Ärmelkugel

BILD 2

B Die im vorhergehenden Schritt gesetzten Punkte verbinden. Auf der Armausschnittlinie beidseitig 1 bis 2 cm Weite zugeben, damit die Rundung des Armausschnitts mehr Spielraum hat. Dann von der Schulterlinie aus auf der Ärmelmitte die gewünschte Ärmellänge eintragen.

C Um den Ärmel zu erweitern und zugleich die Proportionen und die Ausgewogenheit der Konstruktionslinien zu erhalten, auf einem anderen Blatt die Ärmelmitte zeichnen (Bild 3, in Rot); dann auf der Armausschnittlinie und an der unteren Ärmelkante die gewünschte Mehrweite eintragen (hier 8 cm).

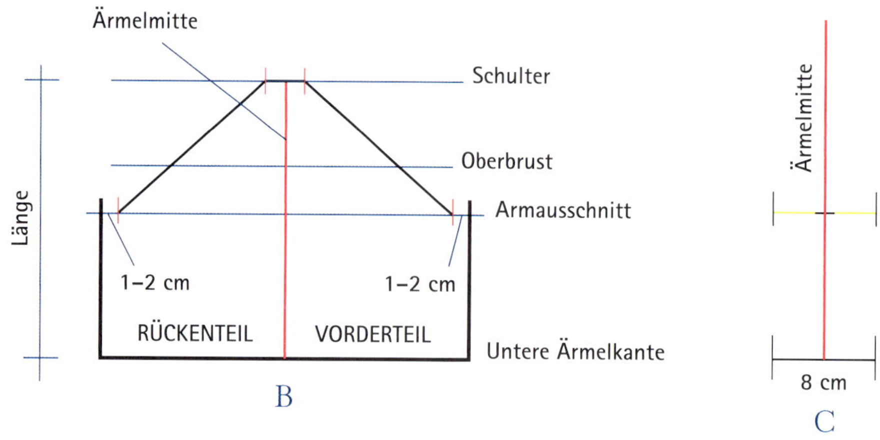

Schnittschema für das Drapieren des Ärmels

BILD 3

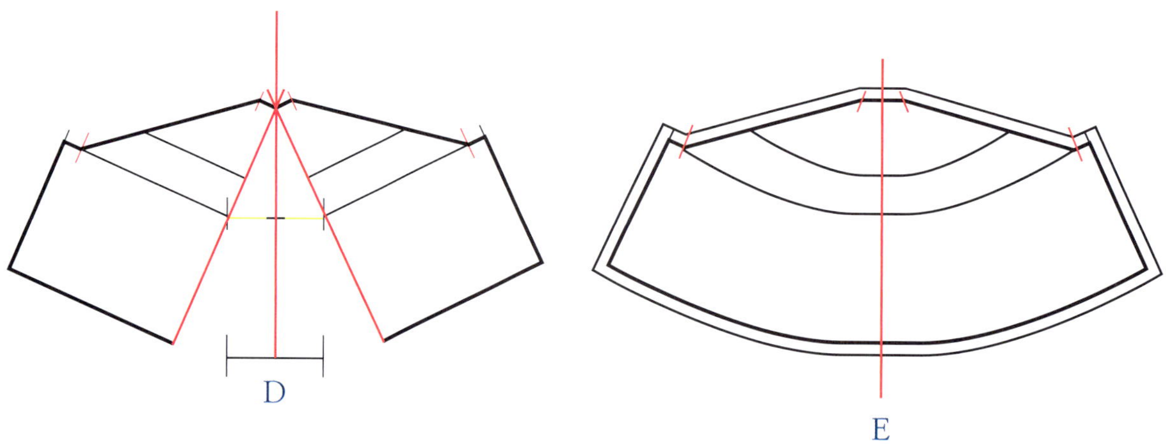

Schnittschema für das Drapieren des Ärmels (Fortsetzung)

BILD 4

D Mithilfe von Pauspapier Rückenpartie und vordere Partie des Ärmels getrennt kopieren und sie zu beiden Seiten der zuvor aufgezeichneten Ärmelmitte auslegen; dabei auf der Armausschnittlinie entsprechend der eingezeichneten Erweiterung aufdrehen.

E Oberbrust-, Armausschnittlinien und Verlauf der unteren Ärmelkante verbinden, dabei die bei der Konstruktion entstandenen Winkel abrunden. Rings um den Ärmelumriss 2 bis 3 cm Rand zugeben.

F Diese Zeichnung auf Nessel übertragen; dabei für einen guten Fall des Ärmels die Konstruktionslinien (Oberbrust-, Armausschnittlinie und Ärmelmitte) einzeichnen.

Diese Ärmel sehen sehr hübsch aus, wenn sie aus fließendem Stoff schräg zugeschnitten werden: Auf der Skizze ist die Richtung des Fadenlaufs (Kette und Schuss) angegeben.

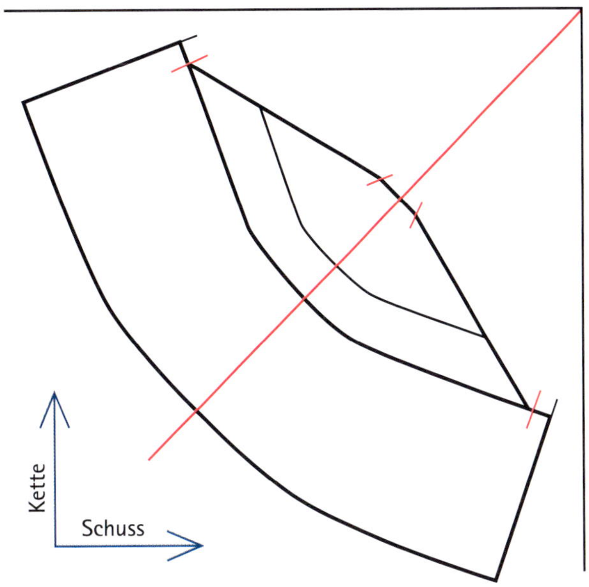

F

Schnittschema für das Drapieren des Ärmels (Fortsetzung)

BILD 5

Arbeitsschritte des Drapierens

Den Ärmel so an den Armausschnitt der Büste legen, dass die Armausschnittlinie auf dem Stoff auf dem blauen Markierband liegt.
Die Oberbrustlinien von Ärmel und Büste ebenfalls übereinanderlegen, zuerst an der Rückenpartie. Feststecken, dann über dem Abdruck des Markierbands die Kurve des Armausschnitts punktieren (siehe S. 114, Bild 4).
Den Stoff von der Büste nehmen, auf einer ebenen Fläche ausbreiten und nach Bedarf bei niedriger Temperatur bügeln.
Mithilfe eines Kurvenlineals die zuvor an der Ärmelkugel gesetzten Punkte verbinden. Ringsum 1 cm Nahtzugabe hinzufügen und entlang dieser Linie zuschneiden (Bild 7).

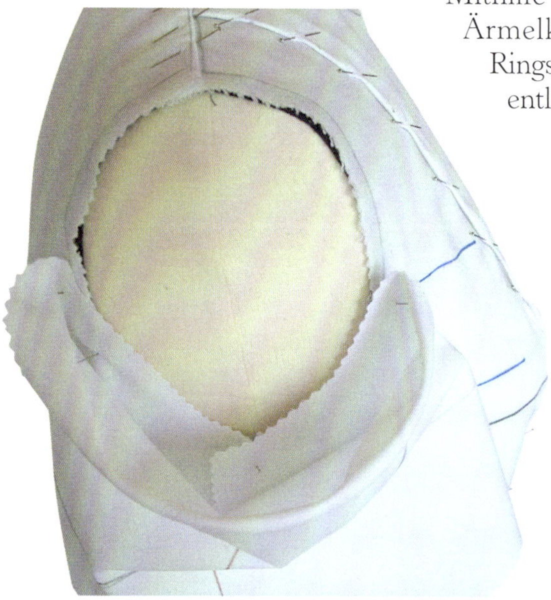

BILD 6

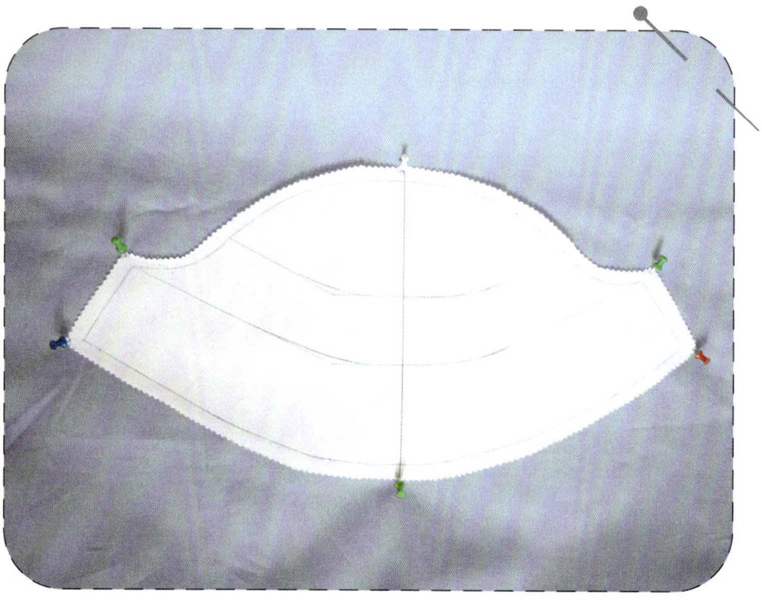

BILD 7

Den Ärmel gemäß Anleitung auf S. 116, Bild 8, in den Armausschnitt der Büste einsetzen.
Den Stoff wieder auf die Büste legen. Die horizontalen Linien auf dem Ärmelstoff (Armausschnitt-, Oberbrustlinie und Ärmelmitte) müssen mit denen am Oberkörper genau übereinstimmen.

BILD 8

Röcke

Anhand der hier vorgestellten Auswahl von Rockmodellen sollen die Grundtechniken veranschaulicht werden: Ausgestellter Rock, Bahnenrock, Tellerrock. Davon ausgehend lässt sich eine noch größere Bandbreite verschiedener Modelle herstellen.

Bundarten

BILD 1

Gerader Bund

Der gerade Rockbund ist ein mit dem Fadenlauf zugeschnittener Stoffstreifen, der oben an den Rock genäht wird und den Rock in der Taille hält.
In der Regel wird er im Stoffbruch zugeschnitten, um störende Nähte zu vermeiden, vor allem, wenn der Bund aus dickem Stoff gefertigt wird. Oft wird er durch ein Bügelvlies verstärkt.
Damit der Bund keine Falten wirft und in der Taille nicht zwickt, wird seine Breite durch die Mulde oberhalb der Beckenknochen bestimmt (meist ca. 4 cm).
Zum Verschließen des geraden Bundes einen Riegel von ca. 2 cm vorsehen, auf dem ein Knopf, Druckknopf oder Haken befestigt wird.

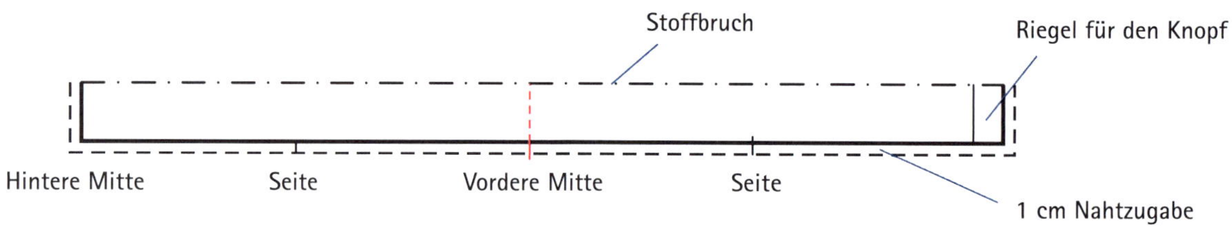

Schnittmuster des Rockbunds mit hinterem Verschluss

BILD 2

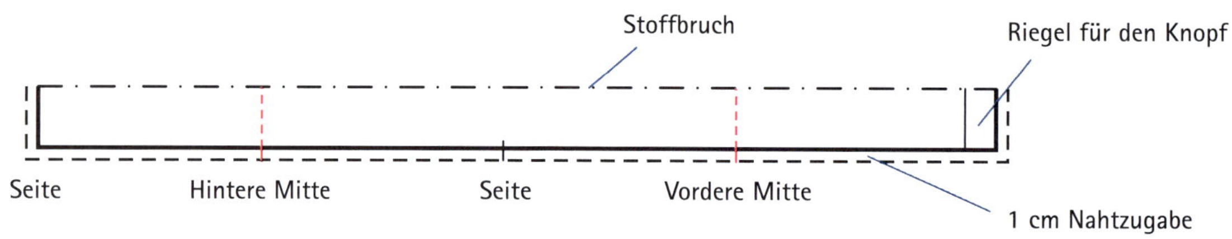

Schnittmuster des Rockbunds mit seitlichem Verschluss

BILD 3

Formbund

BILD 1

Eine andere häufig verwendete Bundart mit einem Besatz an der Rockkante ist der Formbund.

Dies ist ein ca. 5 bis 10 cm breiter Stoffstreifen, der nach dem gleichen Schnittmuster wie der Rock zugeschnitten, oben an diesen angenäht und dann nach innen umgeschlagen wird.

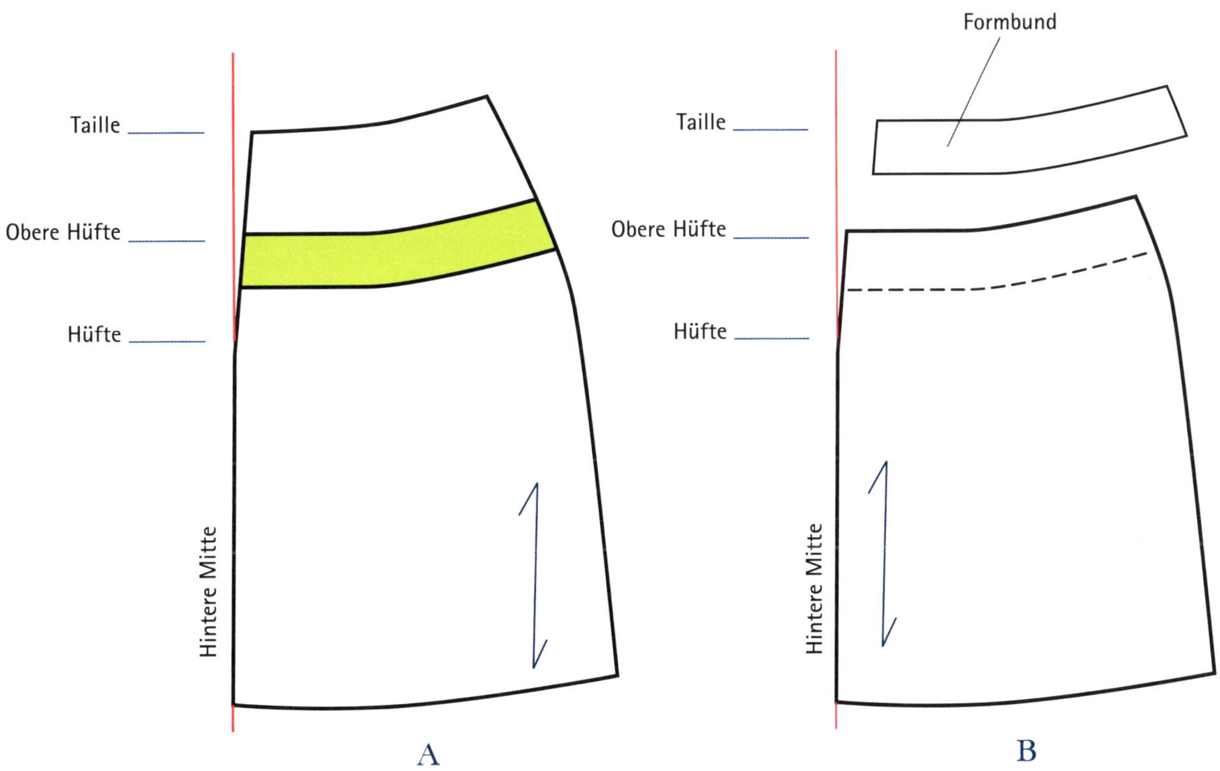

Konstruktion des Formbunds

BILD 2

A Für das Rückenteil des Rockes die Bundhöhe festlegen (in der Regel auf der oberen Hüftlinie). Parallel zum Abdruck der Taillenlinie des Rockes eine Linie in Höhe der oberen Hüfte ziehen. Die Breite des Formbunds bestimmen, sie soll mindestens 5 bis 7 cm betragen, damit er sich nicht umschlägt. In dieser Höhe eine zweite parallele Linie zum Abdruck der Taillenlinie ziehen (siehe S. 133, Bild 2, in Grün). Die obere Partie des Rückenteils entfernen.
B Den Formbund (Besatz) durchpausen und 1 cm Nahtzugabe hinzufügen. Den Bund für das Vorderteil auf die gleiche Weise (gleiche Höhe und Länge) konstruieren.

Angesetzter Formbund

Dieser Bund wird oft für Hosen (Jeans) oder Röcke mit tiefer Taille verwendet.
Er wird aus einem Stoffstreifen konstruiert, der nach demselben Schnittmuster wie der Rock oder die Hose zugeschnitten wird, sowie aus einer Einlage.

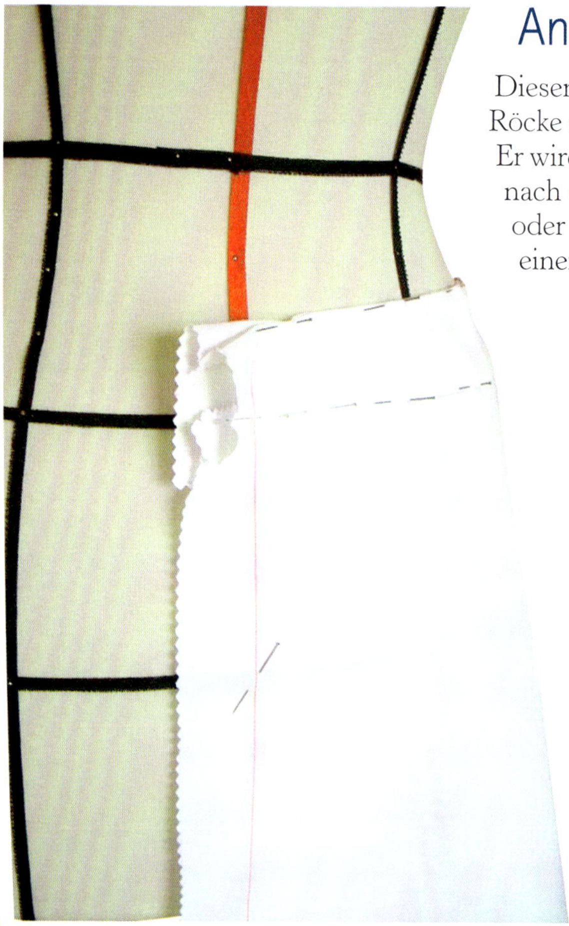

BILD 1

A Für das Rückenteil die Bundhöhe festlegen (in der Regel auf der oberen Hüftlinie). Parallel zum Abdruck der Taillenlinie des Rockes zwei Linien ziehen, eine oberhalb der oberen Hüftlinie, eine unterhalb. Der Abstand zwischen den beiden Linien entspricht der Bundbreite (hier 4 cm; diese Breite hängt vom jeweiligen Modell ab).
B Den oberen Teil des Rockes entfernen und den Bund vom unteren Rockteil abtrennen; dabei rings um den Bund sowie an der Oberkante des Rockteils 1 cm Nahtzugabe hinzufügen.
Den Bund für die Vorderseite ebenso (gleiche Höhe und Länge) konstruieren.
Einen Besatz konstruieren. Dafür die Form des Bundes durchpausen und an der Unterkante ca. 1,5 bis 2 cm Nahtzugabe zum Zusammenfügen mit dem Rockteil zugeben (siehe Skizze, in Violett).

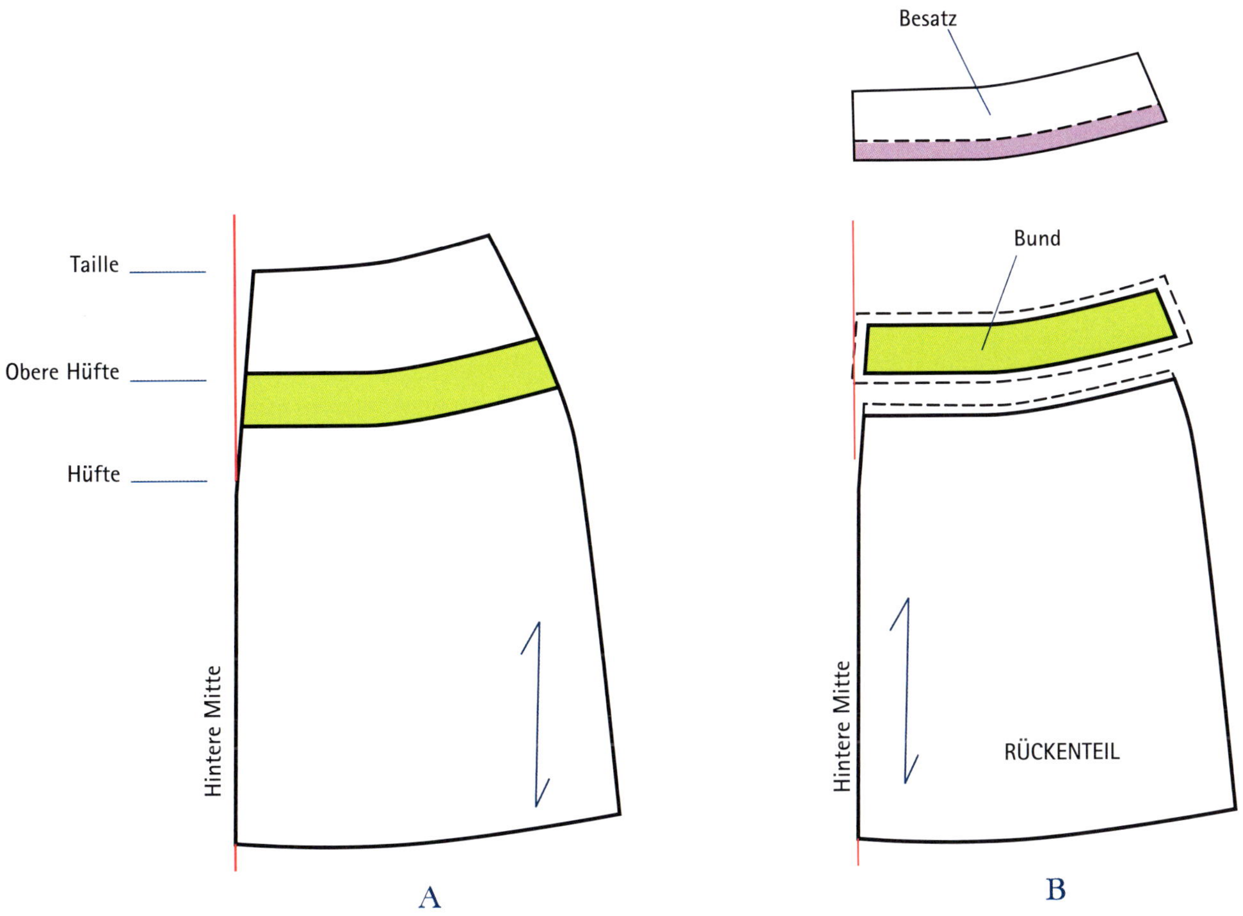

BILD 2

Gerader Rock

Der gerade Rock wird am halben Vorder- und Rückenteil konstruiert; der Zuschnitt erfolgt im Stoffbruch.

Technische Zeichnung

Auf der technischen Zeichnung Länge und Weite des Rockes eintragen; dann für Vorder- und Rückenteil getrennt das Schnittschema für das Drapieren anfertigen (siehe S. 35).

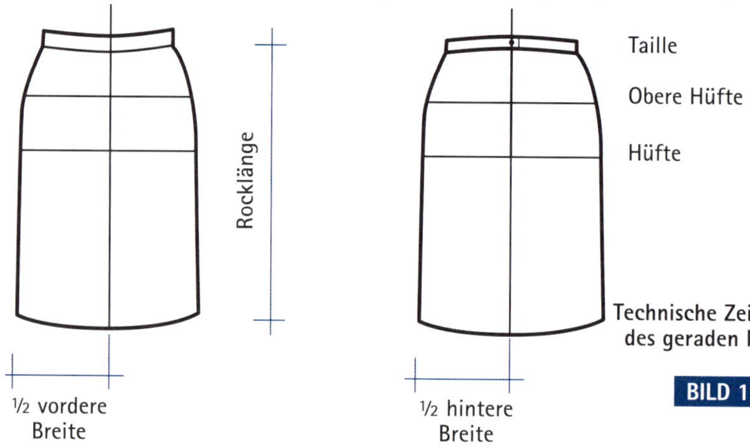

Technische Zeichnung des geraden Rockes

BILD 1

Schnittschema für das Drapieren des Vorderteils

A Das Vorderteil unter Beachtung von Länge und Breite einrahmen (Bild 2, in Grün).

B Unten und seitlich 1 bis 2 cm, oben und in der vorderen Mitte 3 bis 5 cm Rand zugeben.

C Den Umriss des Rockes auf Nesselstoff übertragen. Vordere Mitte in Rot, Hüftlinie in Schwarz einzeichnen; Taille durch eine ca. 5 cm lange Linie markieren. Diese Linie wird beim Punktieren an der Büste nach dem Abstecken des vorderen und seitlichen Abnähers vervollständigt.

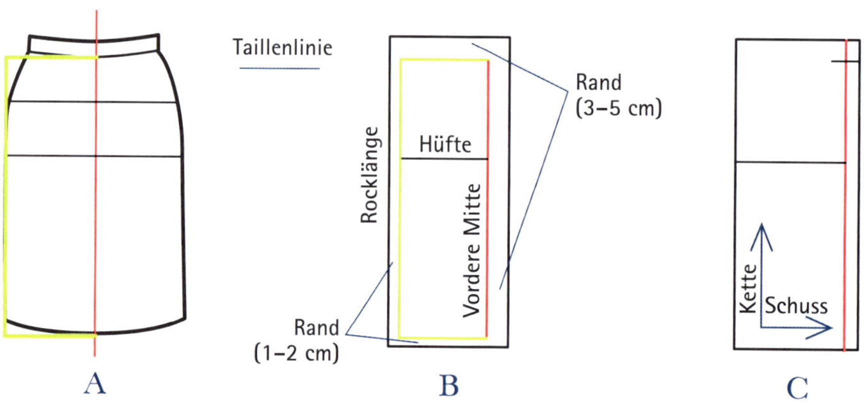

Schnittschema für das Drapieren des geraden Rockes – Vorderteil

BILD 2

Schnittschema für das Drapieren des Rückenteils

A Das Rückenteil unter Beachtung von Länge und Breite einrahmen (Bild 3, in Grün).

B Unten und seitlich 1 bis 2 cm, oben und in der hinteren Mitte 3 bis 5 cm Rand zugeben.

C Den Umriss des Rockes auf Nesselstoff übertragen. Hintere Mitte in Rot, Hüftlinie in Schwarz einzeichnen; Taille durch eine ca. 5 cm lange Linie markieren. Diese Linie wird beim Punktieren an der Büste nach dem Abstecken des hinteren und seitlichen Abnähers vervollständigt.

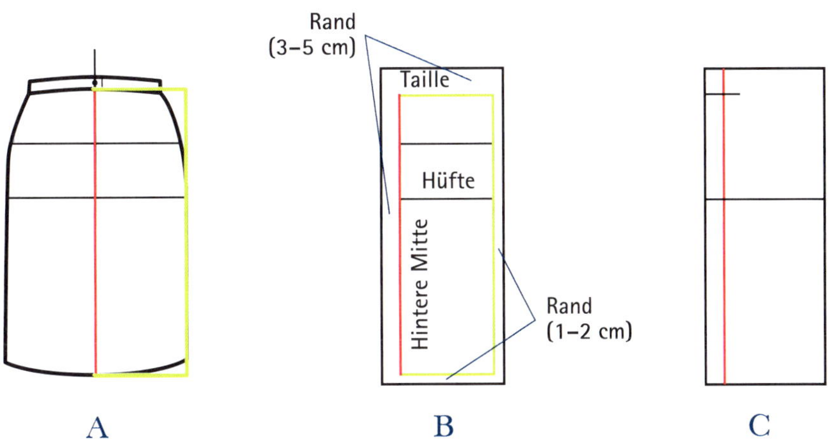

Schnittschema für das Drapieren des geraden Rockes – Rückenteil

BILD 3

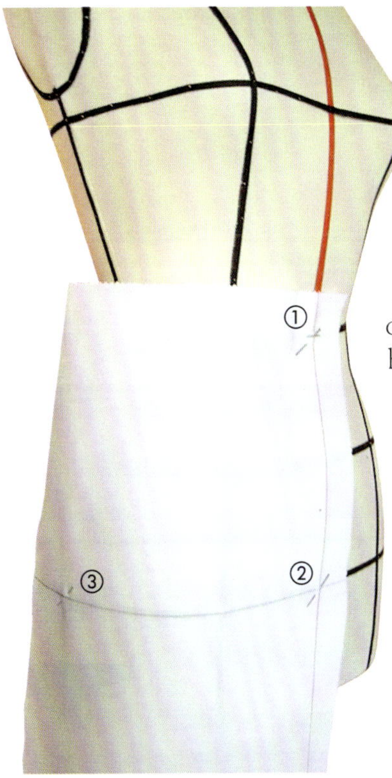

BILD 4

Arbeitsschritte des Drapierens

Vorderes Stoffteil an die rechte Vorderseite der Büste legen; dabei beachten, dass die Linien auf dem Stoff (vordere Mitte und Hüftlinie) mit denen an der Büste übereinstimmen.

Anschließend wie auf dem Foto eine Stecknadel in der Taillenlinie auf der vorderen Mitte befestigen, die zweite und dritte auf der Hüftlinie, einmal auf der vorderen Mitte, einmal auf der Seitenlinie.

Den Stoff an der Seite des Rockes von der Hüftlinie aufwärts glatt streichen. So erscheint automatisch der seitliche Abnäher. An der Seitenlinie eine Stecknadel (4) auf der oberen Hüftlinie und eine (5) in der Taillenlinie befestigen.

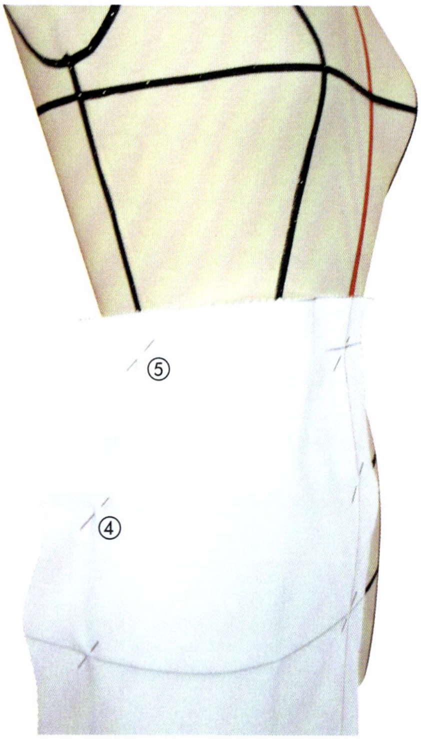

BILD 5

Den Stoff gut ausstreichen, damit er weder ausbeult noch Falten wirft (notfalls entlang des oberen Randes so weit wie nötig einkerben).
Dann den vorderen Abnäher konstruieren. Der Abnäher liegt auf der Linie, die das Markierband auf der Büste vorgibt (siehe S. 29).
Mit einem nicht zu weichen Bleistift(2B) die Punktierung an Seiten- und Taillenlinie sowie dem Abnäher vornehmen (Bild 6).
Die seitliche Punktierung von der Hüftlinie nach oben setzen. Unterhalb der Hüftlinie die Rockseite vertikal nach unten zeichnen.

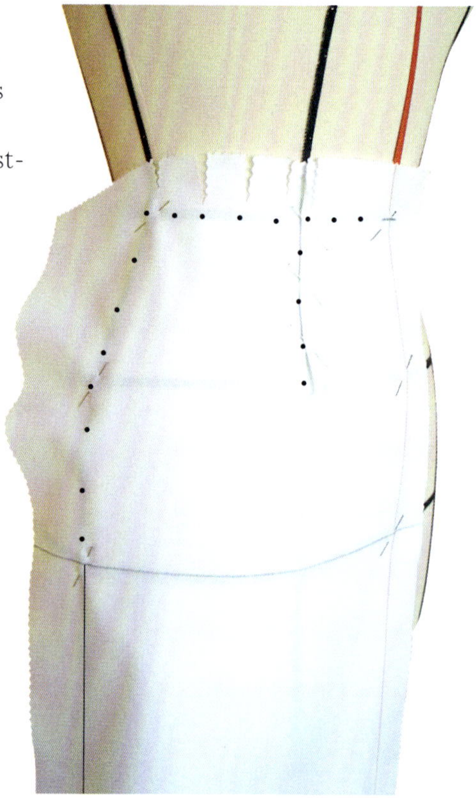

BILD 6

Für das Drapieren der Rückenpartie wie an der Vorderseite vorgehen. Rückenteil an die rechte Seite der Büste legen; dabei beachten, dass die Linien auf dem Stoff mit denen an der Büste übereinstimmen (hintere Mitte und Hüftlinie).

Dann wie auf dem Foto an der hinteren Mitte die erste, zweite und dritte Stecknadel anbrin gen (Taillen-, obere Hüft- und Hüftlinie). Vierte Nadel in Hüfthöhe auf die Seitenlinie stecken.

Den Stoff entlang der Seitenlinie nach oben ausstreichen und dort eine Nadel auf der oberen Hüftlinie (5), eine in der Taille anbringen. So erscheint automatisch der seitliche Abnäher.

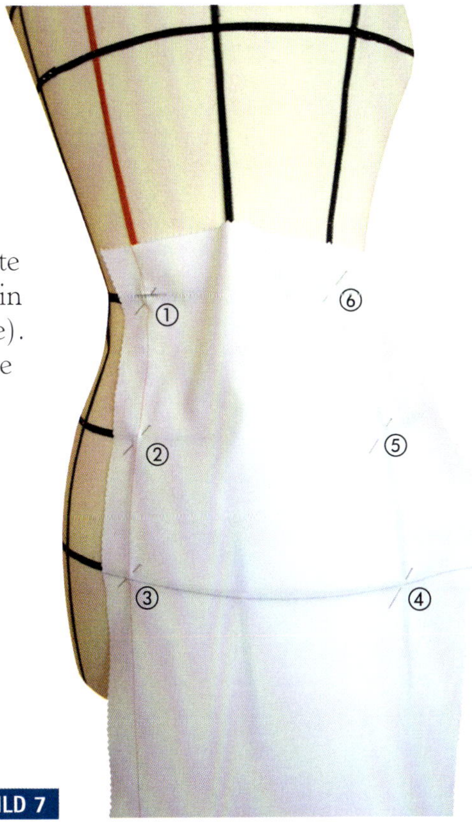

BILD 7

Den hinteren Abnäher ebenso konstruieren wie den vorderen; dabei der Linie des Markierbands folgen. Dann die Punktierung an Seiten-, Taillenlinie und entlang dem Abnäher setzen.

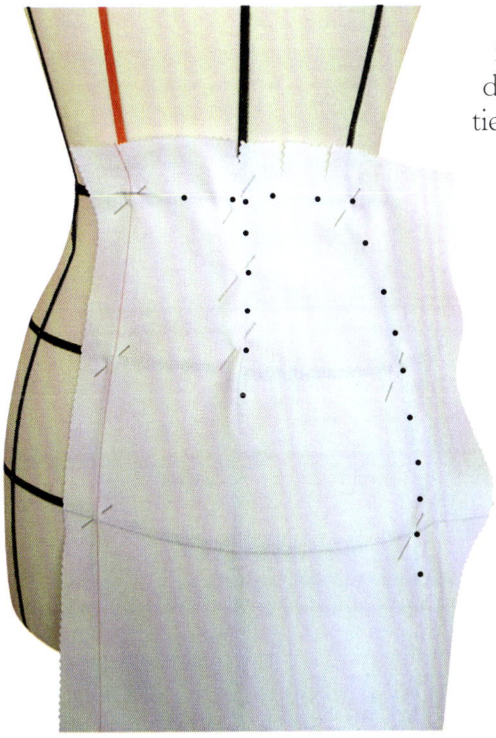

BILD 8

Rücken- und Vorderteil von der Büste nehmen und mithilfe von Lineal und Kurvenlineal entlang der Punktierung die Konturen des Rockes zeichnen (Seitenlinien sowie vorderen und hinteren Abnäher).
Dann die Taillenlinie zeichnen. Dafür die Vorderseite mit geschlossenem Abnäher auf einer ebenen Fläche ausbreiten und die Linie mit einem Kurvenlineal nachziehen (Näheres dazu siehe S. 54). Das Rückenteil gegengleich arbeiten.

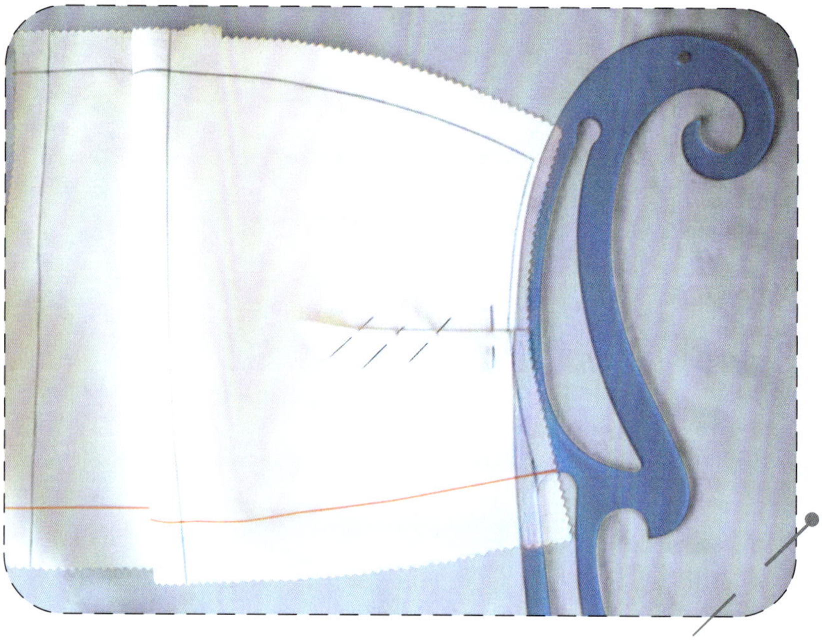

BILD 9

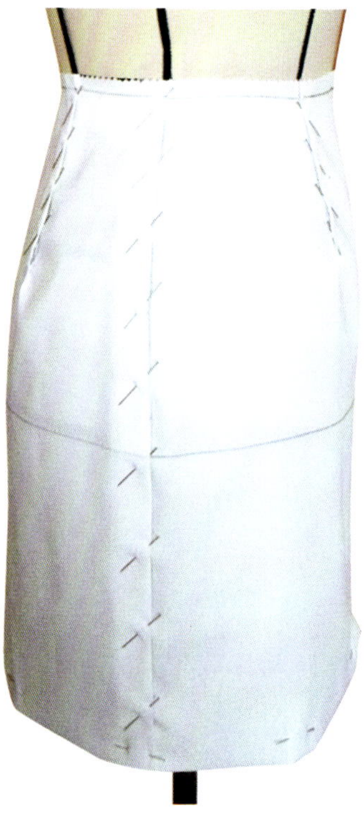

Nach dem Einzeichnen der Linien und Abnäher das Rücken- und das Vorderteil des geraden Rockes erneut so an die Büste stecken, dass die horizontalen Linien auf Stoff und Büste übereinstimmen (Hüft- und Taillenlinie), den Sitz kontrollieren und die Rocklänge anpassen.

BILD 10

Schnittmuster aus Nessel

Beide Teile wieder von der Büste abnehmen, alle Stecknadeln entfernen, nach Bedarf bei niedriger Temperatur bügeln.
An beiden Teilen ringsum 1 bis 2 cm Nahtzugabe hinzufügen (dabei den Verlauf des Nahtrands am Abnäherende beachten) und entlang dieser Linie zuschneiden.
Es ist sehr zu empfehlen, das Schnittmuster aus Nesselstoff mithilfe von Pauspapier auf Kraft- oder Bristolpapier zu kopieren. Im Gegensatz zum Stoff kann ein Papierschnitt ohne Gefahr des Sichverformens aufbewahrt werden (siehe „Papierschnitt“, S. 51).

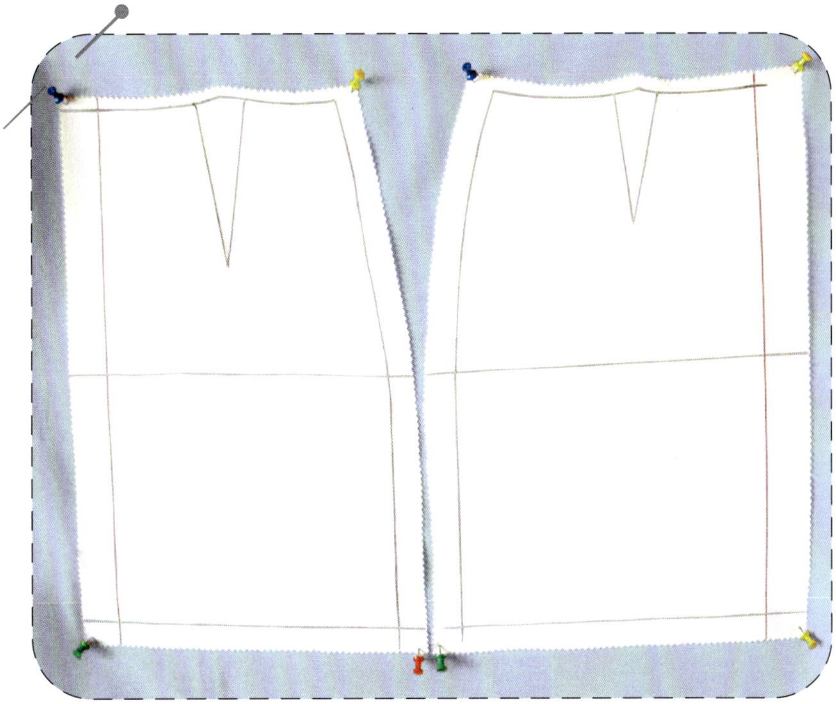

BILD 11

Ausgestellter Rock ohne Abnäher

Wie weit der Rock ausgestellt ist und wie die Seitenlinie verläuft, ergibt sich automatisch nach dem Anpassen der Taillenlinie.

Technische Zeichnung

Auf der technischen Zeichnung die Rocklänge und provisorisch die untere Weite einzeichnen. Für das Drapieren von Vorder- und Rückenteil separate Schnittschemata anfertigen.

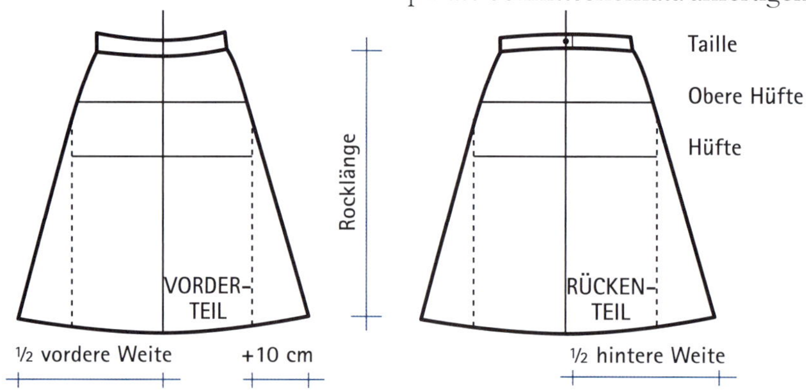

Technische Zeichnung des ausgestellten Rockes

BILD 1

Schnittschema für das Drapieren des Vorderteils

A Umriss des Vorderteils unter Beachtung der Weite und Länge einrahmen (Bild 2, in Grün).
B Oben ca. 10 cm Rand zugeben, an der Seite 5 bis 7 cm, unten und an der vorderen Mitte 3 bis 5 cm.
C Dieses Rechteck auf Nessel übertragen. Die vordere Mitte in Rot einzeichnen und die Taille durch eine 5 cm lange Linie markieren. Diese Linie wird später durch Punktieren an der Büste vervollständigt.

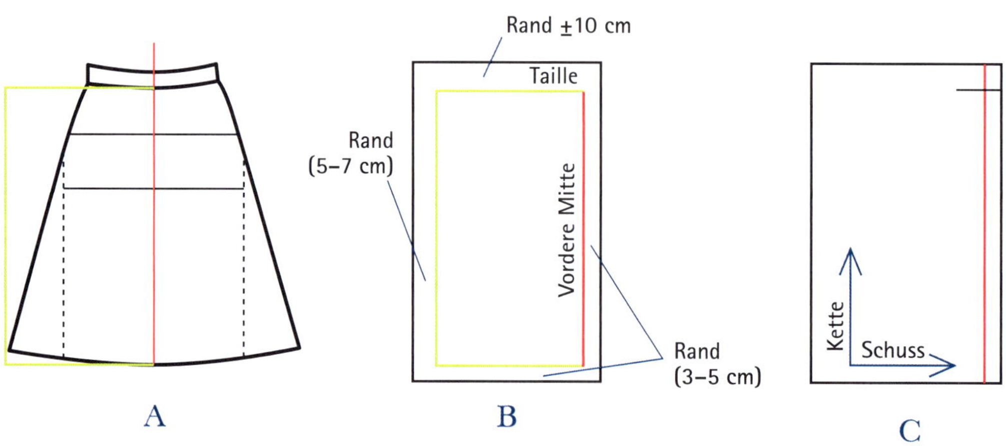

Schnittschema für das Drapieren des ausgestellten Rockes – Vorderteil

BILD 2

Schnittschema für das Drapieren des Rückenteils

A Den Umriss des Rückenteils unter Beachtung der Weite und Länge einrahmen (Bild 2, in Grün).
B Oben ca. 10 cm Rand zugeben, an der Seite 5 bis 7 cm, unten und an der hinteren Mitte 3 bis 5 cm.
C Dieses Rechteck auf Nessel übertragen. Die hintere Mitte in Rot einzeichnen und die Taille durch eine 5 cm lange Linie markieren. Diese Linie wird später durch Punktieren an der Büste vervollständigt.

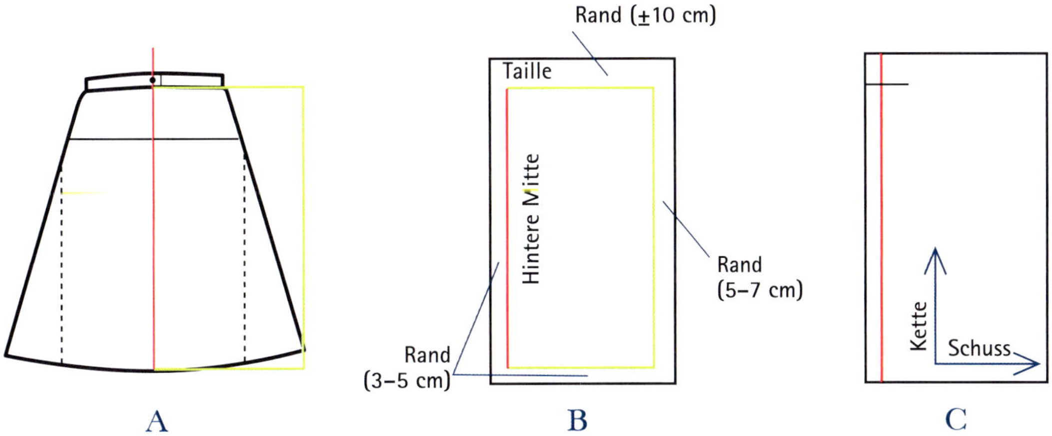

Schnittschema für das Drapieren des ausgestellten Rockes – Rückenteil

BILD 3

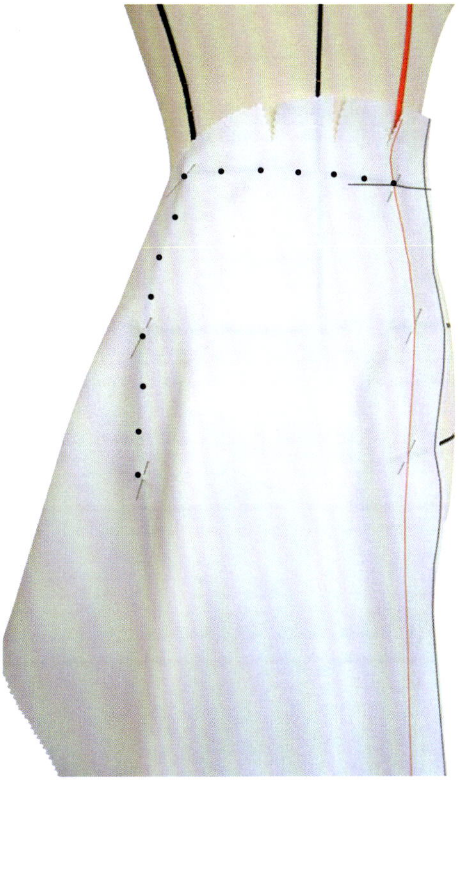

BILD 4

Arbeitsschritte des Drapierens

Die vordere Mitte des Stoffes auf die vordere Mitte der Büste legen.
Den Stoff entlang der vorderen Mitte in Höhe von Taille, oberer Hüfte und Hüfte feststecken.
Den Stoffrand an der Seite der Büste so nach unten ziehen, dass der Stoff in der oberen Rockpartie glatt liegt und in der unteren weit fällt.
In Taillenhöhe auf der Seitenlinie feststecken.
Die obere Rockkante so einkerben, dass der Stoff sich ohne Beulen und Falten glatt legen lässt.
Oberhalb der Hüftlinie, an Seiten- und Taillenlinie mit einem nicht zu weichen Bleistift (2B) punktieren.
Unterhalb der Hüftlinie wird die Seitenlinie am von der Büste abgenommenen Schnittmuster aus Nesselstoff verlängert.

Den Stoff des Rückenteils so an die rechte Seite der Büste legen, dass die vertikale hintere Mitte und die Taillenlinie an Stoff und Büste übereinstimmen.
Entlang der hinteren Mitte feststecken, in Höhe von Taillen-, oberer Hüft- und Hüftlinie.
Den Stoff an einer Seite fassen und nach unten ziehen, sodass er zwischen Taille und oberer Hüfte glatt liegt und der Rock unten weit fällt.
In Taillenhöhe auf der Seitenlinie feststecken.
Die obere Rockkante so einkerben, dass der Stoff sich glatt ausstreichen lässt. Taillenlinie und Seitenlinie oberhalb der Hüftlinie punktieren. Unterhalb der Hüftlinie wird die Seitenlinie am von der Büste abgenommenen Schnittmuster aus Nesselstoff verlängert.

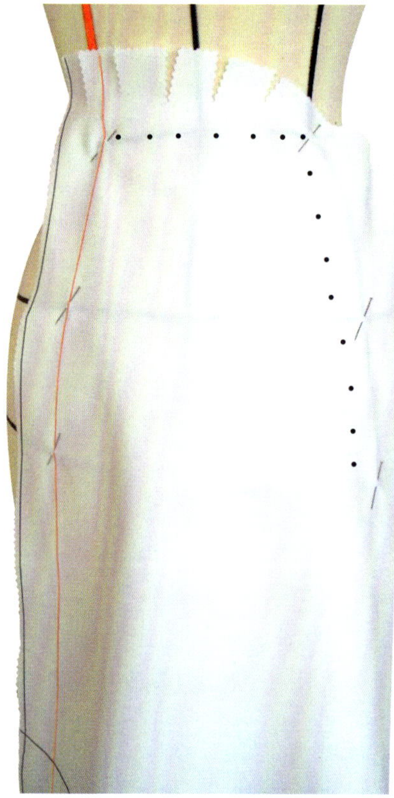

BILD 5

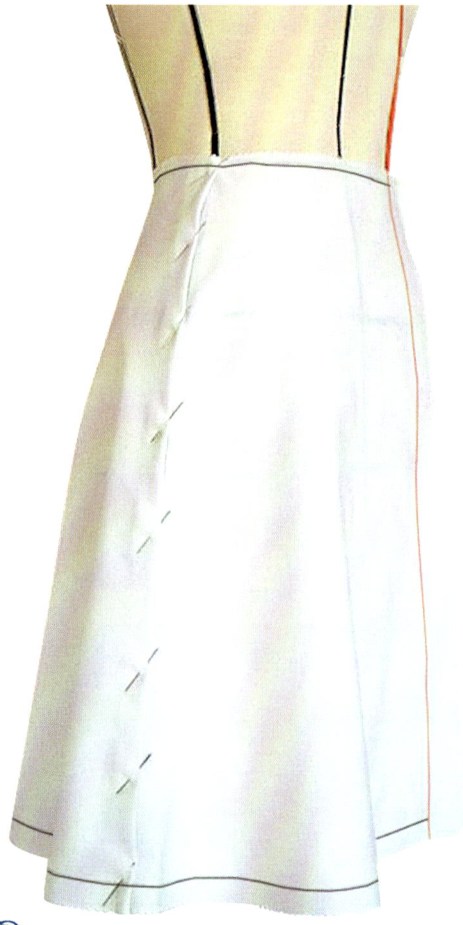

Der Punktierung an Rücken- und Vorderteil folgend die Linien nachziehen und beide Teile zum Abstimmen der Rocklänge zusammenfügen; dabei müssen vordere und hintere Mitte sowie die Taillenlinie an Stoff und Büste übereinanderliegen.
Mit Maßband oder Schneiderelle überprüfen, ob der Rock ringsum gleich lang ist, oder die Büste einfach an eine Wand stellen und auf dem Stoff die Länge markieren, indem die Büste um die eigene Achse gedreht wird; dann abstecken.

BILD 6

Schnittmuster aus Nessel

Den Stoff wieder von der Büste abnehmen, nach Bedarf bei niedriger Temperatur bügeln.
An Rücken- und Vorderteil ringsum 1 bis 2 cm Nahtzugabe hinzufügen und entlang dieser Linie zuschneiden.
Es ist sehr zu empfehlen, das Schnittmuster aus Nessel mithilfe von Pauspapier auf Kraft- oder Bristolpapier zu kopieren. Im Gegensatz zum Stoff kann ein Papierschnitt ohne Gefahr des Sichverformens aufbewahrt werden (siehe „Papierschnitt“, S. 51).

Vorderteil

Rückenteil

BILD 7

Ausgestellter Sechsbahnenrock

Der Rock wird aus sechs unten ausgestellten Bahnen zusammengesetzt, die in Höhe der oberen Hüftlinie gleich breit sind; dies hat einen schönen Effekt.

Technische Zeichnung

Zunächst die technische Zeichnung anfertigen. Um die Breite der Bahnen (je drei an Vorder- und Rückseite) zu bestimmen, den Umfang an der oberen Hüftlinie messen und durch 6 teilen.
Bsp.: Umfang = 87 cm : 6 = 14,5 cm.
Jede Bahn muss auf der oberen Hüftlinie 14,5 cm breit sein. Dann jede Bahn unten nach beiden Seiten um 4 cm ausstellen.

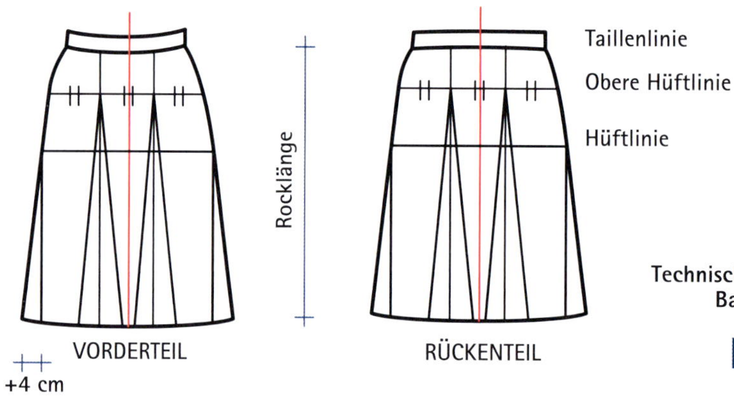

Technische Zeichnung des Bahnenrocks

BILD 1

Schnittschema für das Drapieren

A Eine Rockbahn abpausen (Bild 2, in Grün).
B Rand zufügen, wie auf der Skizze angegeben.
C Den Umriss der Bahn auf Nesselstoff übertragen, die Hauptkonstruktionslinien einzeichnen (Mitte der Bahn in Rot, obere Hüftlinie und Taillenlinie in Schwarz).
Für das Drapieren einer Rockhälfte (halbes Vorder- und halbes Rückenteil) die gleiche Bahn viermal zuschneiden.

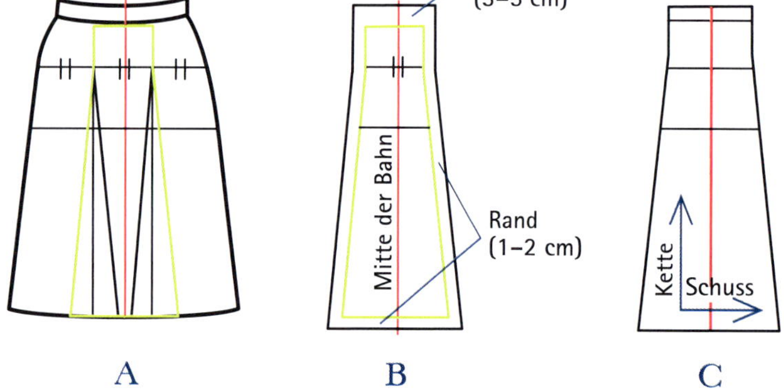

Schnittschema für das Drapieren (eine Bahn)

BILD 2

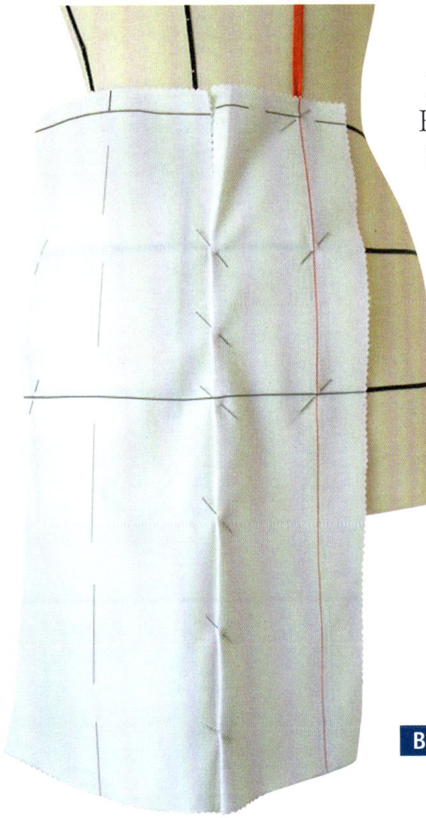

BILD 3

Arbeitsschritte des Drapierens

Die beiden vorderen Bahnen zusammenfügen – vom Rocksaum bis zur oberen Hüftlinie (Bild 3, siehe auch S. 19 und 21).

Den Stoff so an der rechten Seite der Büste anbringen, dass die entsprechenden Linien von Stoff und Büste aufeinanderliegen (vordere Mitte, obere Hüft- und Taillenlinie).

Entlang der vorderen Mitte (auf Taillen-, oberer Hüft- und Hüftlinie) und der Seitenlinie (auf oberer Hüftlinie und Hüftlinie) abstecken.

Nun den seitlichen Abnäher ebenso konstruieren wie beim geraden Rock (siehe S. 138): Den Stoff auf der Seitenlinie von der oberen Hüftlinie aus nach oben glatt streichen, sodass der Abnäherwert automatisch erscheint; auf der Taillenlinie feststecken.

Zum Anpassen der oberen Rockpartie zwischen den beiden Bahnen muss ein Abnäher gesetzt werden. Dafür den Stoff gut ausstreichen, sodass er weder Beulen noch Falten wirft, und entlang der zuvor festgelegten Schnittlinie (unten am Rock) abstecken.

Die Punktierung auf Seiten- und Taillenlinie sowie auf dem Abnäher vornehmen.

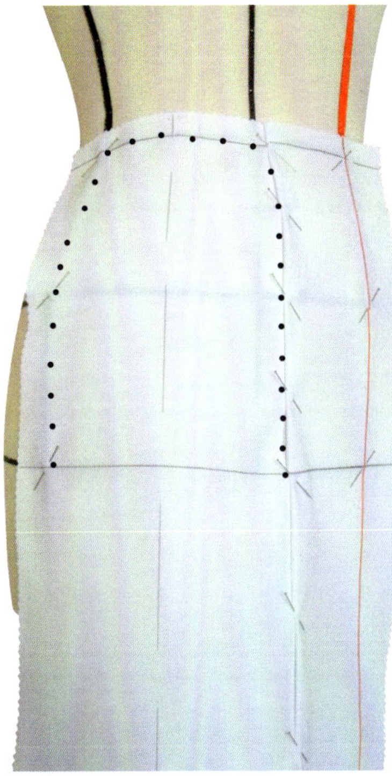

BILD 4

Anmerkung

Die Linie zwischen den beiden Bahnen deckt sich nicht mit der Linie des Markierbands an der Büste. Dies liegt daran, dass die Bahnen in Höhe der oberen Hüftlinie gleich breit sind.

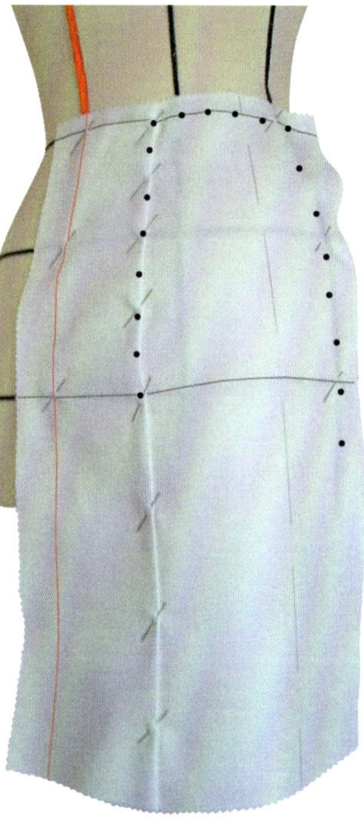

Die Bahnen für das Rückenteil ebenso zusammenfügen wie die Bahnen für das Vorderteil; den Stoff so an der rechten Seite des Büstenrückens anbringen, dass sich die Linien auf dem Stoff mit denen auf der Büste decken (hintere Mitte, obere Hüftlinie, Taillenlinie).
Entlang der hinteren Mitte (in Höhe von Taillen- und oberer Hüftlinie) und der Seitenlinie (in Höhe der oberen Hüftlinie) abstecken.
Dann den seitlichen Abnäher und den Abnäher zwischen den beiden Bahnen wie am Vorderteil konstruieren.
Die Punktierung auf Seiten- und Taillenlinie sowie auf der Naht vornehmen.

BILD 5

Den Stoff von Rücken- und Vorderteil von der Büste abnehmen. Der Punktierung folgend mithilfe von Lineal und Kurvenlineal die Konturen der Bahnen nachzeichnen.
Zum Festlegen der gewünschten Rocklänge die Teile erneut an der Büste zusammenfügen, sodass die Linien an Stoff und Büste übereinstimmen.

BILD 6

Schnittmuster aus Nessel

Den Stoff wieder von der Büste abnehmen, Stecknadeln entfernen, wenn nötig, bei niedriger Temperatur bügeln.
An jeder Bahn ringsum 1 bis 2 cm Nahtzugabe hinzufügen und entlang dieser Linie zuschneiden.
Es ist sehr zu empfehlen, das Schnittmuster aus Nesselstoff mithilfe von Pauspapier auf Kraft- oder Bristolpapier zu kopieren. Im Gegensatz zum Stoff kann ein Papierschnitt ohne Gefahr des Sichverformens aufbewahrt werden (siehe „Papierschnitt“, S. 51).

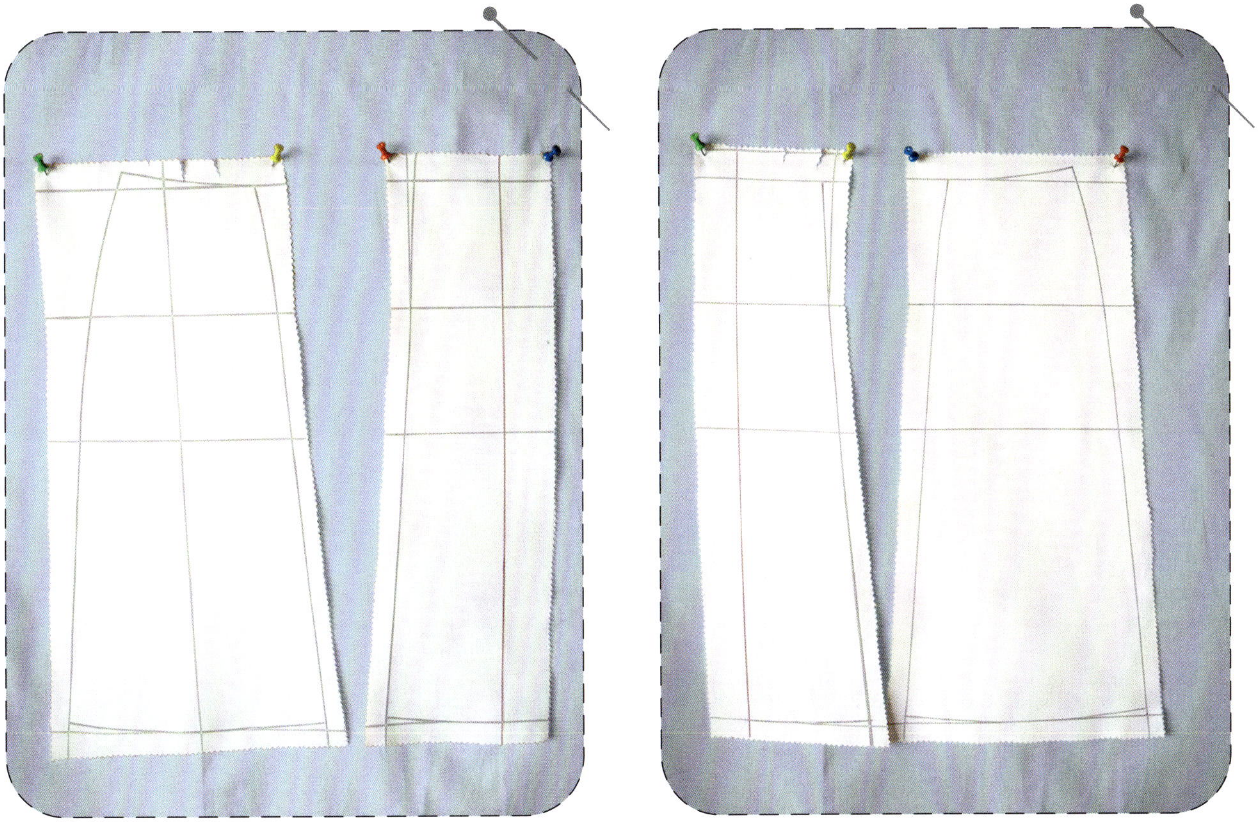

BILD 7

Bahnenrock „Sirene“

Dieser Rock besteht aus sechs gleich breiten Bahnen. Oben hat er die Form eines geraden Rockes, ist jedoch unten ausgestellt.

Technische Zeichnung

Damit der Rock schön aussieht, gleich breite Bahnen anfertigen. Dafür den Hüftumfang messen und durch 6 teilen. Bsp.: Hüftumfang = 96 cm; 96 : 6 = 16 cm.
Jede Bahn muss 16 cm breit sein und unten nach beiden Seiten um mindestens 4 cm ausgestellt werden.

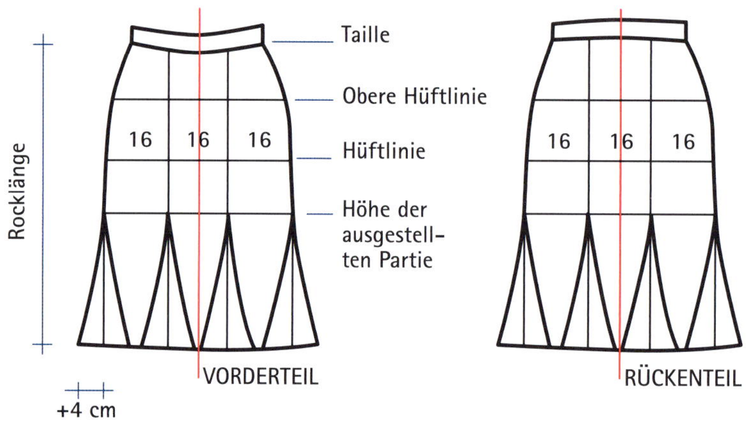

Technische Zeichnung des Rockes „Sirene“

BILD 1

Schnittschema für das Drapieren

A Eine Rockbahn durchpausen (Bild 2, in Grün).
B Rand zufügen, wie auf der Skizze angegeben.
C Den Umriss der Bahn auf Nesselstoff übertragen, die Hauptkonstruktionslinien einzeichnen (Mitte der Bahn in Rot, Hüftlinie, Taillenlinie und Höhe der ausgestellten Partie in Schwarz).
Für das Drapieren einer Rockhälfte (halbes Vorder- und halbes Rückenteil) die gleiche Bahn viermal zuschneiden.

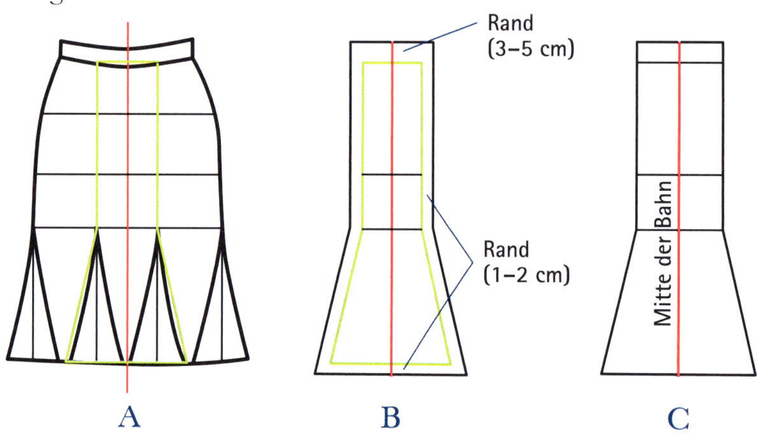

Schnittschema für das Drapieren des Rockes „Sirene“ (eine Bahn)

BILD 2

Arbeitsschritte des Drapierens

Die beiden vorderen Bahnen vom Saum bis zur Hüftlinie zusammenfügen und so an der Büste anbringen, dass die Linien (vordere Mitte, Hüft- und Taillenlinie) auf Stoff und Büste übereinanderliegen.
Abstecken, wie in Bild 3 gezeigt.

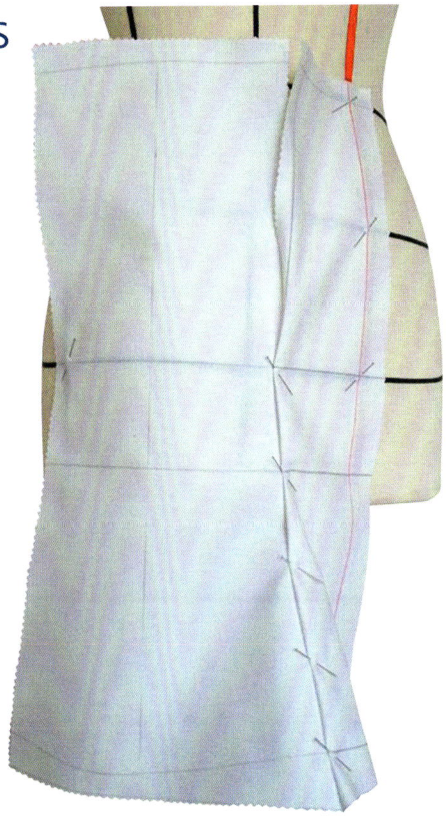

BILD 3

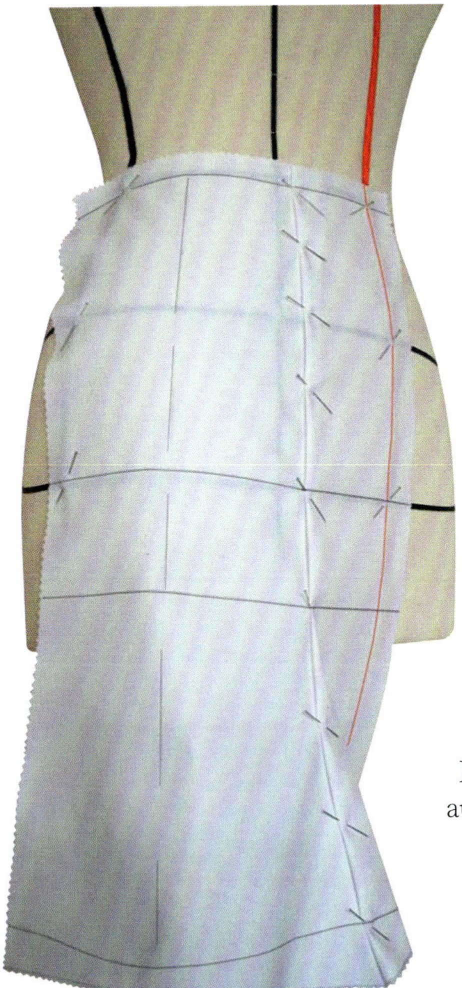

BILD 4

Anschließend den seitlichen Abnäher konstruieren: den Stoff entlang der Seitenlinie von der Hüftlinie hinauf zur Taille ausstreichen, sodass sich automatisch der Abnäherwert bildet.
Den Stoff auf der Seitenlinie in Höhe von oberer Hüft-, Taillen- und Hüftlinie feststecken.
Zum Anpassen der oberen Rockpartie zwischen den beiden Bahnen muss ein Abnäher gesetzt werden. Dafür den Stoff gut ausstreichen, sodass er weder Beulen noch Falten wirft, und entlang der zuvor festgelegten Schnittlinie (unten am Rock) abstecken.
Punktierung auf Seiten- und Taillenlinie sowie auf dem Abnäher bis zur Hüfte vornehmen.

Zur Konstruktion des Rückenteils den gleichen Arbeitsschritten folgen wie beim Vorderteil:
- Beide Teile vom Rocksaum bis zur Hüftlinie zusammenfügen.
- Das Rückenteil an der rechten Rückseite der Büste anbringen; abstecken.
- Die seitlichen Abnäher konstruieren.
- Die Abnäher zwischen den Bahnen setzen.
- Punktieren.

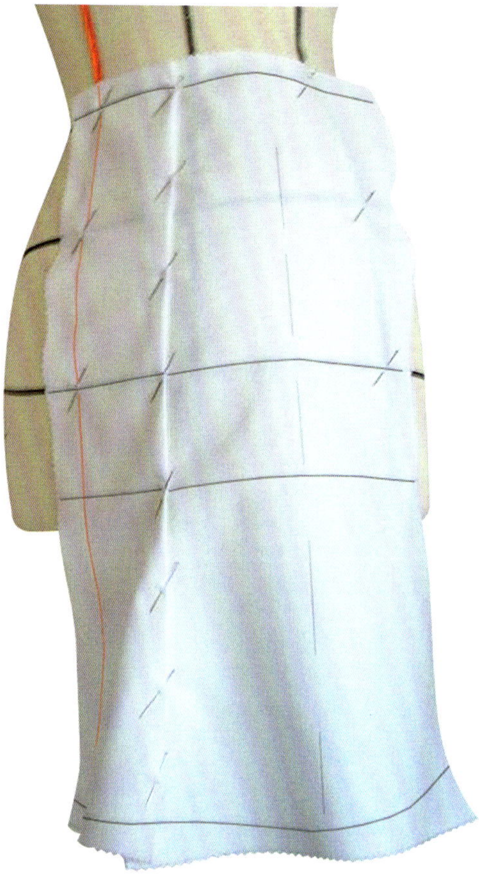

BILD 5

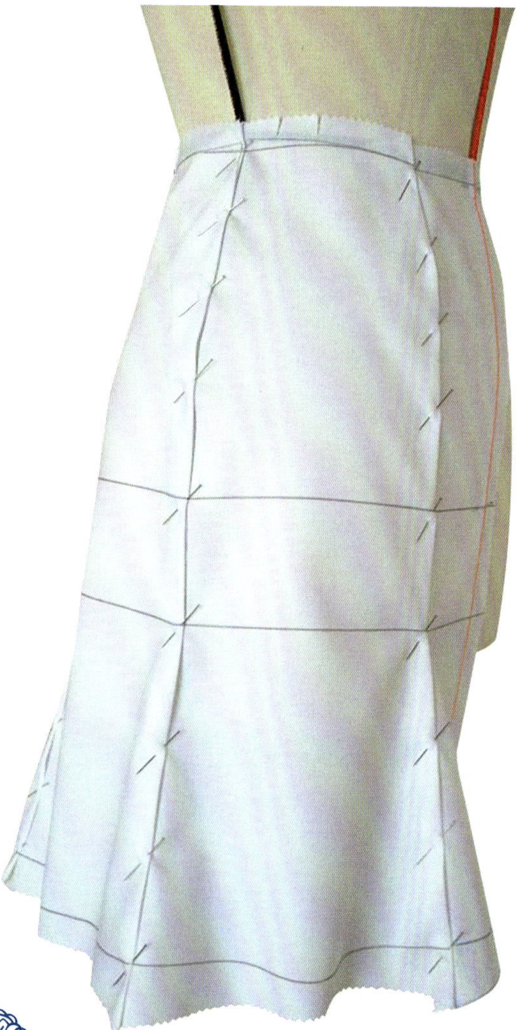

Den Stoff von Rücken- und Vorderteil von der Büste abnehmen. Der Punktierung folgend mithilfe von Lineal und Kurvenlineal die Konturen der Bahnen nachzeichnen.
Zum Festlegen und Anpassen der Rocklänge die Teile erneut an der Büste zusammenfügen, sodass die Linien an Stoff und Büste übereinstimmen.

BILD 6

Schnittmuster aus Nessel

Alle Teile wieder von der Büste abnehmen, die Stecknadeln entfernen, nach Bedarf bei niedriger Temperatur bügeln.
An allen Bahnen ringsum 1 bis 2 cm Nahtzugabe hinzufügen und entlang dieser Linie zuschneiden.
Es ist sehr zu empfehlen, das Schnittmuster aus Nessel mithilfe von Pauspapier auf Kraft- oder Bristolpapier zu kopieren. Im Gegensatz zum Stoff kann ein Papierschnitt ohne Gefahr des Sichverformens aufbewahrt werden (siehe „Papierschnitt", S. 51).

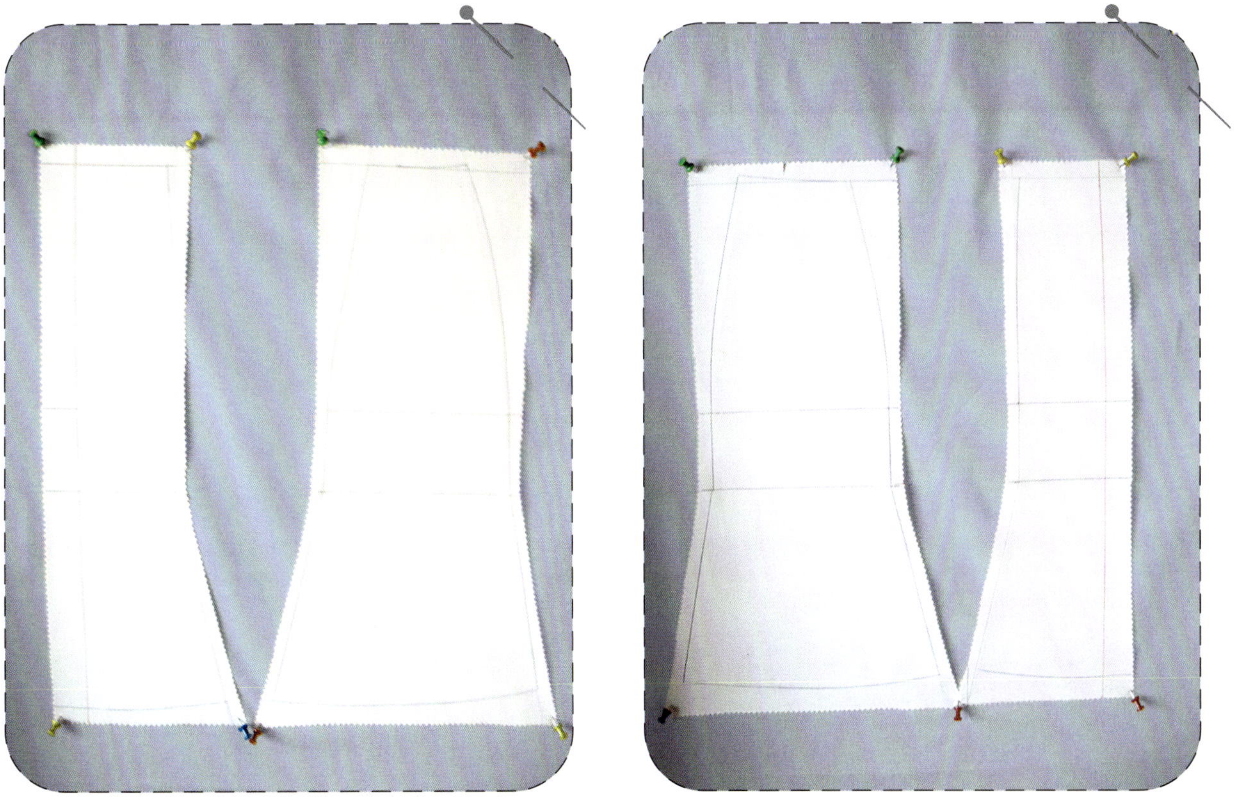

BILD 7

Asymmetrischer Rock

Wegen der Asymmetrie müssen Vorder- und Rückseite dieses Modells jeweils als Ganzes konstruiert werden. Für die rechte und linke Vorderseite müssen zudem getrennte Schnittschemata für das Drapieren angefertigt werden.

Technische Zeichnung

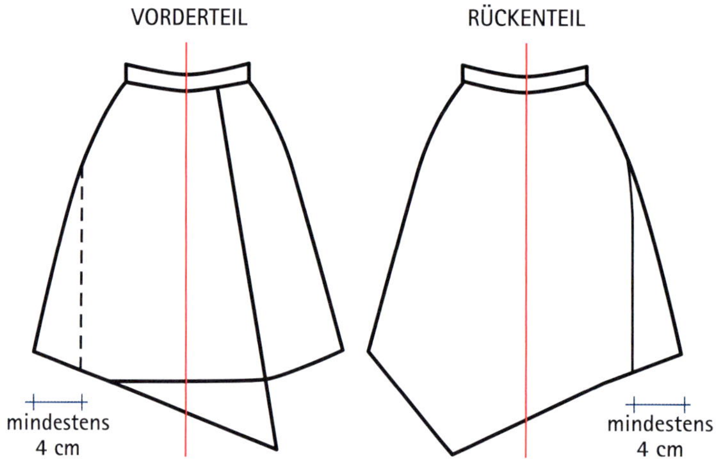

Technische Zeichnung des asymmetrischen Rockes

BILD 1

Schnittschema für das rechte Vorderteil

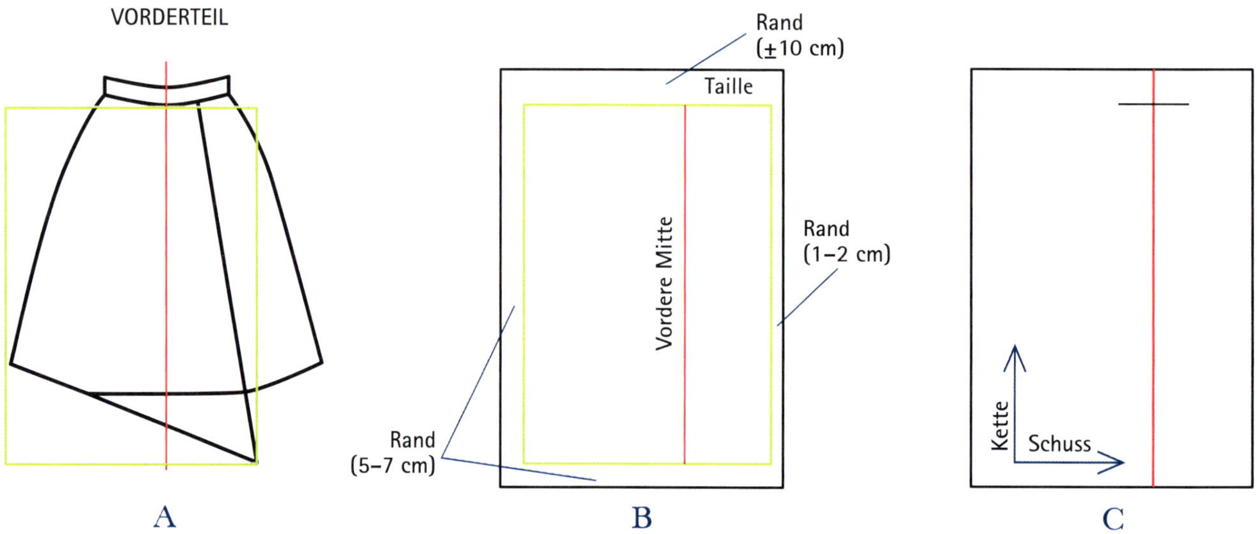

Schnittschema für das Drapieren des asymmetrischen Rockes, rechtes Vorderteil

BILD 2

A Aufgrund der Asymmetrie die rechte Hälfte der Vorderseite einschließlich der Spitze am Rocksaum einrahmen.
B Oben ca. 10 cm Rand zugeben, an den übrigen Seiten wie auf der Skizze angegeben (Bild 2).
C Den Umriss des rechten Vorderteils auf Nesselstoff übertragen; vordere Mitte in Rot einzeichnen, Taille mit einer ca. 5 cm langen Linie markieren.

Schnittschema für das linke Vorderteil

A Unter Beachtung der Länge und Breite die linke Hälfte der Vorderseite einrahmen.
B Oben ca. 10 cm Rand zugeben, an den übrigen Seiten wie auf der Skizze angegeben (Bild 3).
C Umriss des linken Vorderteils auf Nessel übertragen; vordere Mitte in Rot einzeichnen, Taille mit einer ca. 5 cm langen Linie markieren (siehe S. 142, Bild 2C).

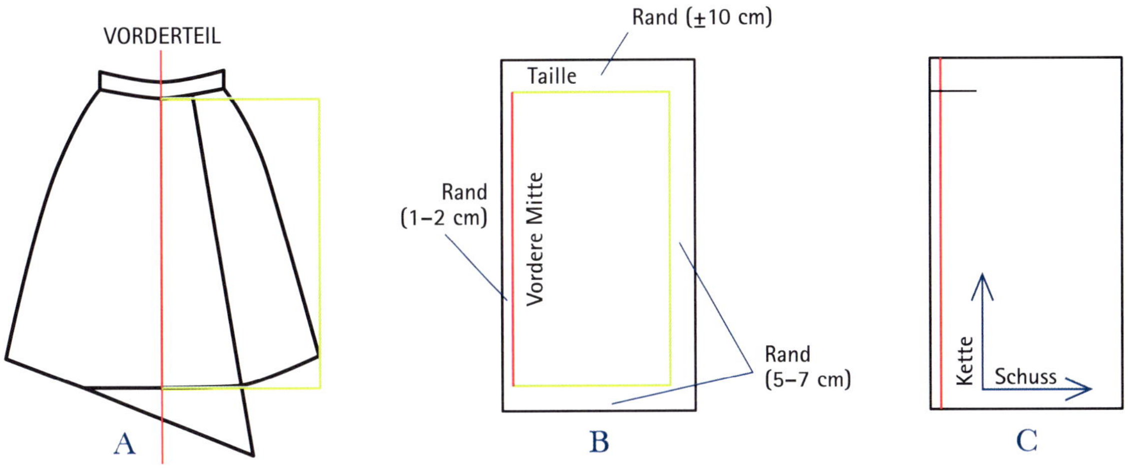

Schnittschema für das Drapieren des asymmetrischen Rockes, linkes Vorderteil

BILD 3

Schnittschema für das Rückenteil

A Aufgrund der Asymmetrie das Schnittschema für das gesamte Rückenteil konstruieren: Rückenteil einschließlich der Spitze am Saum einrahmen.
B Oben ca. 10 cm Rand zugeben, an den übrigen Seiten, wie auf der Skizze angegeben (Bild 4).
C Den Umriss des Rückenteils auf Nesselstoff übertragen; vordere Mitte in Rot einzeichnen, Taille mit einer ca. 10 cm langen Linie markieren.

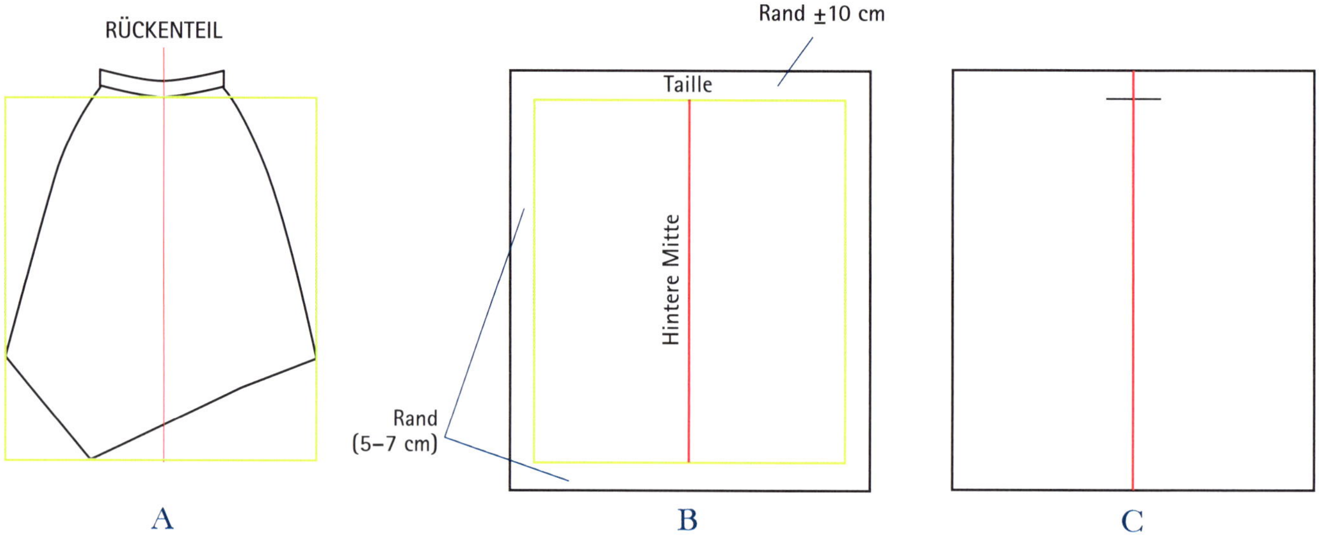

Schnittschema für das Drapieren des asymmetrischen Rockes, Rückenteil

BILD 4

Arbeitsschritte des Drapierens

Das rechte Vorderteil auf die rechte Vorderseite der Büste legen; darauf achten, dass die Linien (vordere Mitte und Taillenlinie) auf Stoff und Büste übereinstimmen.
Den Stoff an der vorderen Mitte in Höhe von Taillen-, oberer Hüft- und Hüftlinie feststecken.
Den Stoffrand an der Seite der Büste fassen und so nach unten ziehen, dass er in der oberen Partie glatt liegt und unten weit fällt.
Den Stoff an der Seitenlinie in Höhe von Taillen- und oberer Hüftlinie feststecken.
Mit einem nicht zu weichen Bleistift (2B) die Seitenlinie oberhalb der Hüftlinie sowie die Taillenlinie punktieren.

BILD 5

Nach dem Verbinden der punktierten Linien am rechten Vorderteil den Stoff wieder an die Büste legen, um die Spitze am Rocksaum nach Wunsch zu formen.
Die Rocklänge an der Seite festlegen, die mit dem Rückenteil zusammengesetzt wird.
Für die linke Seite das rechte Vorderteil kopieren, damit die Schnittlinie am Rand im gleichen Winkel verläuft und unten die gleiche Saumerweiterung entsteht.
Dafür den nach dem Schnittschema vorbereiteten, für das linke Vorderteil vorgesehenen Stoff auf einer ebenen Fläche ausbreiten. Die vordere Mitte der beiden Stoffstücke aufeinanderlegen: unten das linke, oben das rechte Vorderteil (Bild 7). Taillen- und Seitenlinie des rechten Vorderteils auf das linke übertragen. Rechtes Vorderteil entfernen und die Länge des linken Vorderteils nachzeichnen.

BILD 6

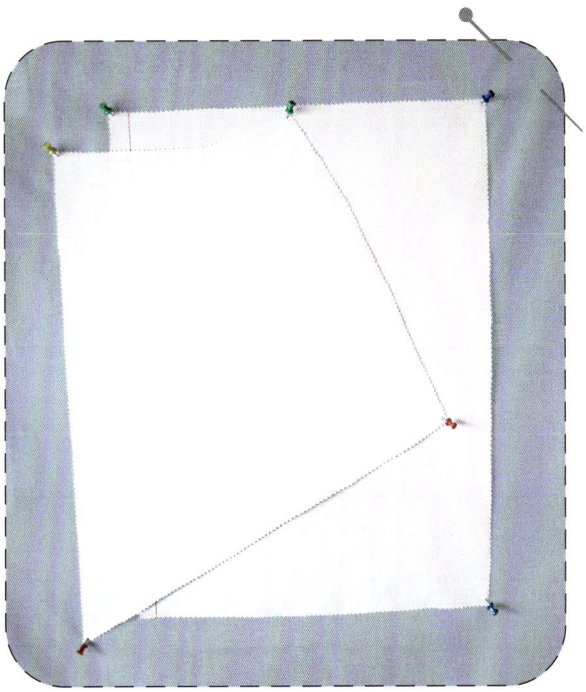

BILD 7

Beide Vorderteile an der Büste anbringen, dabei müssen vordere Mitte und Taillenlinie übereinanderliegen. Die Breite des Übertritts für den Knopfverschluss des Rockes anpassen.

BILD 8

Das Rückenteil so auf die Büste legen, dass hintere Mitte und Taillenlinie mit den Linien des Markierbands übereinstimmen. Die Stoffkante an der Seite fassen und so nach unten ziehen, dass der Stoff in der oberen Partie glatt anliegt und in der unteren weit fällt.
In der Taillenlinie und an beiden Seiten feststecken; dann punktieren.

BILD 9

Vor dem Zusammenfügen aller Teile (beide Vorderteile und Rückenteil) überprüfen, ob die beiden Seiten des Rückenteils identisch sind. Dafür das Rückenteil an der hinteren Mitte falten, auf eine ebene Fläche legen, die Ränder notfalls nachzeichnen und dann zusammen zuschneiden.
Zum Bestimmen der seitlichen Länge und der gewünschten Form der Spitze am Saum den Stoff wieder an der Büste anbringen.

BILD 10

Schnittmuster aus Nessel

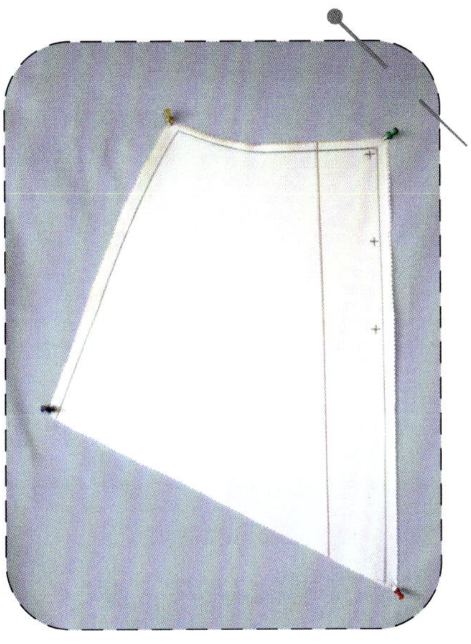

Rechtes Vorderteil des Rockes

Linkes Vorderteil des Rockes

BILD 11

Den Stoff wieder von der Büste abnehmen, nach Bedarf bei niedriger Temperatur bügeln.
An Rücken- und Vorderteilen ringsum 1 bis 2 cm Nahtzugabe hinzufügen und entlang dieser Linie zuschneiden.
Es ist sehr zu empfehlen, das Schnittmuster aus Nesselstoff mithilfe von Pauspapier auf Kraft- oder Bristolpapier zu kopieren. Im Gegensatz zum Stoff kann ein Papierschnitt ohne Gefahr des Sichverformens aufbewahrt werden (siehe „Papierschnitt", S. 51).

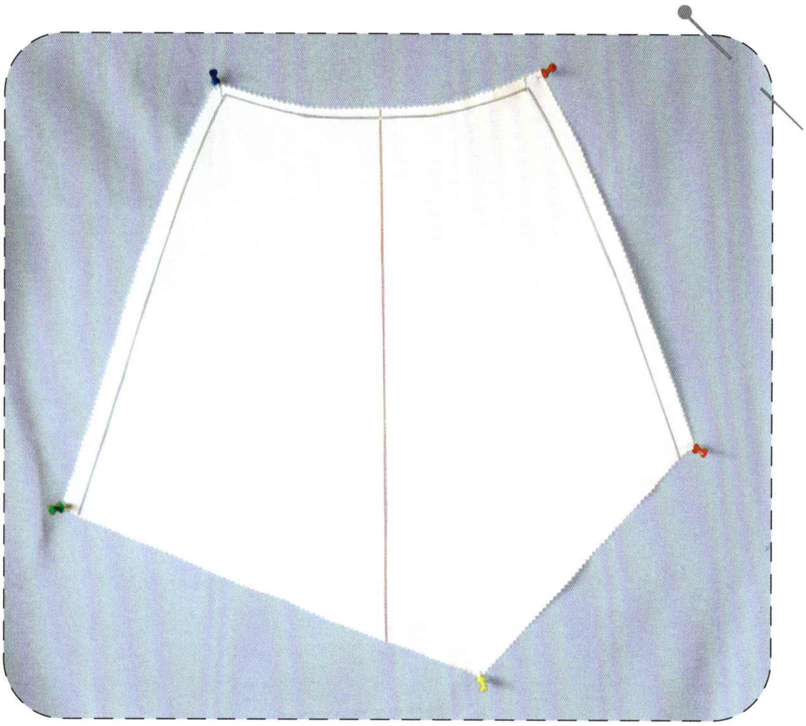

BILD 12

Halber Tellerrock

Für dieses Modell wird aus dem Stoff ein Halbkreis zugeschnitten.
Man kann das Modell ohne Seitennähte anfertigen, wodurch man besonders bei gestreiftem oder kariertem Stoff einen schönen durchgehenden Musterverlauf erzielt.
Bei Zuschnitt ohne Seitennähte muss der Stoff so groß sein, dass die Rocklänge und der Durchmesser des Taillenumfangs daraufpassen.
Unten angegeben ist der Stoffverbrauch für einen halben Tellerrock mit und ohne Seitennähte bei einer Rocklänge von 60 cm.

Stoffverbrauch

Für das Drapieren kreisförmiger Röcke braucht man kein Schnittschema. Man kann die Schnittlinien direkt auf den Nesselstoff zeichnen.

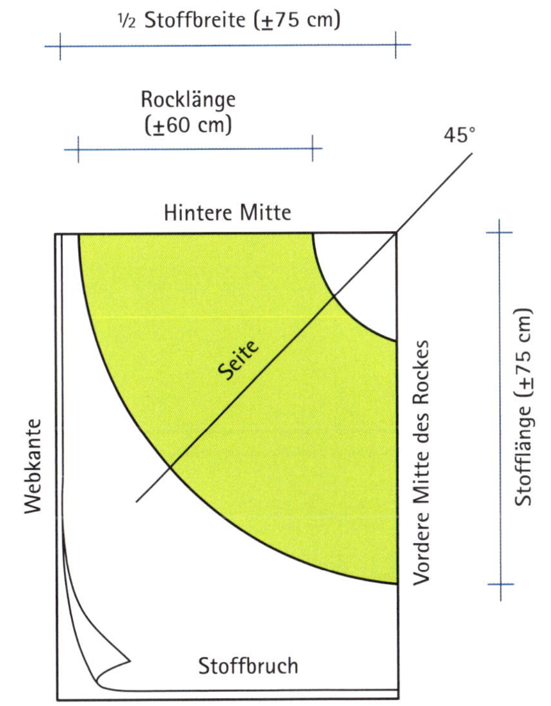

Stoffverbrauch für einen halben Tellerrock ohne Seitennähte

BILD 1

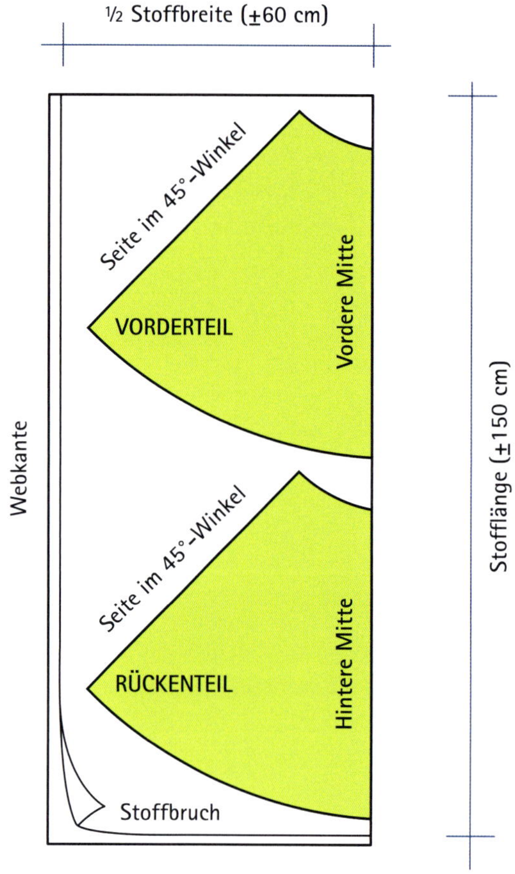

Stoffverbrauch für einen halben Tellerrock mit Seitennähten

BILD 2

Arbeitsschritte des Drapierens

Den aus Nessel zugeschnittenen halben Tellerrock an der Büste anbringen, dabei die Linien auf Stoff und Büste übereinanderlegen (Taillenlinie, vordere und hintere Mitte, Seitenlinie).
Der Rock legt sich von selbst in schwingende Falten. Für eine schöne Optik die Falten unterhalb der oberen Hüftlinie (ca. 10 cm unterhalb der Taillenlinie) beginnen lassen. Dafür die Taillenlinie an den Seiten 1–2 cm absenken oder anheben, je nach individuellen Körpermaßen (mehr oder weniger starke Bauch- oder Hüftpartie). Bei einer Korrektur der Taillenlinie die Änderung auf dem Schnittmuster einzeichnen.

BILD 3

Rock mit schräg angesetztem Volant

Dieser Rock besteht aus zwei Teilen: Die obere Partie ist ein gerader Rock mit Abnähern und geradem Bund. Die untere Partie ist weiter und kann aus einem ausgestellten Stück oder – sehr hübsch – halbkreisförmig zugeschnitten werden.
Der Volant wird im Schrägschnitt an die obere Partie angesetzt.

Technische Zeichnung

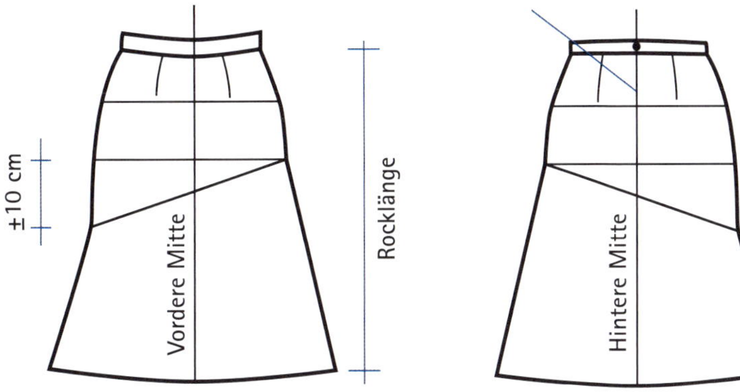

Technische Zeichnung des Rockes mit Schrägschnitt

BILD 1

Schnittschema des Volants (untere Rockpartie)

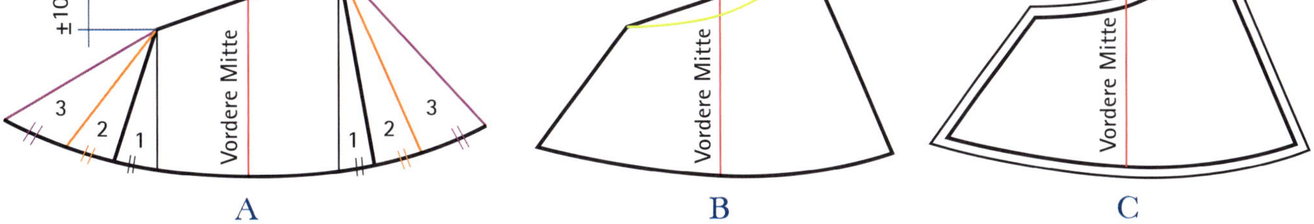

Schnittschema der unteren Rockpartie

BILD 2

A Eine vertikale Linie (vordere Mitte) zeichnen, dann die Breite der Schnittlinie im gleichen Winkel einzeichnen wie zuvor auf der technischen Zeichnung.
Die untere Rockweite festlegen; rechte und linke Rockseite müssen gleich weit ausgestellt werden (Bild 2 zeigt drei verschiedene Saumweiten).
B Für das Volumen des Volants die Schnittlinie erweitern. Je größer der Bogen wird, desto voluminöser fällt der Volant (im folgenden Beispiel ist die Schnittlinie um ca. 10 cm erweitert worden). Die endgültige Anpassung erfolgt an der Büste.
C Den Umriss des Volants nachzeichnen und ringsum 1 bis 2 cm Nahtzugabe hinzufügen. Das Einzeichnen der vorderen Mitte nicht vergessen (Bild 2, in Rot). Das Rückenteil des Rockes wie das Vorderteil konstruieren.

Arbeitsschritte des Drapierens

Die untere Rockpartie ist asymmetrisch. Daher müssen Rücken- und Vorderteil über die gesamte Breite vorbereitet werden.
Zunächst den Arbeitsschritten für das Drapieren eines geraden Rockes folgen (S. 136).
Dann endgültig Höhe und Winkel der Schräge in der unteren Rockpartie festlegen. Auf dem abgebildeten Modell beträgt die Höhendifferenz zwischen der linken und rechten Seite auf der unteren Schnittlinie ca. 10 cm, doch sie kann vergrößert oder verringert werden.

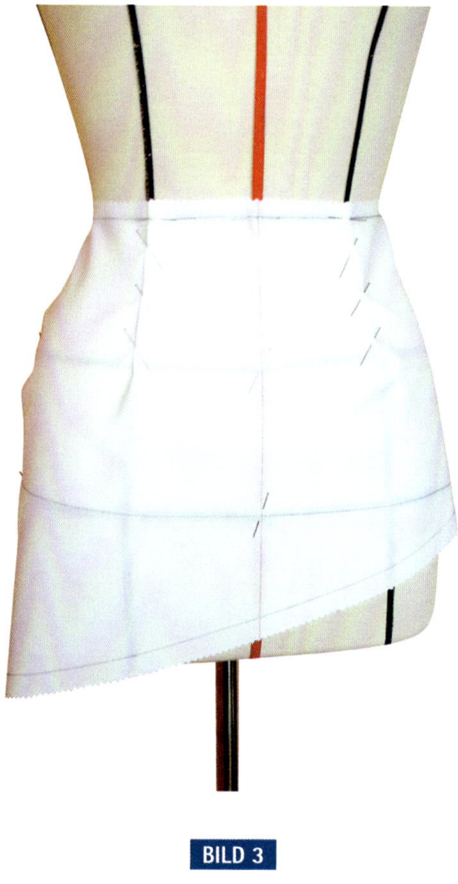

BILD 3

Die untere Rockpartie (Volant) entlang der Schnittlinie an die obere stecken; dabei die Übereinstimmung der vorderen Mitte beachten.
Nach dem Zusammenfügen beider Teile durch Erhöhen oder Absenken der oberen Linie des Volants dessen Volumen regulieren.
Zum Abschluss die Rocklänge festlegen. Damit diese ringsum gleich ist, eine Schneiderelle senkrecht auf den Boden stellen, die Büste um die eigene Achse drehen und dabei die gewünschte Länge markieren (siehe S. 25).
Rückenteil des Rockes gegengleich konstruieren.

BILD 4

Modelle

Um ein Modell individuell weiterzuentwickeln, ist es notwendig, die Konstruktion der in den vorhergehenden Kapiteln beschriebenen Grundschnitte zu beherrschen, denn bevor man so weit fortgeschritten ist, ein komplettes Kleidungsstück herzustellen, muss man im Detail verstanden haben, wie seine einzelnen Bestandteile angefertigt werden: Abnäher, Kragen, Ärmel etc.

Dieses Kapitel soll Sie zu vollständiger Unabhängigkeit bei jedem einzelnen Arbeitsschritt anleiten und zugleich Ihre Kreativität wecken. Daher werden auf dem fertigen Schnitt keine Erweiterungen angegeben. Die nötige Weite eines Kleidungsstücks wird durch die Stoffqualität, den Stil des Modells und vor allem Ihren persönlichen Geschmack bestimmt; so können etwa Jacken oder Röcke nach individueller Vorliebe enger oder weiter ausfallen.

Taillierte Jacke

Modell 1

Gerader Rock siehe S. 136
Gerader Ärmel siehe S. 113

Technische Zeichnung

Die Jacke ist ca. 60 cm lang, vorn geknöpft, hat Taillenabnäher sowie einen separaten Besatz.
Separat für Vorder- und Rückenteil wird zunächst die technische Zeichnung mit den Details des gewünschten Modells angefertigt, dann jeweils ein Schnittschema für das Drapieren.

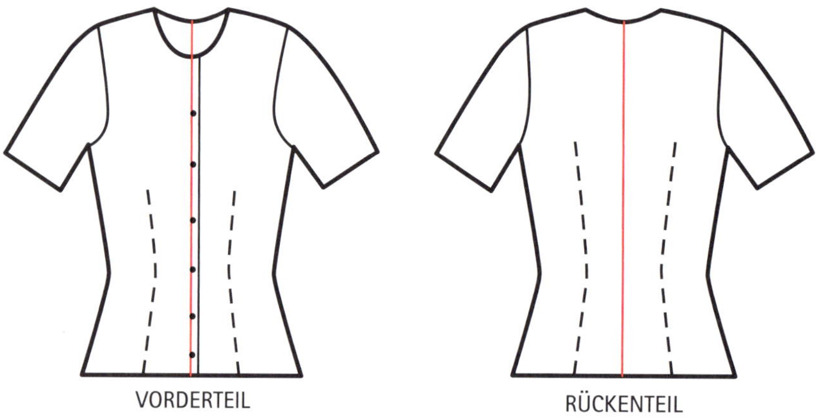

Technische Zeichnung der taillierten Jacke

BILD 1

Schnittschema für das Drapieren des Vorderteils

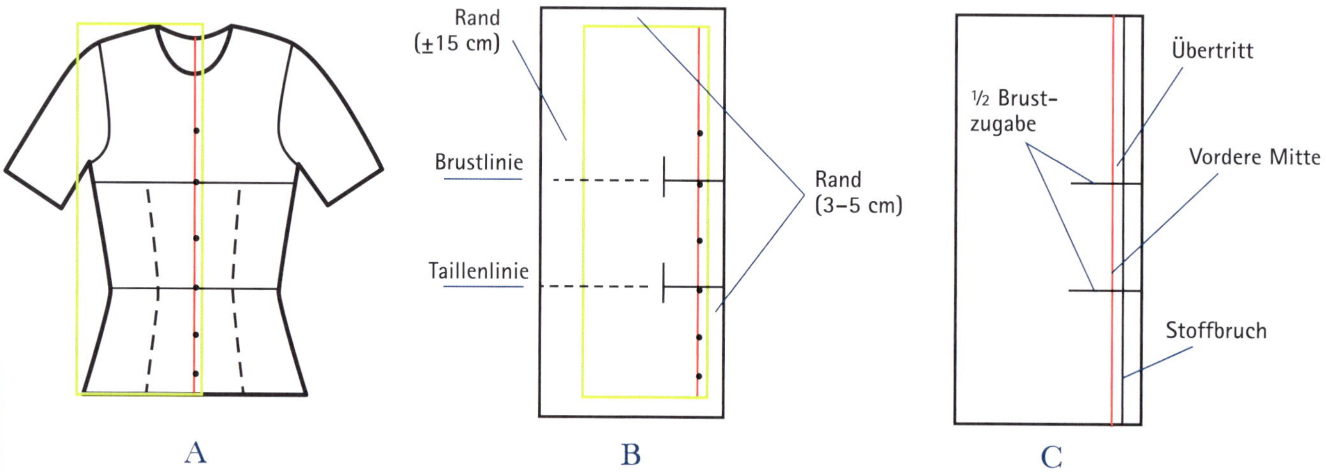

Schnittschema für das Drapieren des Vorderteils (taillierte Jacke)

BILD 2

A Da es symmetrisch ist, nur das halbe Vorderteil einschließlich des Übertritts (hier 2 cm, abhängig von der Knopfgröße) einrahmen.

B Oben und entlang der vorderen Mitte 3 bis 5 cm Rand zufügen, an der Seite ca. 15 cm (die Mehrweite ist nötig, um den Brustabnäher bis an den Taillenabnäher verschieben zu können).

Aus dem gleichen Grund (Verschiebung des Brustabnähers) werden Brust- und Taillenlinie nur teilweise eingezeichnet: Sie werden später mithilfe des Abdrucks der Linien an der Schneiderbüste vervollständigt.

C Den Umriss des Vorderteils unter Beachtung der Hauptkonstruktionslinien auf Nesselstoff übertragen: vordere Mitte (Bild 2, in Rot), Stoffbruch am Übertritt, Brust- und Taillenlinie (Bild 2, in Schwarz).

Schnittschema für das Drapieren des Rückenteils

A Das halbe Rückenteil einrahmen (siehe Bild 3).

B Ringsum 3 bis 5 cm Rand zugeben.

C Das entstandene Rechteck unter Beachtung der für die Konstruktion nötigen Linien auf Nesselstoff übertragen: hintere Mitte (Bild 3, in Rot), Brust- und Taillenlinie (Bild 3, in Schwarz).

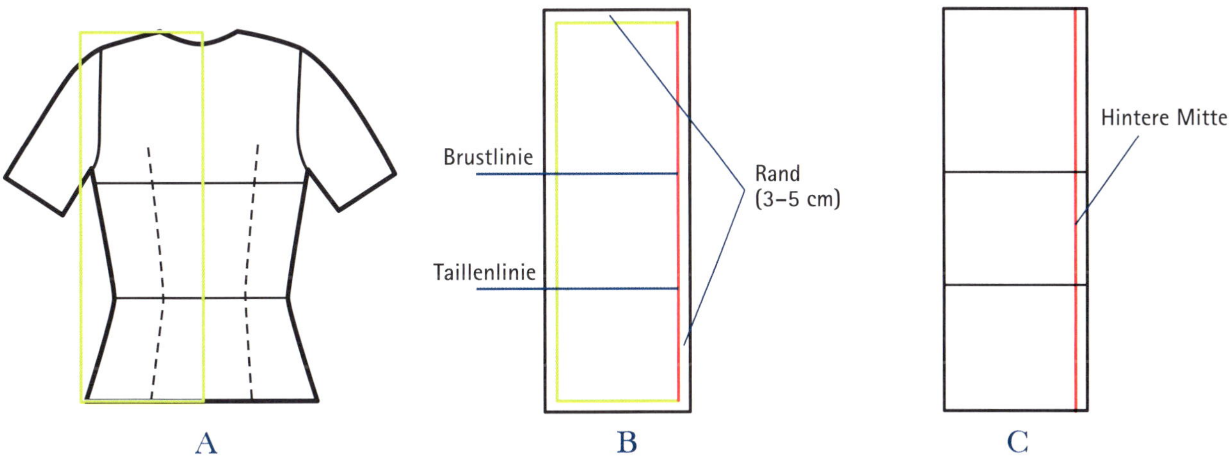

Schnittschema für das Drapieren des Rückenteils (taillierte Jacke)

BILD 3

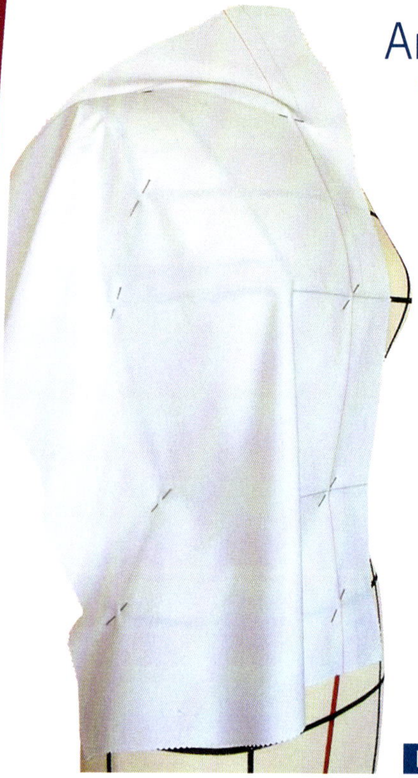

Arbeitsschritte des Drapierens – Vorderteil

Den Stoff so an der rechten Seite der Büste anbringen, dass vordere Mitte, Brust- und Taillenlinie von Stoff und Büste (Markierband) aufeinanderliegen. Entlang der vorderen Mitte feststecken (siehe Bild 4).

Den Stoff in der oberen Partie des Vorderteils von der vorderen Mitte (Bild 4, in Rot) zum Armausschnitt hin glatt streichen und an der Schulterlinie feststecken.

Dann den Stoff von der Schulterlinie aus an der Seitenlinie nach unten streichen. Entlang der Seitenlinie in Höhe von Oberbrust-, Armausschnitt-, Taillen- und oberer Hüftlinie feststecken. So verschiebt sich der Brustabnäher in Richtung Taillenabnäher.

BILD 4

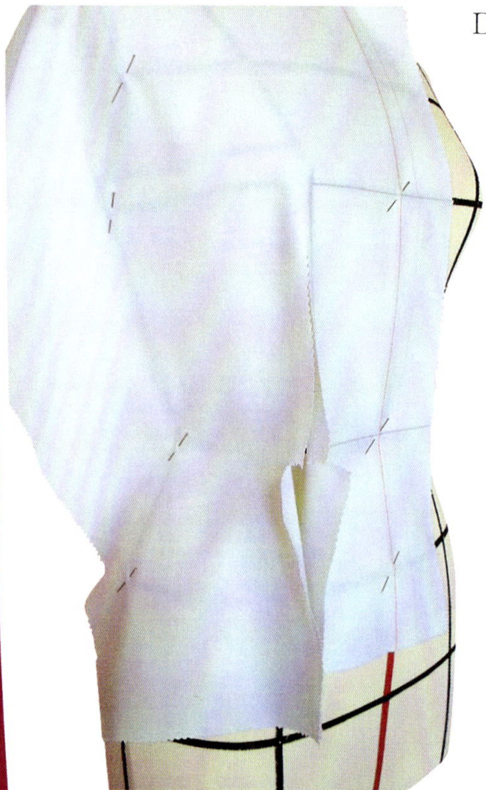

Der so gebildete Abnäher hat ein sehr großes Maß. Um ihn anzupassen, schneidet man ihn an der entstandenen vertikalen Achse ca. 3 bis 4 cm unterhalb der Brustlinie auf. Die beiden erhaltenen Seiten in Höhe der Taillenlinie einkerben (siehe Bild 5).

BILD 5

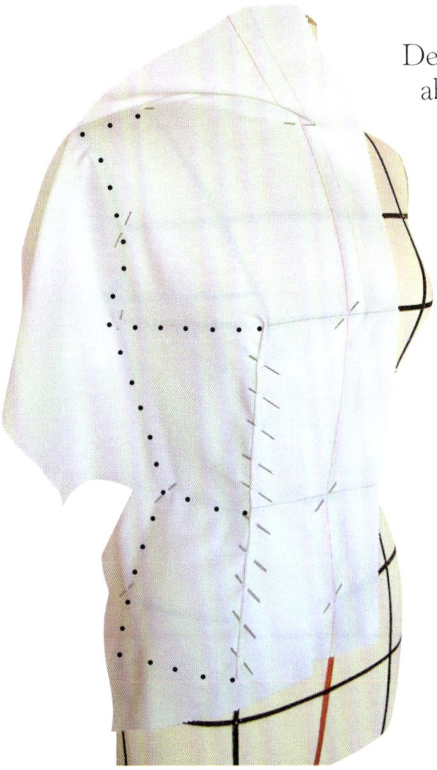

BILD 6

Den Abnäher entlang der markierten Linie an der Büste abstecken.

Erst horizontale Linien (Brust, Taille, unterer Jackensaum) punktieren, dann Seiten-, Armausschnitt- und Schulterlinie. Form des Halsausschnitts festlegen.

Schnittmuster aus Nessel – Vorderteil

Den Stoff von der Büste abnehmen, Stecknadeln entfernen, nach Bedarf bei niedriger Temperatur bügeln.

Konturen des Schnittes anhand der Punktierung mithilfe von Lineal und Kurvenlineal aufzeichnen.

Ringsum 1 cm Nahtzugabe hinzufügen und entlang dieser Linie zuschneiden.

Es empfiehlt sich, das Schnittmuster aus Nesselstoff mithilfe von Pauspapier auf Kraft- oder Bristolpapier zu kopieren. Im Gegensatz zum Stoff kann ein Papierschnitt ohne Gefahr des Sichverformens aufbewahrt werden (siehe „Papierschnitt“, S. 51).

Das Rückenteil der Jacke wird nach der Anleitung auf S. 44–48 modelliert.

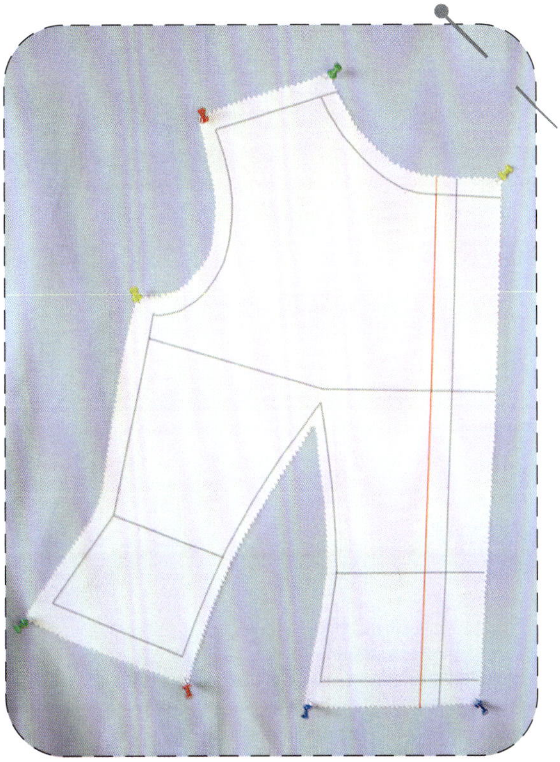

BILD 7

Bolero ohne Seitennähte

Modell 2

Ausgestellter Ärmel siehe S. 123

Technische Zeichnung

Auf der technischen Zeichnung die Details für den Bolero eintragen: Länge, Breite, Revers, Höhe des Stehkragens … Auf dieser Basis Schnittschema für das Drapieren erstellen.

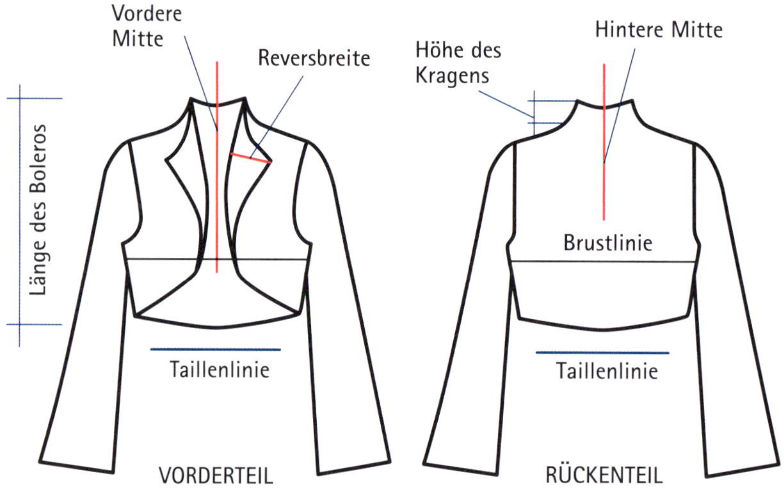

Technische Zeichnung des Boleros ohne Seitennähte

BILD 1

Schnittschema für das Drapieren

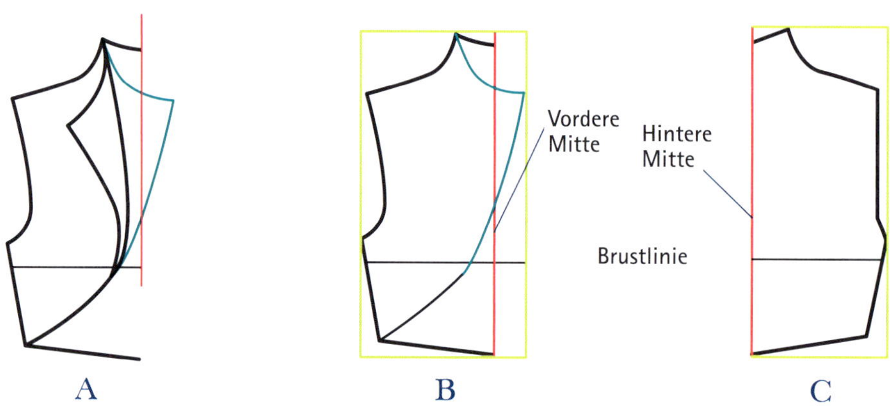

Schnittschema für das Drapieren des Boleros

BILD 2

A Für den Umriss des Vorderteils das Revers des Boleros spiegelbildlich aufzeichnen.
B Die Hälfte des Vorderteils samt Länge (einschließlich Höhe des Stehkragens) und Breite (mit aufgeklapptem Revers) einrahmen. Dieses Maß wird auf der Brustlinie genommen – den Brustumfang durch 4 teilen plus die Reversbreite (siehe Band 1, *Grundschnitte*, „Oberteile", S. 18). Im entstandenen Rechteck unbedingt vordere Mitte und Brustlinie einzeichnen.
C Die Hälfte des Rückenteils samt der Länge (einschließlich Höhe des Stehkragens) einrahmen.
D Da der Bolero ohne Seitennähte gefertigt wird, die Umrisse (Rechtecke) von Rücken- und Vorderteil aneinanderfügen, wie in Bild 3 gezeigt.
E Rings um das entstandene Rechteck 2 bis 3 cm Rand zugeben. Auf der imaginären Seitenlinie des Boleros die Höhe des Armausschnitts (Abstand zwischen Brust- und Armausschnittlinie) durch eine kurze Linie markieren.

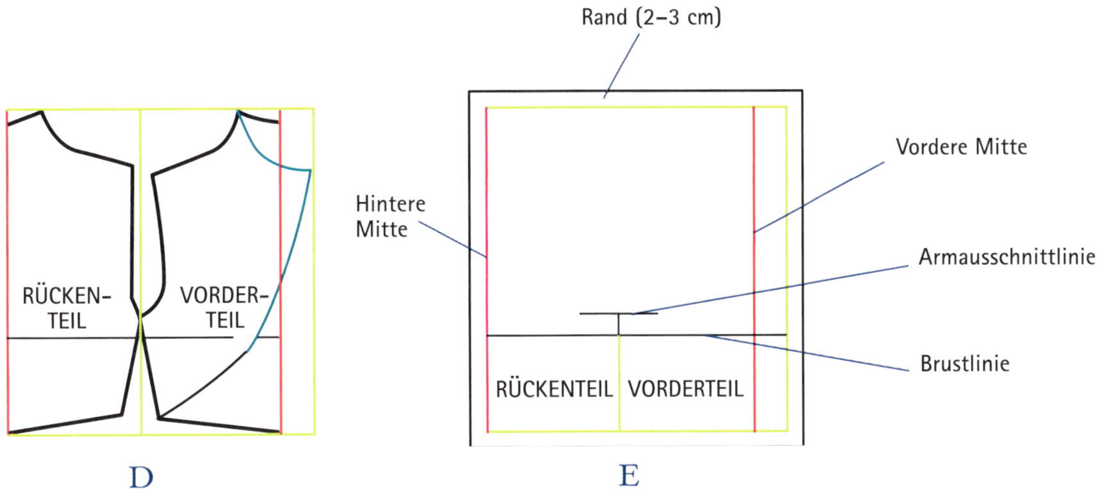

Schnittschema für das Drapieren des Boleros (Fortsetzung)

BILD 3

Wie in Bild 4 den Umriss von Rücken- und Vorderteil des Boleros auf den Nesselstoff zeichnen; dabei den Fadenlauf (Kette und Schuss) beachten. Nicht vergessen, die Hauptkonstruktionslinien des Rückenteils (hintere Mitte und Brustlinie) einzuzeichnen, damit beim Anbringen des Stoffes an der Büste die notwendigen Markierungen vorhanden sind (Bild 4). Die übrigen Linien (am Vorderteil) werden später mithilfe des Abdrucks der Markierbänder an der Büste eingezeichnet.

Um das Drapieren zu erleichtern, trennt man Rücken- und Vorderteil vom oberen Stoffrand bis zur Armausschnittlinie, wie auf Bild 4 gezeigt.

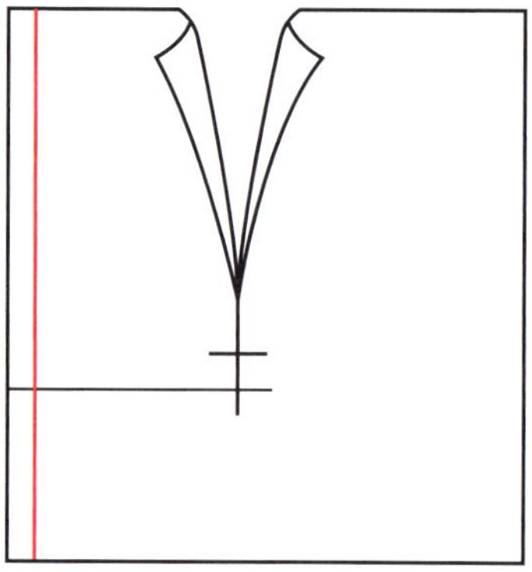

Schnittschema für das Drapieren des Boleros (Schluss)

BILD 4

Arbeitsschritte des Drapierens

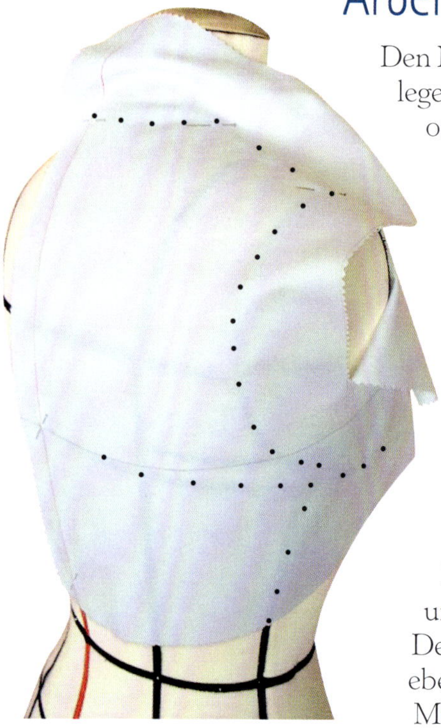

BILD 5

Den Nesselstoff an die rechte Rückenseite der Büste legen; dabei beachten, dass die Hauptkonstruktionslinien auf Stoff und Büste (Markierband) übereinstimmen (hintere Mitte in Rot sowie Brustlinie).

Den Stoff auf der hinteren Mitte in Höhe von Brustlinie und Halsausschnittlinie feststecken.

Den Stoff nach vorn ausstreichen, damit er am Rücken ganz glatt liegt (Bild 5) und auf der Seitenlinie sowie der Schulterlinie in Höhe von Arm- und Halsausschnittlinie feststecken.

Nun die Punktierung entlang von Halsausschnitt-, Schulter- und Armausschnittlinie setzen und durch Punktieren die Brust- und Seitenlinie markieren.

Den Stoff von der Büste nehmen und auf einer ebenen Fläche ausbreiten.

Mithilfe von Lineal und Kurvenlineal die zuvor markierten Punkte verbinden.

Am Halsausschnitt die Konstruktion des Stehkragens einzeichnen (siehe S. 94).

Die Kontur des Rückenteils bis zur Seitenlinie ausschneiden; dabei ca. 2 cm Rand lassen.

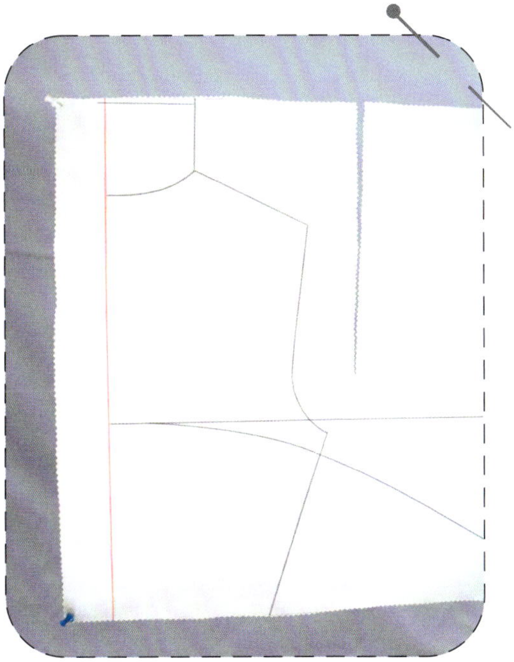

BILD 6

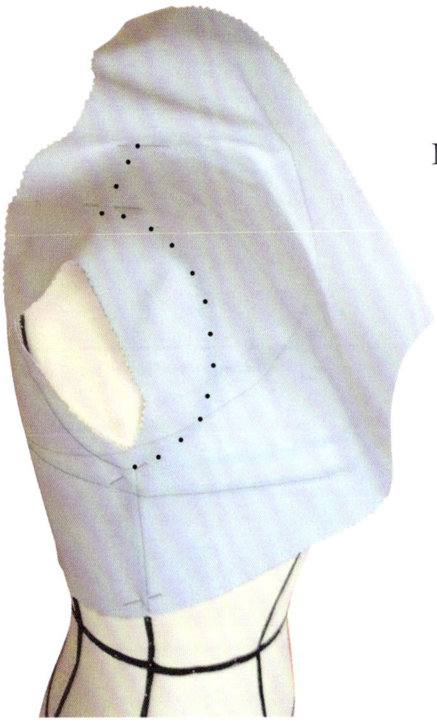

Den Nesselstoff wieder an die Büste legen, um die Kontur des Vorderteils festzulegen. Den Stoff gut ausstreichen und auf der Schulterlinie feststecken.

Die Punktierung an Armausschnitt- und Schulterlinie entlang setzen.

Den Stoff von der Büste nehmen und die zuvor markierten Punkte wie am Rückenteil verbinden.

Am Halsausschnitt die Konstruktionslinien für einen Stehkragen einzeichnen (siehe S. 93).

BILD 7

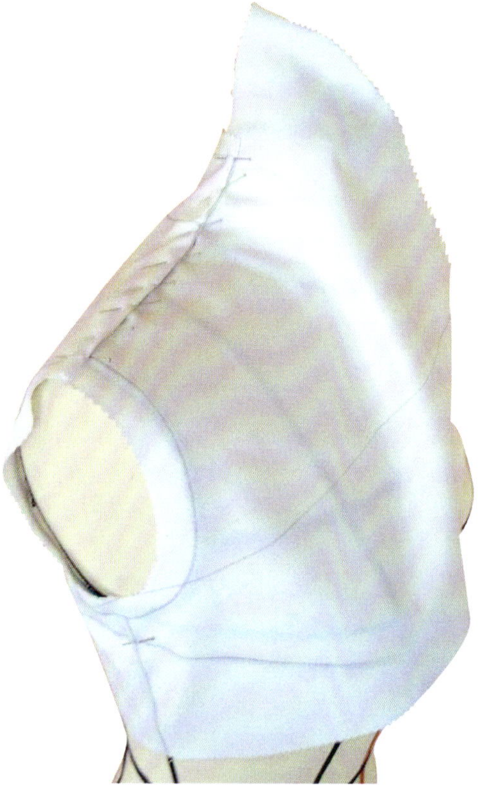

Rücken- und Vorderteil entlang von Schulterlinie und Stehkragen zusammensetzen. Den Bolero wieder an die Büste legen, um die Form von Vorderteil und Kragen (Revers) zu bestimmen.

Dafür das Revers am Vorderteil umschlagen und die gewünschte Form des Revers sowie die gewünschte Länge des Boleros auf der Brustlinie markieren.

BILD 8

Bild 9 zeigt den fertig drapierten Bolero mit Stehkragen und Revers.

Er kann in einem Stück zugeschnitten werden (Stoffbruch entlang der hinteren Mitte).

Wir schlagen vor, dieses Modell mit geradem oder unten leicht ausgestelltem Ärmel zu arbeiten. Zur Konstruktion eines geraden Ärmels siehe S. 113, eines ausgestellten Ärmels siehe S. 123.

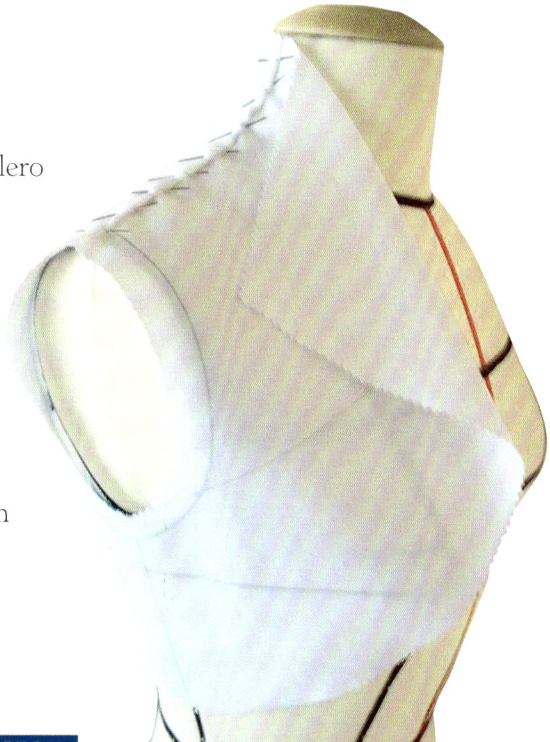

BILD 9

Schnittmuster aus Nessel

Den Stoff von der Büste abnehmen, Stecknadeln entfernen, falls nötig, bei niedriger Temperatur bügeln.
Die Form des Revers und des unteren Bolerorands nachzeichnen.
Ringsum 1 cm Nahtzugabe vorsehen und entlang dieser Linie zuschneiden.
Nicht vergessen, die Passzeichen des Stehkragens auf der Schulterlinie (hinten und vorn) einzuzeichnen.
Es empfiehlt sich, das Schnittmuster aus Nesselstoff mithilfe von Pauspapier auf Kraft- oder Bristolpapier zu kopieren. Im Gegensatz zum Stoff kann ein Papierschnitt ohne Gefahr des Sichverformens aufbewahrt werden (siehe „Papierschnitt", S. 51).

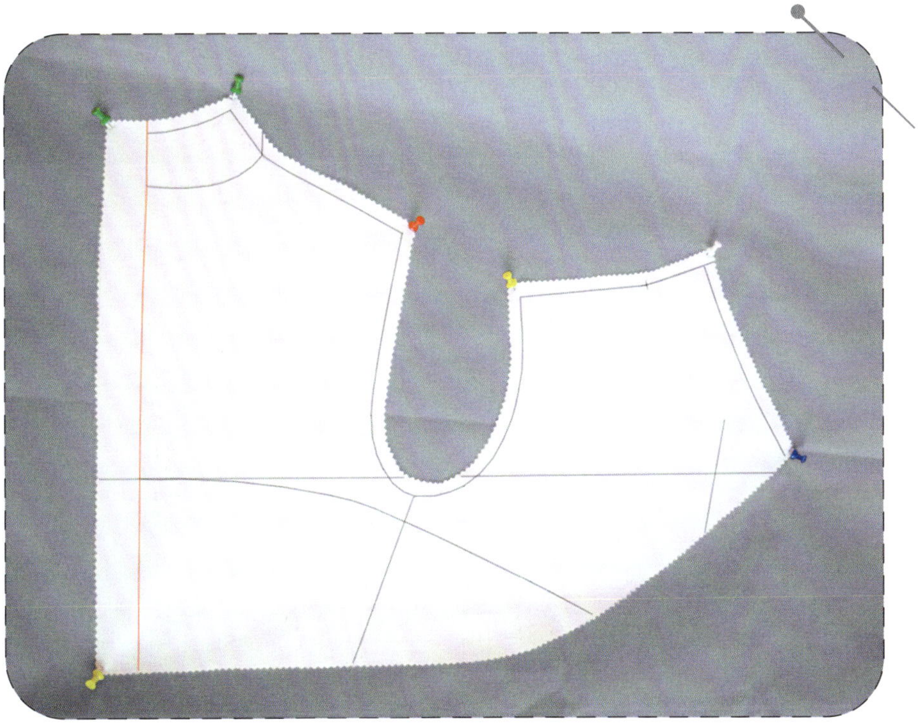

BILD 10

Jacke im Prinzessschnitt

Modell 3

Ausgestellter Sechsbahnenrock siehe S. 146
Gerader Ärmel siehe S. 113

Technische Zeichnung

Auf der technischen Zeichnung die ungefähren Maße von Länge und Breite des Vorderteils eintragen, welche Grundlage für die Anfertigung eines Schnittschemas für das Drapieren sind.

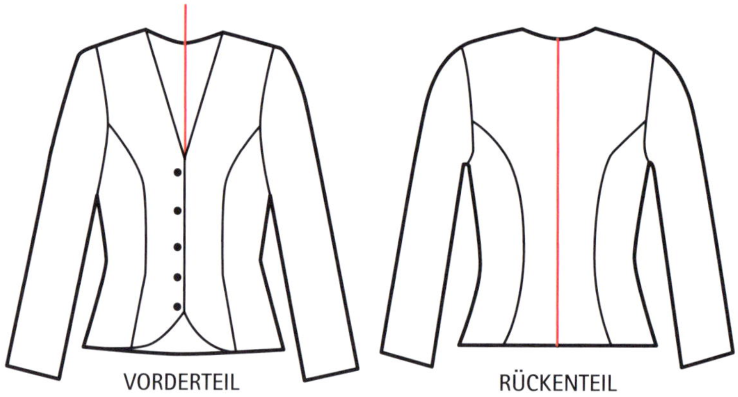

Technische Zeichnung der Jacke im Prinzessschnitt

BILD 1

Schnittschema für das Drapieren des Vorderteils

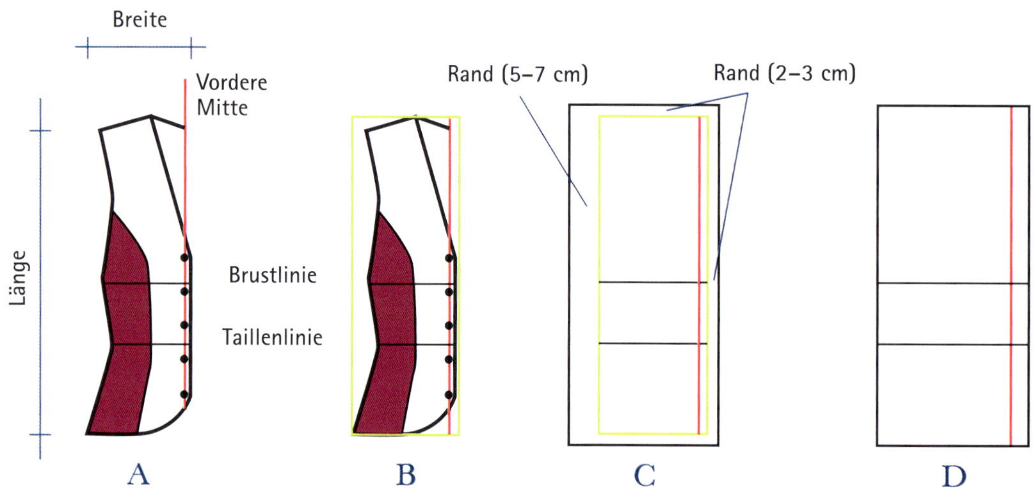

Jacke im Prinzessschnitt – Schnittschema für das Drapieren des Vorderteils

BILD 2

A Die Vorderteilhälften dieses Modells sind durch einen sogenannten Prinzessschnitt zweigeteilt. Dieser entsteht, indem über der Brustrundung die Linien zweier Abnäher zusammengeführt werden: die des Abnähers im Armausschnitt und die des Taillenabnähers (siehe auch S. 56).
Das Schnittschema kann für beide Teile getrennt gefertigt werden, doch um Stoff und Zeit zu sparen, wird die Schnittlinie (Teilungsnaht) an der Büste festgelegt und gearbeitet.
Rechtes Vorderteil ohne Ärmel skizzieren, Länge und Breite sowie den Übertritt einzeichnen.

B Den Rahmen um das Vorderteil zeichnen (Bild 2, in Grün).

C Oben, unten und entlang der vorderen Mitte 2 bis 3 cm Rand zugeben, an der Seite 5 bis 7 cm, da die beiden Teile des Vorderteils später geteilt werden und daher mehr Stoff für die Nahtzugabe gebraucht wird.

D Den Umriss des Vorderteils auf Nesselstoff übertragen und die Hauptkonstruktionslinien einzeichnen: vordere Mitte, Brust- und Taillenlinie.

Schnittschema für das Drapieren des Rückenteils

Genau wie beim Vorderteil vorgehen.

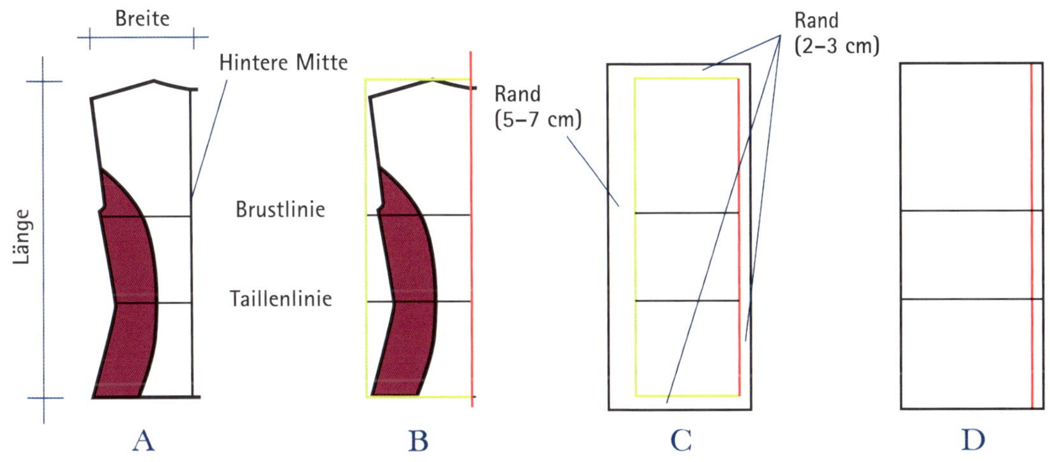

Jacke im Prinzessschnitt – Schnittschema für das Drapieren des Rückenteils

BILD 3

Arbeitsschritte des Drapierens – Vorderteil

Den Nesselstoff an die rechte Seite der Büste legen, entlang der vorderen Mitte so feststecken, dass die Linien (vordere Mitte, Brust, Taille) an Stoff und Büste übereinstimmen. Die obere Partie des Stoffes von der vorderen Mitte zum Armausschnitt hin glatt streichen.

Den Stoff auf der Schulterlinie und der Armausschnittlinie in Höhe der Oberbrustlinie feststecken.

Die untere Stoffpartie ebenso glatt streichen bis zur vorderen Abnäherlinie, die durch das Band an der Büste markiert ist.

Die Ausschnitttiefe festlegen, dann entlang von Dekolleté, Schulter- und Armausschnittlinie bis zur Oberbrustlinie punktieren. Die Punktierung im Bogen weiter bis zum Brustpunkt führen und nach unten weiter auf dem Abdruck des Markierbands der vorderen Abnäherlinie setzen.

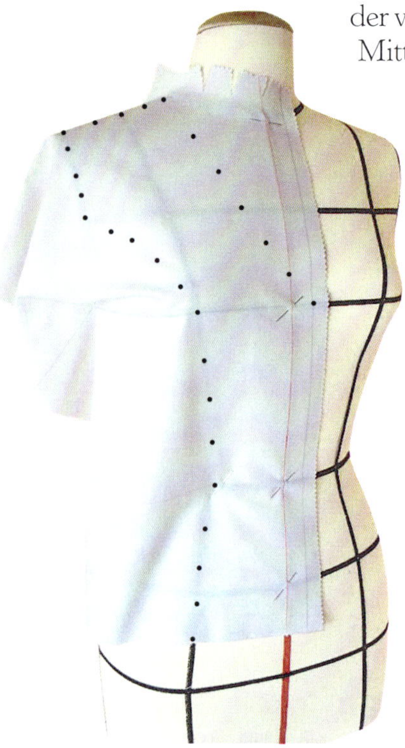

BILD 4

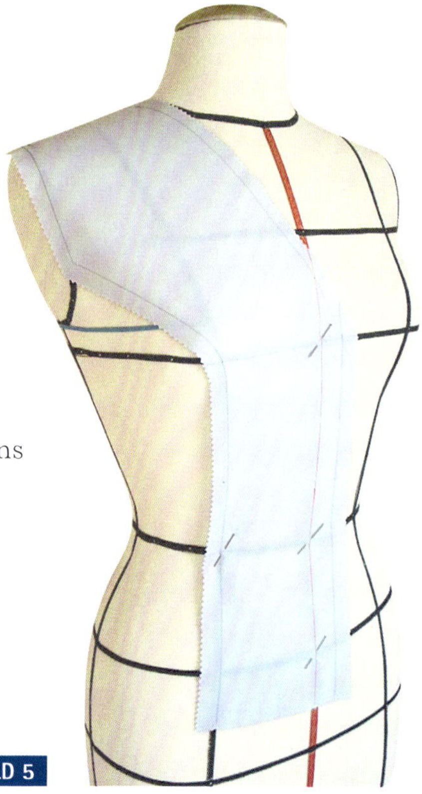

Den Stoff von der Büste nehmen und auf einer ebenen Fläche ausbreiten, nach Bedarf bei niedriger Temperatur bügeln. Der Punktierung folgend die Linien nachziehen.

Rings um diese Linien ca. 2 cm Rand zugeben und das Teil entlang des Randes zuschneiden.

Für den nächsten Schritt des Drapierens erneut an die Büste legen.

BILD 5

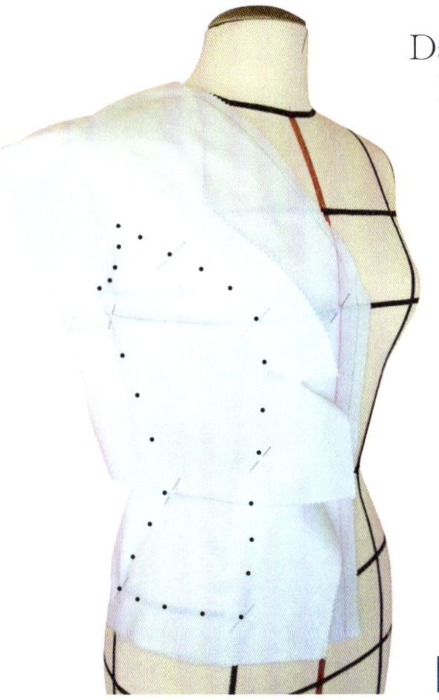

Das andere zuvor abgeschnittene Teil ebenfalls an die Büste legen, sodass Brust- und Taillenlinie an Stoff und Büste übereinstimmen.

Um korrekt abstecken zu können, den Rand einkerben (Bild 6).

Entlang der Schnittlinie des ersten Schnittteils punktieren, dann an Armausschnitt und Seitenlinie auf dem Abdruck des Markierbands.

BILD 6

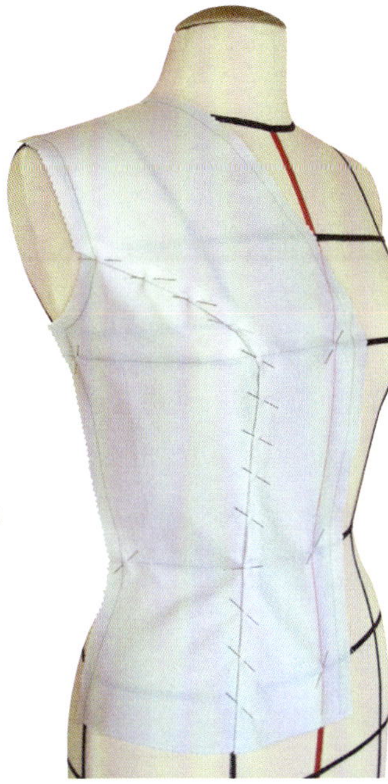

Den Stoff von der Büste nehmen und nach Bedarf bei niedriger Temperatur bügeln. Den zuvor gesetzten Punkten folgend mithilfe von Lineal und Kurvenlineal die Seitenlinie der Jacke nachzeichnen. 1 bis 2 cm Nahtzugabe vorsehen und entlang dieser Linie zuschneiden.

Beide Teile (Mitte und Seite der Jacke) zusammenfügen.

Den Stoff wieder an die Büste legen, um die Jackenlänge festzulegen.

BILD 7

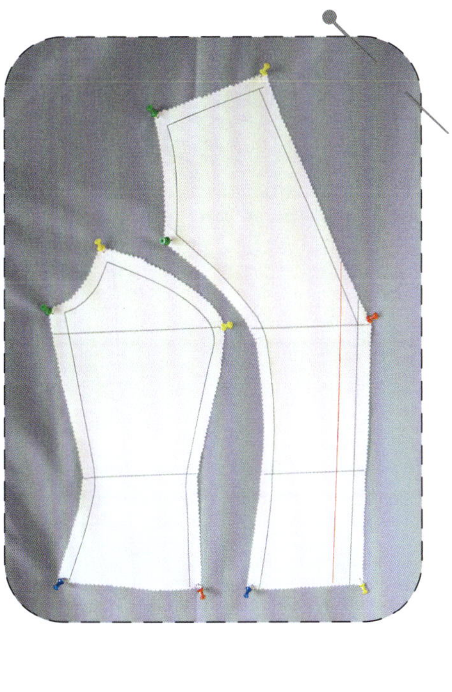

Schnittmuster aus Nessel – Vorderteil

Es empfiehlt sich, das Schnittmuster aus Nesselstoff mithilfe von Pauspapier auf Kraft- oder Bristolpapier zu kopieren. Im Gegensatz zum Stoff kann ein Papierschnitt ohne Gefahr des Sichverformens aufbewahrt werden (siehe „Papierschnitt“, S. 51).

BILD 8

Bluse mit seitlichem Fantasieabnäher

Modell 4

Puffärmel siehe S. 118
Ausgestellter Rock ohne Abnäher siehe S. 142
Umlegekragen siehe S. 99

Technische Zeichnung

Auf der technischen Zeichnung die nötigen Maße wie Breite, Länge, Position der Abnäher eintragen (siehe S. 34).
Auf dieser Basis ein Schnittschema für das Drapieren erstellen.

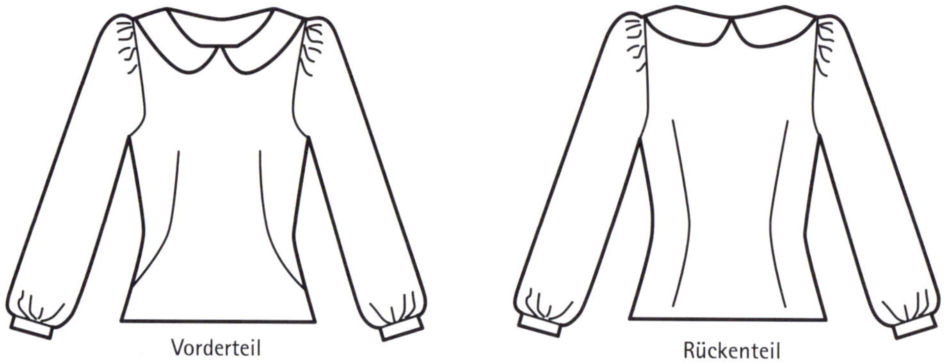

Technische Zeichnung der Bluse mit seitlichem Fantasieabnäher

BILD 1

Schnittschema für das Drapieren des Vorderteils

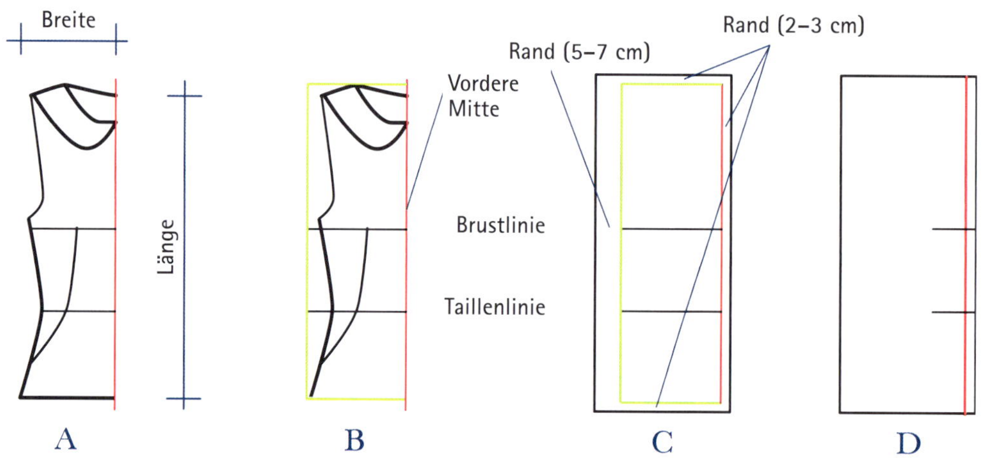

Schnittschema für das Drapieren des Vorderteils

BILD 2

A Die rechte Hälfte des Blusenvorderteils ohne Ärmel aufzeichnen; Länge und Breite angeben.

B Das Schnittteil einrahmen (Bild 2, in Grün).

C Unten, oben und entlang der vorderen Mitte 2 bis 3 cm Rand zugeben, an der Seite 5 bis 7 cm.

D Den Umriss des Vorderteils (Rechteck) auf Nesselstoff übertragen; die Hauptkonstruktionslinien einzeichnen: vordere Mitte in Rot, Brust- und Taillenlinie nur in der Breite der Brustzugabe. Diese beiden Linien werden später beim Drapieren auf dem Abdruck des Markierbands an der Büste weitergeführt.

Schnittschema für das Drapieren des Rückenteils

A Wie beim Vorderteil die rechte Hälfte des Blusenrückenteils ohne Ärmel aufzeichnen; Länge und Breite angeben.

B Das Schnittteil einrahmen (Bild 3, in Grün).

C Ringsum 2 bis 3 cm Rand zugeben.

D Den Umriss des Rückenteils (Rechteck) auf Nesselstoff übertragen; Hauptkonstruktionslinien einzeichnen: Brust-, Taillenlinie und hintere Mitte.

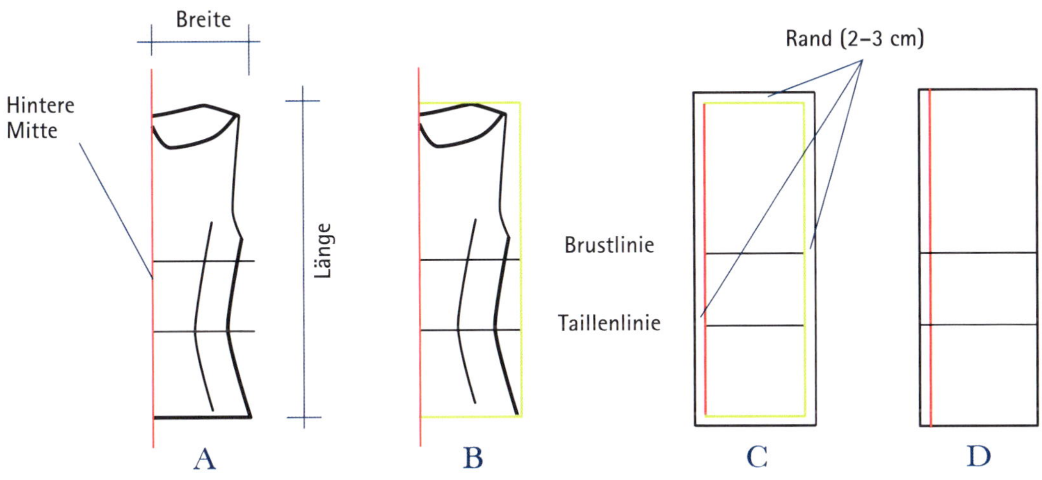

Schnittschema für das Drapieren des Rückenteils

BILD 3

Arbeitsschritte des Drapierens – Vorderteil

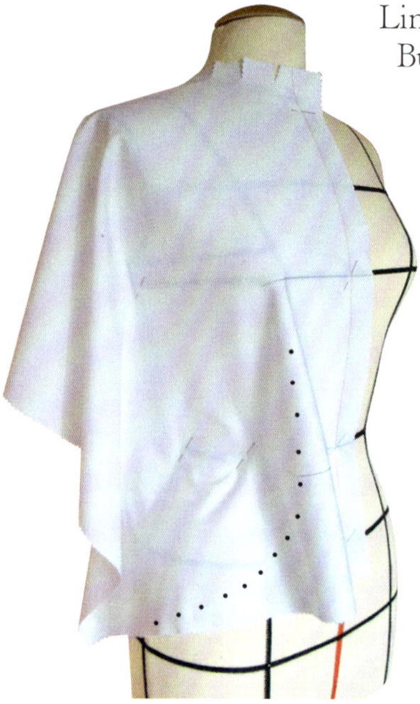

Den Stoff an die rechte Seite der Büste legen, sodass die Linien auf dem Stoff und die des Markierbands an der Büste übereinstimmen. Entlang der vorderen Mitte feststecken.

Um den Stoff am Hals gut anpassen zu können, dort den Stoff abschneiden und einkerben.

Den Stoff von der oberen Partie der vorderen Mitte nach unten glatt streichen und so einen einzigen Abnäher in der Taille konstruieren.

Den Stoff auf der Taillenlinie feststecken, wie in Bild 4 gezeigt.

Den Verlauf der Schnittlinie durch kleine Punkte markieren. An der Seitenlinie beginnen und bis zur Achse des Taillenabnähers fortführen.

Den Stoff entlang der Punktierung bis ca. 10 cm unterhalb der Brustlinie zuschneiden (Bild 5).

BILD 4

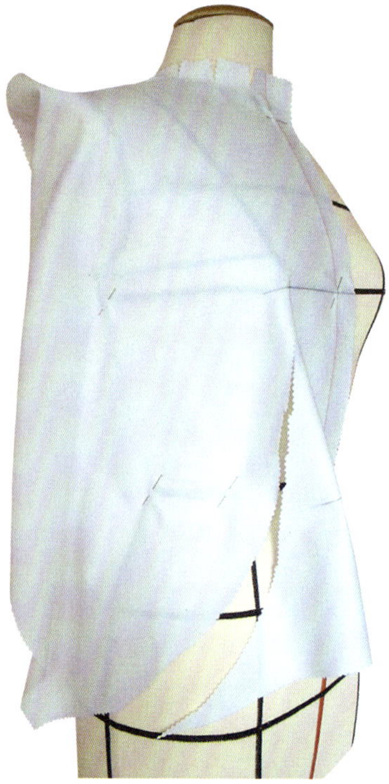

BILD 5

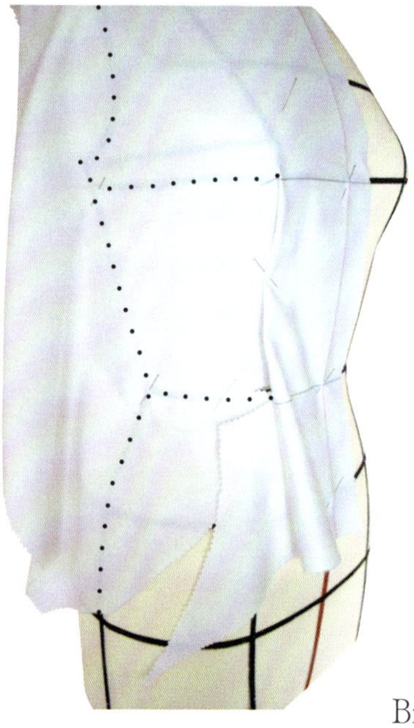

BILD 6

Den Stoff auf der Taillenlinie so weit wie nötig einschneiden, um den Abnäher zu setzen (Bild 6).

Den Abnäher abstecken; dabei oben beginnend der Schnittlinie folgen.

Form und Tiefe des Ausschnitts festlegen.

Die wichtigen Konstruktionslinien punktieren: Brust-, Taillen-, Seiten-, Armausschnitt- und Schulterlinie sowie den Ausschnitt.

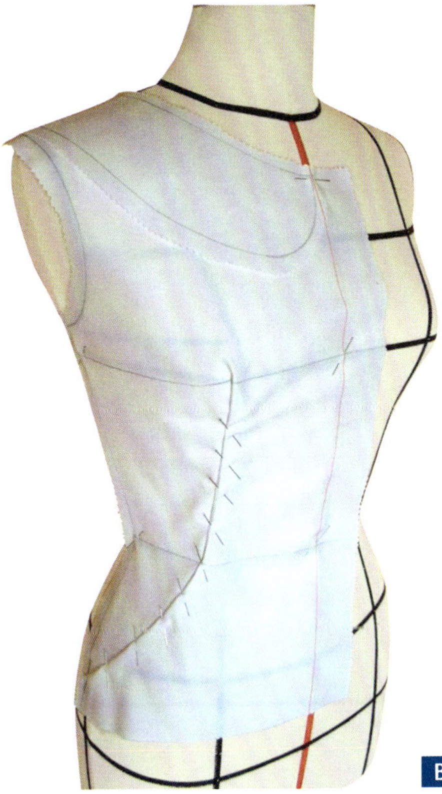

BILD 7

Zur Konstruktion des Rückenteils siehe S. 44. Umlegekragen nach der Anleitung auf S. 99 konstruieren.
Bild 7 zeigt das fertig modellierte Vorderteil mit dem Kragen.

Schnittmuster aus Nessel – Vorderteil

Den Stoff von der Büste nehmen, die Stecknadeln entfernen, nach Bedarf bei niedriger Temperatur bügeln.
Mithilfe von Lineal und Kurvenlineal die Linien entlang der Punktierung nachziehen.
Ca. 2 cm Nahtzugabe vorsehen und das Schnittteil der Bluse entlang dieser Linie zuschneiden.
Es empfiehlt sich, das Schnittmuster aus Nesselstoff mithilfe von Pauspapier auf Kraft- oder Bristolpapier zu kopieren. Im Gegensatz zum Stoff kann ein Papierschnitt ohne Gefahr des Sichverformens aufbewahrt werden (siehe „Papierschnitt“, S. 51).

BILD 8

Zweireihig geknöpfte Jacke

Modell 5

Gerader Rock siehe S. 136
Gerader Ärmel siehe S. 113

Technische Zeichnung

Dieses Modell ist eine Jacke mit Taschen in den durchgehenden Teilungsnähten. Sie ist zweireihig geknöpft und hat einen tiefen V-Ausschnitt.
Auf der technischen Zeichnung die Linien und Maße eintragen, die für das Schnittschema zum Drapieren nötig sind. Für jede Partie des Modells ein getrenntes Schnittschema fertigen.

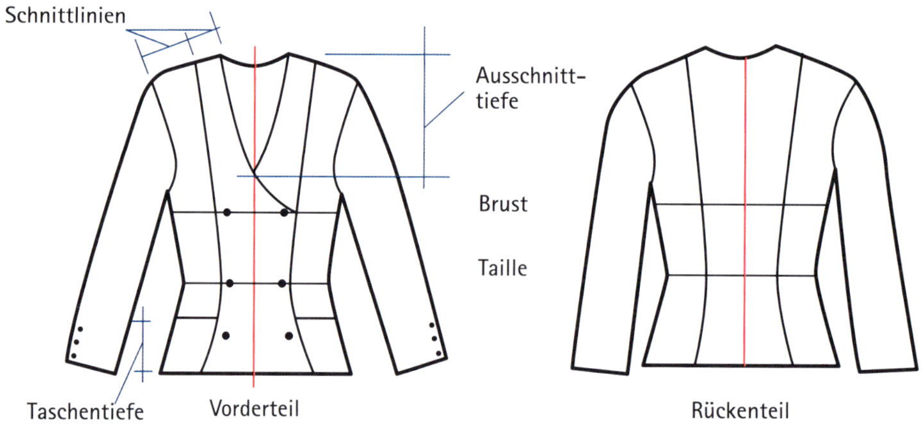

Technische Zeichnung der zweireihig geknöpften Jacke

BILD 1

Schnittschema für das Drapieren des Vorderteils

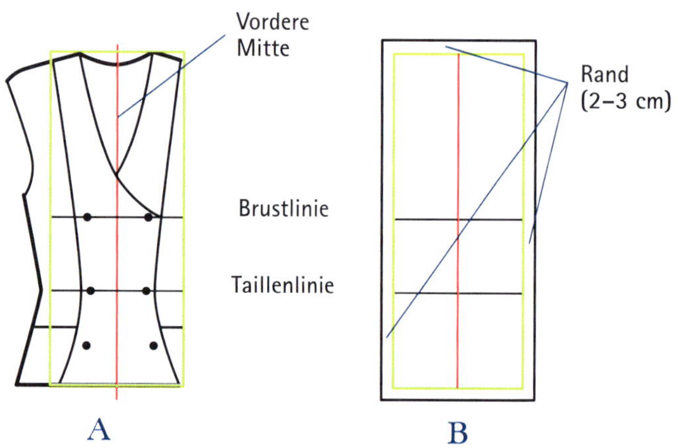

Schnittschema für das Drapieren der mittleren Partie des Vorderteils

BILD 2

A Jede Hälfte des Vorderteils wird durch eine Teilungsnaht zweigeteilt, die genau auf der Achse von Brust- und Taillenabnäher liegt.
Die mittlere Partie des Vorderteils einrahmen (Bild 2, in Grün).

B Rings um das erhaltene Rechteck 2 bis 3 cm Rand zugeben.

C Den Umriss (Rechteck) auf Nesselstoff übertragen; Hauptkonstruktionslinien einzeichnen: vordere Mitte (in Rot), Brust- und Taillenlinie (in Schwarz).

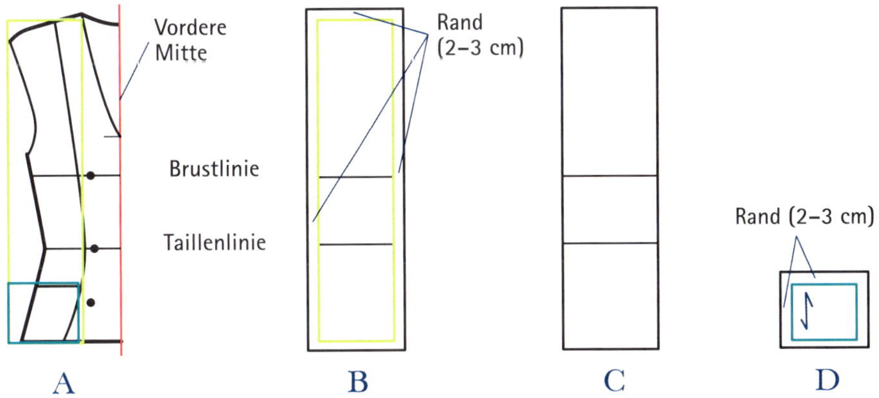

Schnittschema für das Drapieren der seitlichen Partie des Vorderteils

BILD 3

A Ebenso wie bei der mittleren Partie des Vorderteils die seitliche Partie unter Beachtung der auf der technischen Zeichnung angegebenen Maße einrahmen (Bild 3, in Grün).
Da die Tasche dieses Modells in der Teilungsnaht sitzt, muss man ein Stück Stoff für die Konstruktion des Taschenbeutels vorsehen (Bild 3, in Blau).

B Rings um das erhaltene Rechteck 2 bis 3 cm Rand zugeben.

C Den Umriss (Rechteck) auf Nesselstoff übertragen; Brust- und Taillenlinie einzeichnen.

D Den Umriss des Taschenbeutels nachzeichnen; Fadenlauf markieren und ringsum 2 bis 3 cm Rand zugeben.

Schnittschema für das Drapieren des Rückenteils

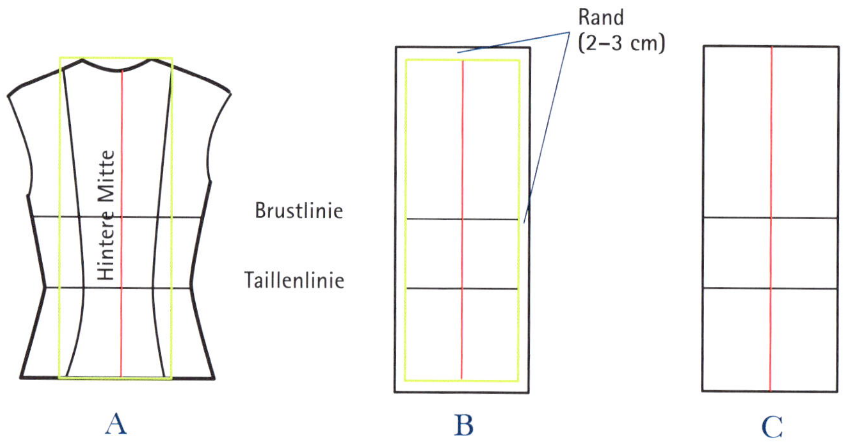

Schnittschema für das Drapieren der mittleren Rückenpartie

BILD 4

A Am Rückenteil dieses Modells verläuft eine Schnittlinie vom Schulterabnäher über die Achse des Taillenabnähers bis zum unteren Saum. Die mittlere Partie einrahmen (Bild 4, in Grün).
B Ringsum 2 bis 3 cm Rand zugeben.
C Den Umriss (Rechteck) auf Nesselstoff übertragen; die Hauptkonstruktionslinien einzeichnen: hintere Mitte, Brust- und Taillenlinie.

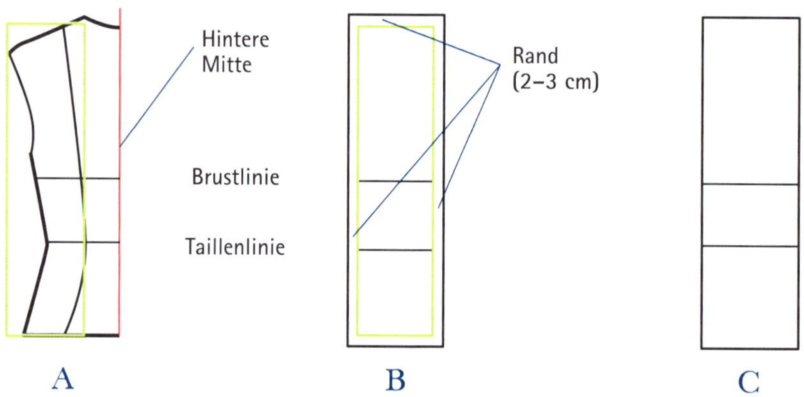

Schnittplan für das Drapieren der seitlichen Rückenpartie

BILD 5

A Die seitliche Rückenpartie einrahmen (Bild 5, in Grün).
B Rings um das erhaltene Rechteck 2 bis 3 cm Rand zugeben.
C Den Umriss (Rechteck) auf Nesselstoff übertragen und die Hauptkonstruktionslinien einzeichnen: Brust- und Taillenlinie.

Arbeitsschritte des Drapierens – Vorderteil

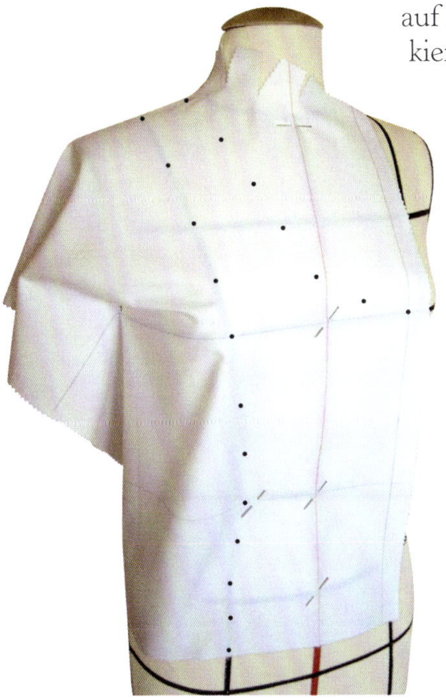

BILD 6

Den Stoff an die rechte Seite der Büste legen. Abstecken wie auf Bild 6; dabei die Linien auf dem Stoff auf die des Markierbands an der Büste abstimmen: vordere Mitte, Brust- und Taillenlinie.

In der oberen Partie den Stoff von der vorderen Mitte zum Armausschnitt hin glatt streichen; in der unteren Partie ebenso bis zur Schnittlinie (vordere Abnäherlinie) vorgehen, die durch das Band an der Büste markiert ist.

Die Ausschnitttiefe festlegen; dabei beachten, dass der Übertritt nicht über die Brustzugabe hinausgehen darf: Dann entlang von Ausschnitt und Schulterlinie und auf der durch das Band an der Büste markierten vertikalen Schnittlinie (Abnäherlinie) punktieren.

Den Stoff von der Büste nehmen und auf einer ebenen Fläche ausbreiten, nach Bedarf bei niedriger Temperatur bügeln. Entlang der Punktierung die Linien nachziehen.

Rings um das Schnittteil der Jacke 1 cm Nahtzugabe vorsehen und entlang dieser Linie zuschneiden.

Für den nächsten Arbeitsschritt das Teil wieder an die Büste legen.

BILD 7

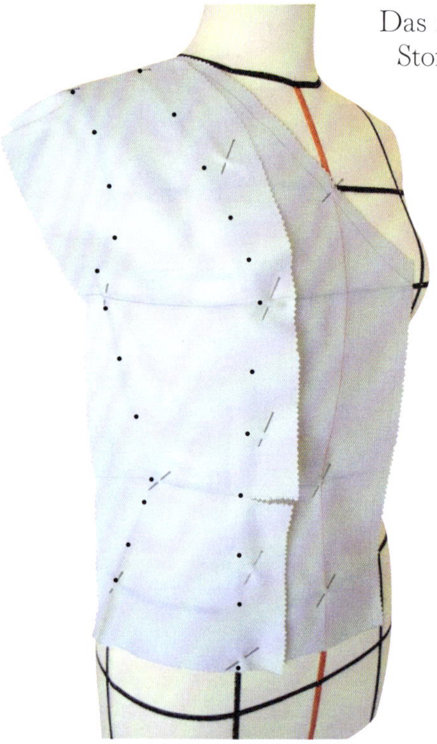

Das zuvor abgeschnittene, als Seitenteil vorgesehene Stoffstück an die Büste legen; auch hier auf Übereinstimmung von Brust- und Taillenlinie an Stoff und Büste achten.
Um korrekt abstecken zu können, den Stoffrand in Taillenhöhe einschneiden (Bild 8).
Dann entlang der Schnittlinie (Abnäherlinie) der mittleren Partie des Vorderteils punktieren, ebenso auf Schulter-, Armausschnitt- und Seitenlinie über dem Abdruck des Markierbands.

BILD 8

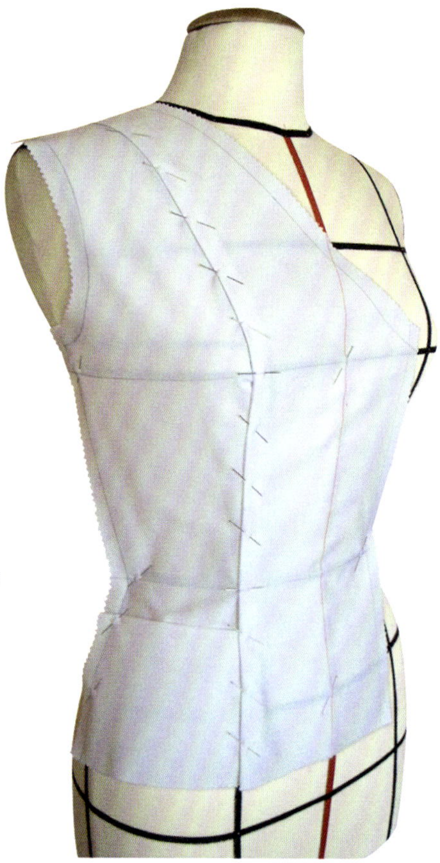

Den Stoff von der Büste nehmen, auf einer ebenen Fläche ausbreiten und nach Bedarf bei niedriger Temperatur bügeln.
Den Umriss des seitlichen Jackenteils mithilfe von Lineal und Kurvenlineal entlang der Punktierung nachziehen.
Rings um das Schnittteil 1 cm Nahtzugabe vorsehen und entlang dieser Linie zuschneiden.
Beide Teile zusammenfügen – die mittlere und die seitliche Partie der Jacke.
Den Stoff wieder an die Büste legen, um die Länge der Jacke zu bestimmen.

BILD 9

Schnittmuster aus Nessel – Vorderteil

Das Schnittschema für das Drapieren des Rückenteils wird nach der gleichen Anleitung wie das Vorderteil gefertigt: zuerst für die mittlere Rückenpartie, dann für die seitliche.
Es empfiehlt sich, das Schnittmuster aus Nesselstoff mithilfe von Pauspapier auf Kraft- oder Bristolpapier zu kopieren. Im Gegensatz zum Stoff kann ein Papierschnitt ohne Gefahr des Sichverformens aufbewahrt werden (siehe „Papierschnitt", S. 51).

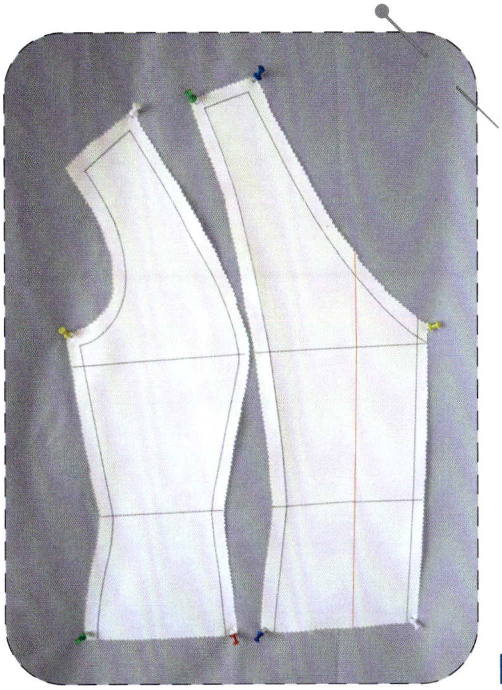

BILD 10

Tasche

Die Taschenform bei diesem Modell entspricht der unteren Partie des seitlichen Vorderteils. Man legt die Höhe der Tasche fest und gibt oben 2 bis 3 cm für die Taschenklappe zu. Unten und an den Seiten 1 cm Nahtzugabe vorsehen und entlang dieser Linie zuschneiden.
Die Tasche zwischen die Seitennaht und die Naht zwischen seitlichem und mittlerem Vorderteil einarbeiten.

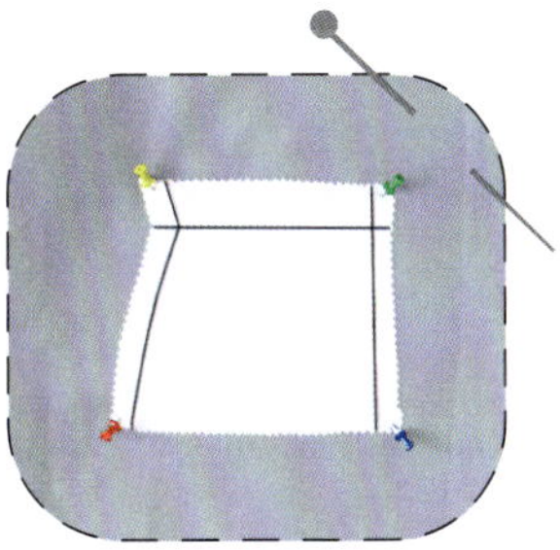

BILD 11

Kleid mit Schulterpasse Modell 6

Gerader Ärmel siehe S. 113
Halber Tellerrock siehe S. 160

Technische Zeichnung

Das Kleid wird in drei Schritten drapiert: die obere Partie des Oberteils, die anschließend an die untere Partie genäht wird, und der Rock.
Für jede dieser Partien wird ein separates Schnittschema benötigt, und jede muss für sich modelliert werden.

Zur besseren Unterscheidung der Partien auf der technischen Zeichnung verwendet man für jede eine andere Farbe (Bild 1).
Auf der technischen Zeichnung die ungefähren Maße eintragen, die für die Anfertigung der drei Schnittschemata nötig sind.

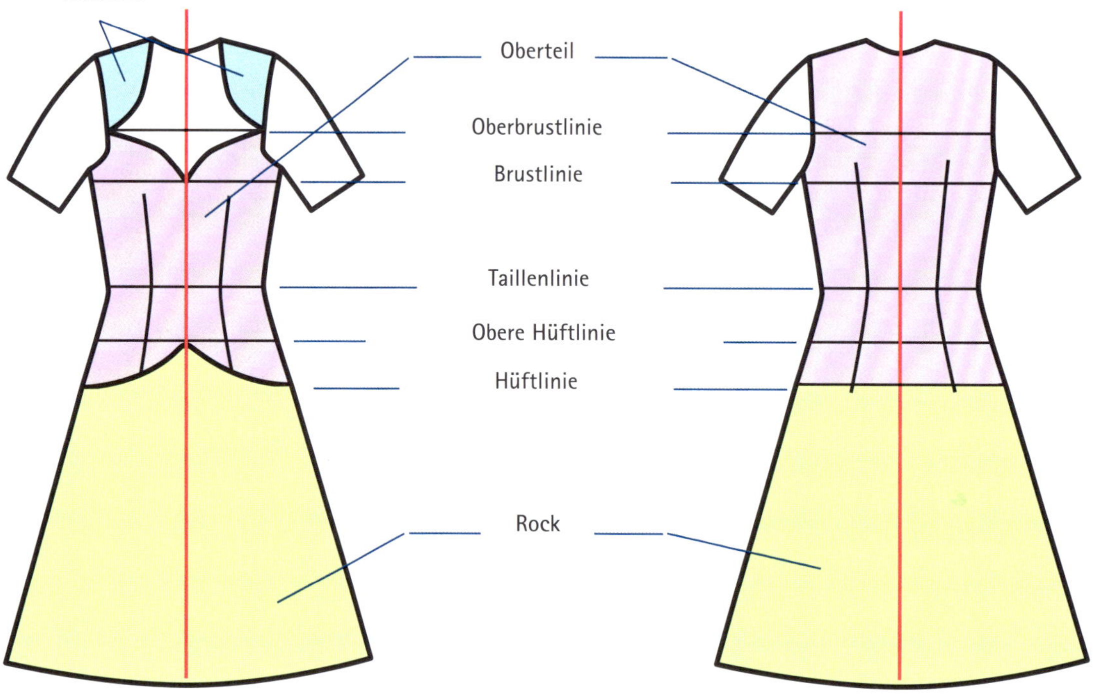

Technische Zeichnung des Kleides mit Schulterpasse

BILD 1

Schnittschema für das Drapieren des Vorderteils

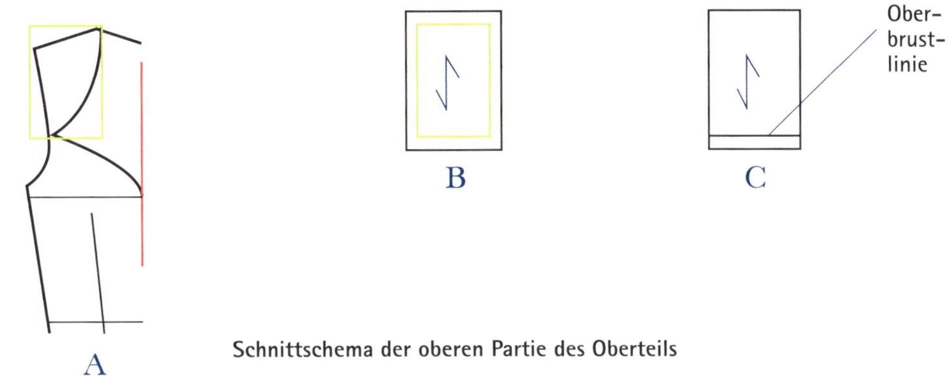

Schnittschema der oberen Partie des Oberteils

BILD 2

A Die obere Partie des Oberteils einrahmen (Bild 2, in Grün).
B Rings um das erhaltene Rechteck 2 bis 3 cm Rand zugeben.
C Den Umriss auf Nesselstoff übertragen; Fadenlauf und Oberbrustlinie einzeichnen, um beim Anbringen des Stoffes an der Büste zumindest eine Orientierungshilfe zu haben.

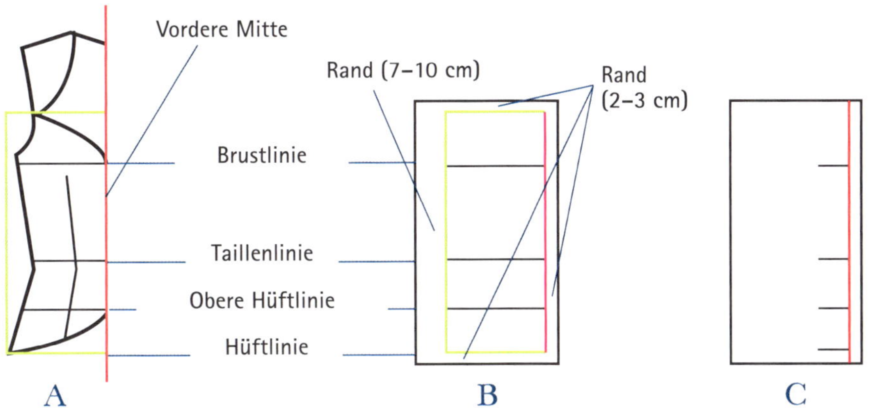

Schnittschema für das Drapieren der unteren Partie des Oberteils

BILD 3

A Untere Partie des Oberteils einrahmen – von der Oberbrustlinie bis zur Hüftlinie (Bild 3, in Grün).
B Unten, oben und entlang der vorderen Mitte 2 bis 3 cm Rand zugeben, an der Seite 7 bis 10 cm.
C Den Umriss auf Nesselstoff übertragen; die Hauptkonstruktionslinien einzeichnen: vordere Mitte in Rot, Brust-, Taillen-, obere Hüft- und Hüftlinie in Schwarz, jedoch nur in der Breite der Brustzugabe. Die Linien werden später beim Drapieren anhand des Markierbandabdrucks an der Büste ergänzt.

Schnittschema für das Drapieren des Rückenteils

A Die rechte Hälfte des Rückenteils einrahmen (Bild 4, in Grün).
B Rings um das erhaltene Rechteck 2 bis 3 cm Rand zugeben.
C Den Umriss auf Nesselstoff übertragen und die Hauptkonstruktionslinien einzeichnen: hintere Mitte, Brust-, Taillen-, obere Hüft- und Hüftlinie.

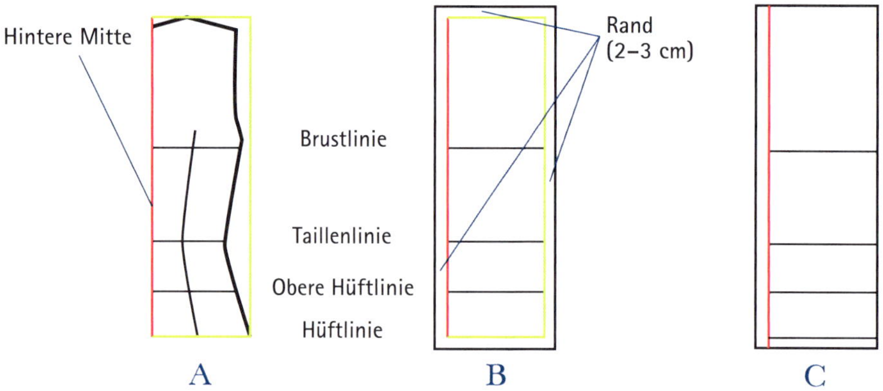

Schnittschema für das Drapieren des Rückenteils (Oberteil des Kleides)

BILD 4

Arbeitsschritte des Drapierens – Vorderteil

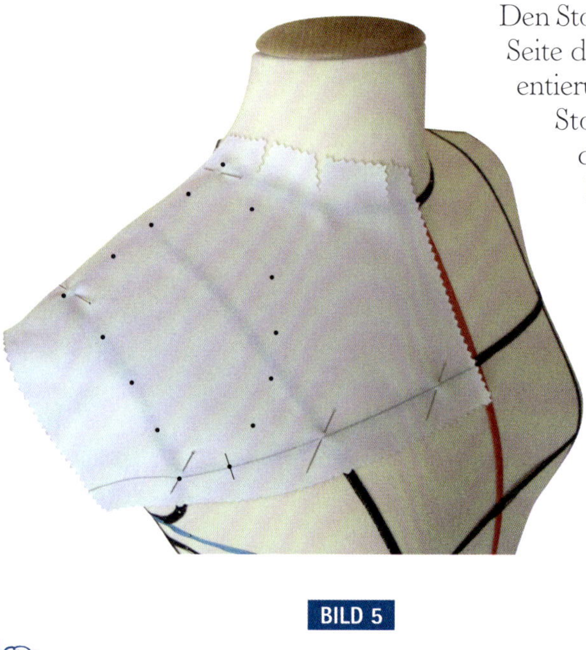

Den Stoff des oberen Vorderteils an die rechte Seite der Büste legen; dabei die einzige Orientierungslinie (die Oberbrustlinie) auf dem Stoff über die entsprechende Linie an der Büste legen.

Die Punktierung setzen; dabei die gewünschte Ausschnittform festlegen.

BILD 5

Nun die zweite Partie des Oberteils feststecken; dabei beachten, dass die Linien an Stoff und Büste übereinstimmen (Bild 6).
Für die Konstruktion des Taillenabnähers den Stoff vom Armausschnitt ausgehend entlang der Seite der Büste nach unten ausstreichen.
Auf der Seitenlinie den Stoff am Armausschnitt und in der Taille feststecken.
Zum Anpassen des Abnähers den Stoff auf der vertikalen Achse einschneiden und die beiden erhaltenen Seiten in Höhe der Taillenlinie einkerben (siehe S. 170, Bild 5).

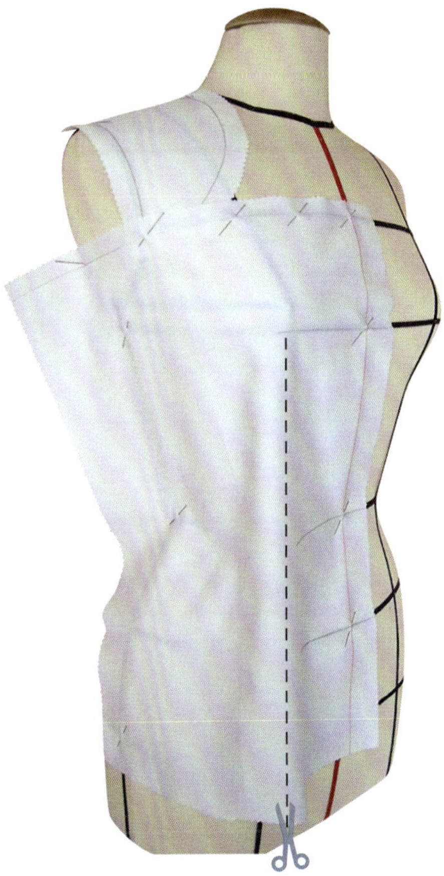

BILD 6

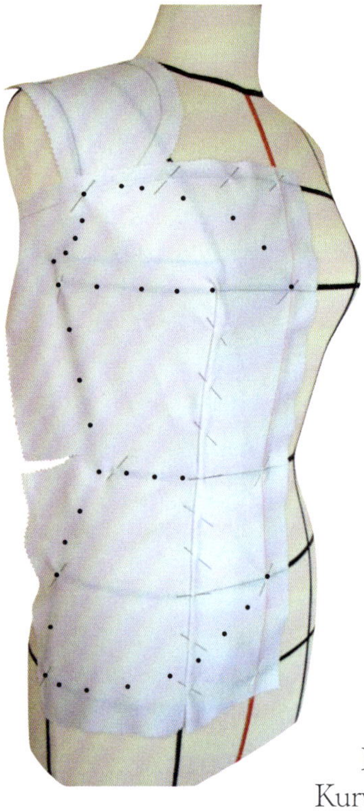

BILD 7

Den Abnäher entlang der durch das Markierband festgelegten Abnäherlinie abstecken.

Anhand des Markierbandabdrucks die Punktierung auf der Seitenlinie, einem Teil der Armausschnittlinie, der Brust- und der Taillenlinie setzen.

Die Ausschnittform und den Verlauf des unteren Rands des Oberteils bestimmen (bei diesem Modell liegt diese Linie in der vorderen Mitte um 10 cm höher als an der Seite).

Den Stoff von der Büste nehmen, Stecknadeln entfernen, den Stoff auf einer ebenen Fläche ausbreiten, nach Bedarf bei niedriger Temperatur bügeln.

Mithilfe von Lineal und Kurvenlineal die Konstruktionslinien nachziehen.

1 bis 2 cm Rand zugeben und entlang dieser Linie zuschneiden.

Den Stoff wieder an die Büste legen und den Rock anstecken.

Durch mehr oder weniger starke Krümmung der Kurve die gewünschte Rockweite festlegen; dabei beachten, dass die vordere Mitte (rote Linie) stets senkrecht bleibt.

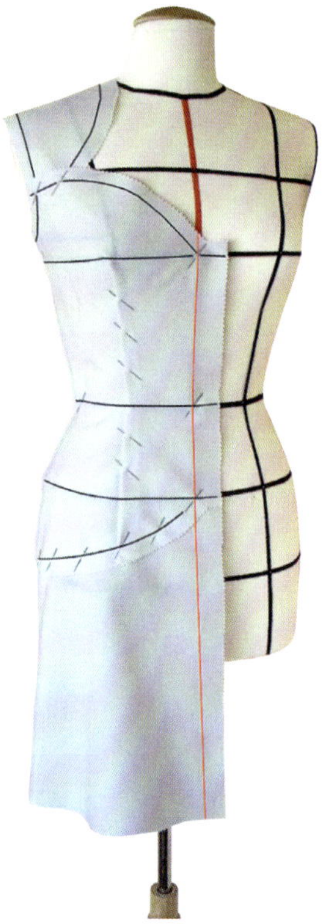

BILD 8

Schnittmuster aus Nessel – Vorderteil

Es empfiehlt sich, das Schnittmuster aus Nesselstoff mithilfe von Pauspapier auf Kraft- oder Bristolpapier zu kopieren. Im Gegensatz zum Stoff kann ein Papierschnitt ohne Gefahr des Sichverformens aufbewahrt werden (siehe „Papierschnitt“, S. 51).

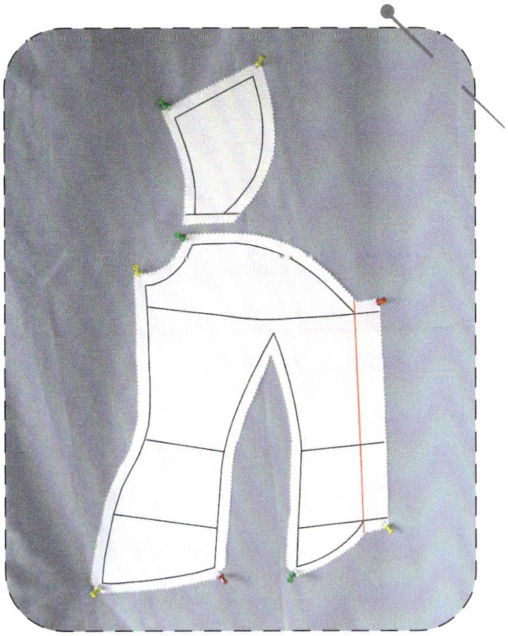

Schnittmuster aus Nesselstoff – Oberteil des Kleides mit Schulterpasse

BILD 9

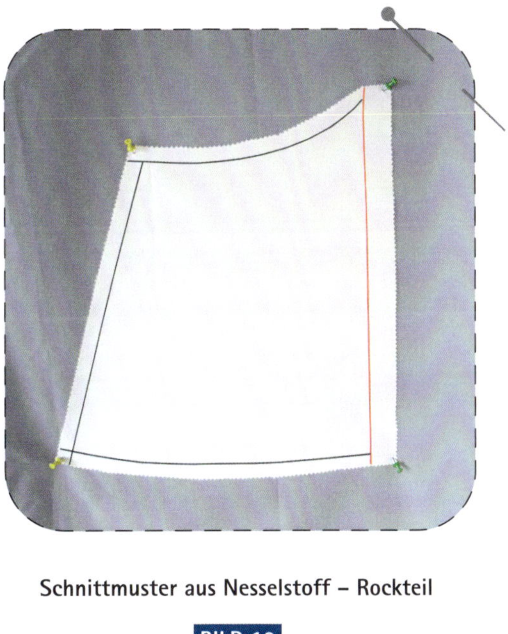

Schnittmuster aus Nesselstoff – Rockteil

BILD 10

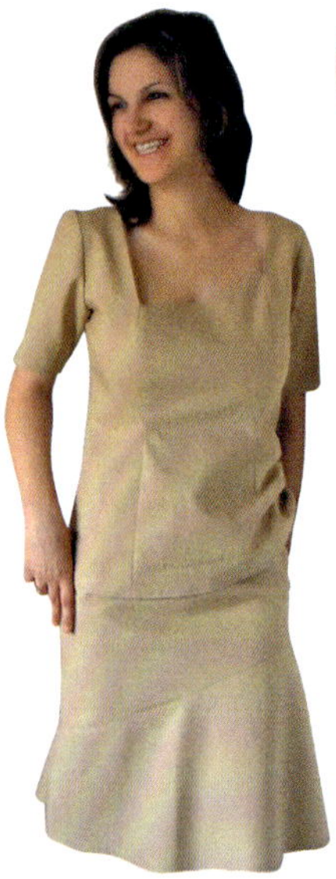

Oberteil zum Volantrock Modell 7

Rock mit schräg angesetztem Volant siehe S. 163
Gerader Ärmel siehe S. 113

Technische Zeichnung

Dieses Oberteil wird mit durchgehenden Teilungsnähten gearbeitet. Das Schnittschema für das Drapieren muss in zwei Teilen erstellt werden: Wegen des asymmetrischen Ausschnitts drapiert man die mittlere Partie des Vorderteils im Ganzen; die seitliche Partie wird an einer Seite drapiert und abgepaust.

Die Raffung in der unteren Partie entsteht durch einen Tunnelsaum mit Bandzug an der Seitennaht.

Tragen Sie auf der technischen Zeichnung die Maße ein, die zur Anfertigung eines Schnittschemas für das Drapieren nötig sind.

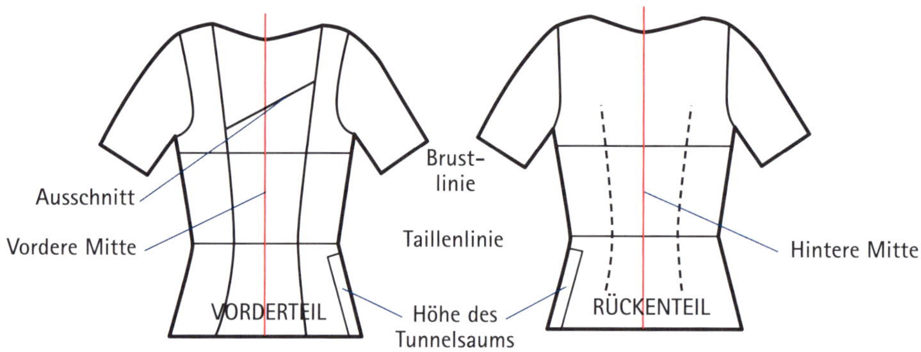

Technische Zeichnung des Oberteils

BILD 1

Schnittschema für das Drapieren des Vorderteils

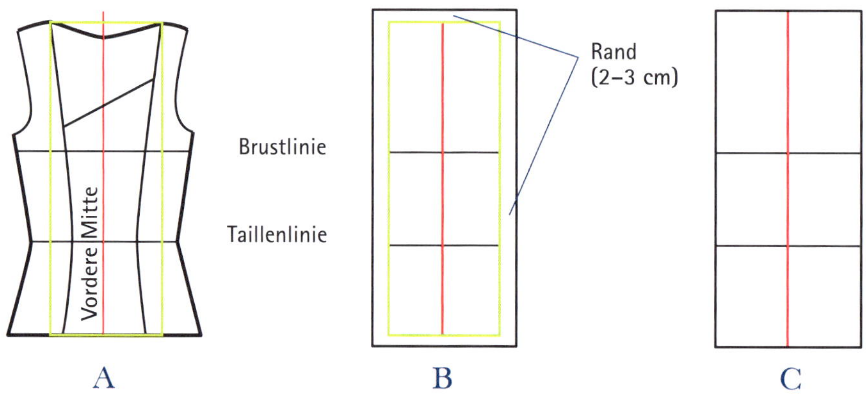

Schnittschema für das Drapieren der mittleren Partie des Vorderteils

BILD 2

A Jede Hälfte des Vorderteils wird durch eine Teilungsnaht zweigeteilt. Sie liegt genau auf der Achse von Brust- und Taillenabnäher.
Die mittlere Partie beider Vorderteilhälften einschließlich der Teilungsnaht einrahmen; dabei die auf der technischen Zeichnung angegebenen Maße beachten (Bild 2, grünes Rechteck).
B Rings um das erhaltene Rechteck 2 bis 3 cm Rand zugeben.
C Den Umriss auf Nesselstoff übertragen; Hauptkonstruktionslinien einzeichnen: vordere Mitte (in Rot), Brust- und Taillenlinie (in Schwarz).

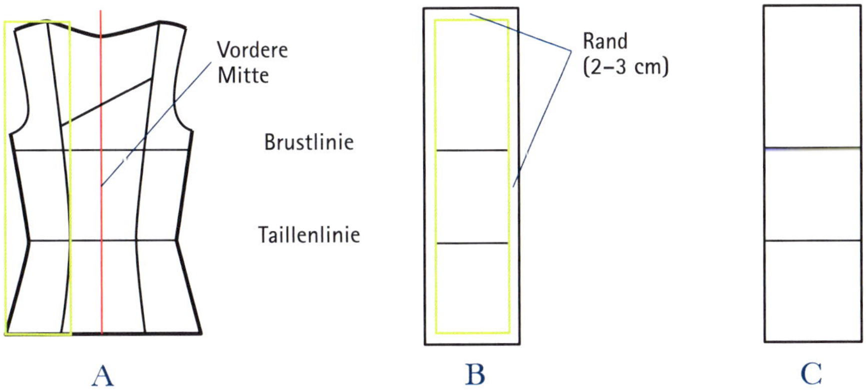

Schnittschema für das Drapieren der seitlichen Partie des Vorderteils

BILD 3

A Die seitliche Partie ebenso wie die mittlere Partie des Vorderteils einrahmen; dabei die auf der technischen Zeichnung angegebenen Maße beachten (Bild 3, grünes Rechteck).
B Rings um das erhaltene Rechteck 2 bis 3 cm Rand zugeben.
C Den Umriss auf Nesselstoff übertragen; Brust- und Taillenlinie einzeichnen.
Zum Schnittschema für das Drapieren des Rückenteils siehe S. 44.

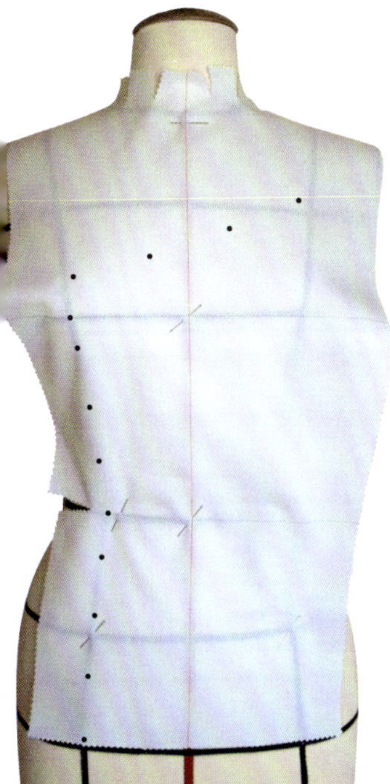

Arbeitsschritte des Drapierens – Vorderteil

Den Stoff an die Büste legen; dabei beachten, dass die Linien auf Stoff und Büste übereinstimmen. Wie auf Bild 4 abstecken.
Die obere Partie des Oberteils gut glatt streichen; den Halsausschnitt zuschneiden und einkerben.
Damit die Teilungsnaht auf beiden Seiten gleich verläuft, genügt es, auf einer Seite zu punktieren (Bild 4), dann den Stoff an der vorderen Mitte zu falten und die Punktierung auf der anderen Seite abzupausen.
Die schräge Ausschnittlinie wird dagegen über die gesamte mittlere Partie eingezeichnet und anschließend punktiert (Bild 4).

BILD 4

Den Stoff von der Büste nehmen, auf einer ebenen Fläche ausbreiten, nach Bedarf bei niedriger Temperatur bügeln.
Mithilfe von Lineal und Kurvenlineal der Punktierung folgend die Linien nachziehen. Rundherum ca. 2 cm Rand zugeben und das Schnittteil entlang dieser Linie zuschneiden.
Für den nächsten Arbeitsschritt das Teil wieder an die Büste legen.

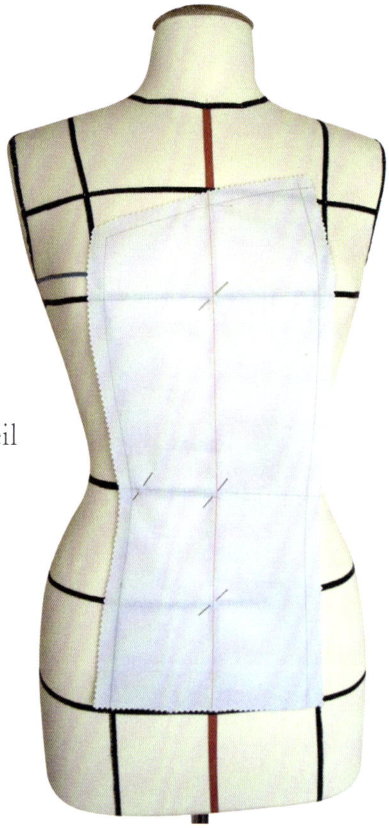

BILD 5

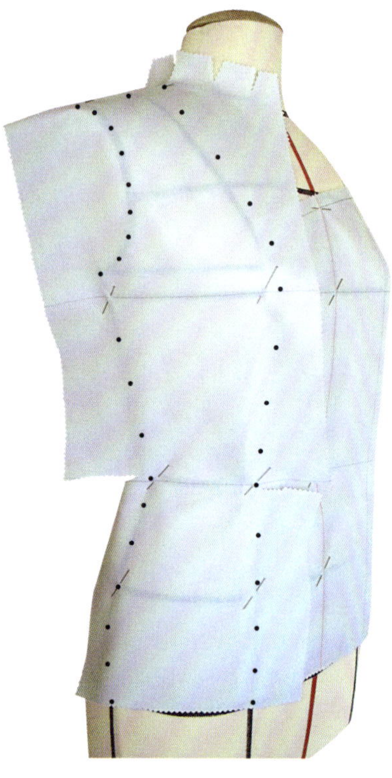

BILD 6

Die seitliche Partie des Vorderteils so an die Büste legen, dass Brust- und Taillenlinie an Stoff und Büste übereinstimmen.
Um diese Partie des Oberteils korrekt abstecken zu können, in Höhe der Taillenlinie einschneiden (siehe S. 170, Bild 5).
Auf der am Mittelteil eingezeichneten Schnittlinie punktieren, dann anhand des Markierbandabdrucks die Punktierung auf Seiten-, Armausschnitt- und Schulterlinie setzen.

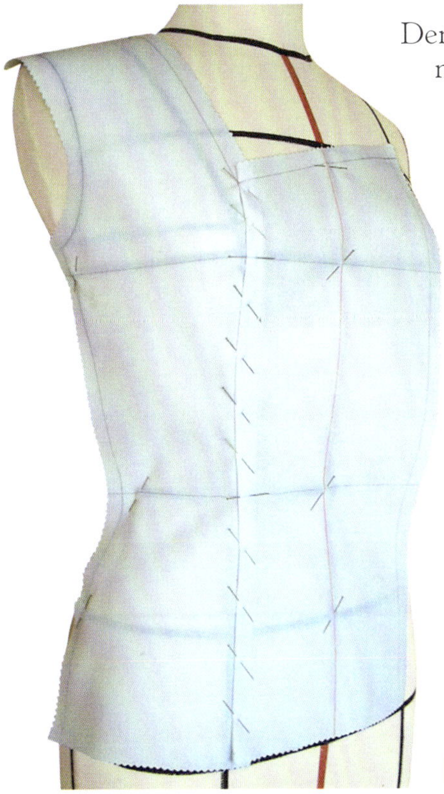

Den Stoff von der Büste nehmen, auf einer ebenen Fläche ausbreiten, nach Bedarf bei niedriger Temperatur bügeln.

Mithilfe von Lineal und Kurvenlineal der Punktierung folgend die Seitenlinie des Oberteils nachziehen.

1 bis 2 cm Rand zugeben und entlang dieser Linie zuschneiden.

Beide Teile – mittlere und seitliche Partie des vorderen Oberteils – zusammenfügen und wieder an die Büste legen. Wenn das fertig modellierte rechte Vorderteil korrekt sitzt, das linke Vorderteil abpausen.

BILD 7

Schnittmuster aus Nessel – Vorderteil

Es empfiehlt sich, das Schnittmuster aus Nesselstoff mithilfe von Pauspapier auf Kraft- oder Bristolpapier zu kopieren. Im Gegensatz zum Stoff kann ein Papierschnitt ohne Gefahr des Sichverformens aufbewahrt werden (siehe „Papierschnitt", S. 51).

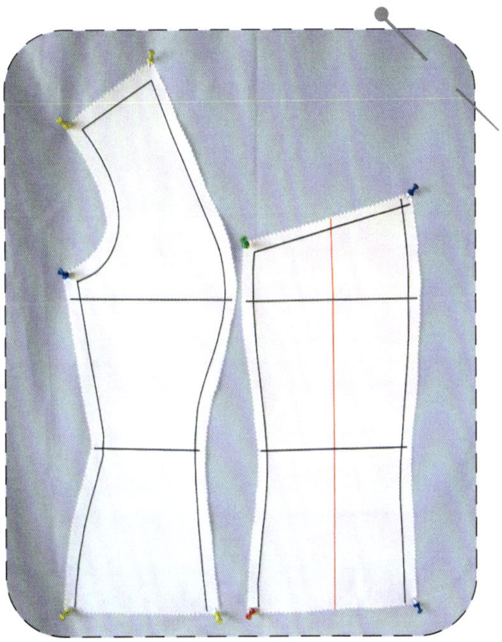

BILD 8

Glossar

Abflachung Begriff für die Kanten eines schrägen Schnittes, damit sich nach dem Zusammennähen keine Ecken bilden.

Abnäher Falte, die an die innere Seite genäht wird, um ein Kleidungsstück anzupassen (siehe Band 1, *Grundschnitte*, „Konstruktion von Abnähern", S. 21, und Band 2, *Schnittabwandlungen*, „Abnäher", S. 14).

Angeschnitten Die entsprechende Partie ist Bestandteil des Kleidungsstücks und nicht aufgesetzt (z. B. beim Schalkragen).

Annähen Zusammenfügen der Teile eines Kleidungsstücks (z. B. Ärmel am Armausschnitt).

Anpassung Kleidungsstück an die gewünschten Maße angleichen.

Ärmel Teil des Kleidungsstücks, das den Arm umschließt (siehe Band 1, *Grundschnitte*, „Ärmel", S. 59).

Ärmelkugel Obere Partie des Ärmels, die in den Armausschnitt eingesetzt wird.

Aufpolstern Ausstopfen einer Schneiderbüste mit Stoff, Schaumstoff oder Füllwatte, um die gewünschten Maße zu erhalten.

Aufschlag Auf rechts umgeschlagener Stoff (z. B. unten am Hosenbein, am Ärmel oder vorn am Kragen als Revers).

Aufsetzen/Applizieren Ein Stück Stoff oder ein Accessoire auf einem anderen Stoff aufsetzen.

Ausstellen Erweitern einer Partie des Kleidungsstücks (z. B. der Unterkante eines Rockes).

Besatz Ein Stoffstück, das einen Ausschnitt oder einen Rand verstärkt und abschließt; z. B. erhält ein Revers, das auf die rechte Seite umgelegt wird, einen Besatz.

Bolduc-Band/Markierband Schmales, flaches, farbiges Band; wird zum Anbringen der Konstruktionslinien auf der Schneiderbüste verwendet.

Caprihose Auf Figur gearbeitete, dreiviertellange Damenhose; am Bein seitlich unten geschlitzt.

Dekolleté/Ausschnitt Erweiterung des Halsausschnitts aus Gründen der Ästhetik oder Bequemlichkeit (siehe Band 1, *Grundschnitte*, „Ausschnittformen", S. 33).

Drapieren Ein Material mit feinen, unregelmäßigen Falten harmonisch verteilen.

Drehen Verbesserung der Passform durch Änderung des Fadenlaufs.

Druckknopf Verschlusssystem für Kleidungsstücke, bestehend aus zwei Metall- oder Kunststoffteilen, die ineinandergreifen.

Einlage Einnähen eines mehr oder weniger steifen Stoffes an der Innenseite eines Kleidungsstücks, damit dieses die Form behält.

Einlagenstoff Mehr oder weniger steifes Gewebe zur Verstärkung instabiler Partien eines Kleidungsstücks.

Einsatz/Passe Stück Stoff, das auf ein Kleidungsstück genäht wird, um einen Ziereffekt oder den gewünschten Stil zu erzeugen.

Einschneiden Kleine Einschnitte am Rand einer Stoffkante sorgen für mehr Elastizität (Bogen, Winkel).

Einsetzzeichen Kleiner Einschnitt (Kerbe) am Rand eines Teiles zur Positionierung.

Ensemble Zwei Kleidungsstücke, die zusammen getragen eine Einheit darstellen, z. B. Jacke und Rock oder Weste und Rock.

Erweitern Die Tiefe eines Abnähers oder einer Naht vergrößern; die Größe eines Halsausschnitts oder Armausschnitts ändern.

Fadenlauf Fadenrichtung des Gewebes. Der Schuss läuft rechtwinklig zum Saum, die Kette parallel dazu.

Fall Sitz des Kleidungsstücks am Körper als Ergebnis eines guten Schnittes und Proben.

Falte Mehrfach umgelegte Stoffpartie.

Formstück In das Innere eines Kleidungsstücks eingesetztes Teil, das die Form des Originals hat, z. B. des Bundes oder eines Besatzes (siehe Band 1, *Grundschnitte*, „Röcke", S. 118).

Futter Kopie des Kleidungsstücks aus einem feineren Stoff, an der Innenseite des Kleidungsstücks vernäht; es soll die inneren Nähte verdecken, das Kleidungsstück stützen oder wärmer machen (siehe Band 1, *Grundschnitte*, „Futter", S. 213).

Gehrung Diagonaler Schnitt in einer Ecke oder beim Aufeinandertreffen zweier Stoffpartien, um zu dicke Stofflagen zu vermeiden.

Godet Falsche Falte, gebildet durch einen Schrägschnitt, häufig auch durch den Einsatz eines dreieckigen Stückes in einen Rock, um die Unterkante zu erweitern (siehe Band 1, *Grundschnitte*, „Röcke“, S. 138).

Gradieren Originalgetreue Darstellung des Grundschnitts für kleinere oder größere Größen (siehe Band 2, *Schnittabwandlungen*, „Gradieren“, S. 19).

Halsausschnitt Öffnung oben am Oberteil, durch die der Kopf geführt wird; verläuft eng am Hals.

Haute Couture Organisation zur Herstellung von maßgeschneiderten Kleidungsstücken unter Einhaltung bestimmter Kriterien. Hierzu gehören die Kreation einer mindestens 25 Teile umfassenden Kollektion pro Saison und das Betreiben eines Maßateliers innerhalb des Unternehmens.

Heften Teile eines Modells provisorisch mit Vorstichen von Hand zusammenfügen, z. B. für eine Anprobe. Die Heftfäden können nach dem maschinellen Steppen der Naht leicht entfernt werden.

Kette *siehe* **Fadenlauf**

Knopf Kleines Objekt aus Metall, Holz oder anderem Material zum Schließen von Kleidungsstücken.

Knopfloch Manuell oder auch mechanisch erzeugter Schlitz im Kleidungsstück, durch den der Knopf geführt wird.

Konfektionskleidung Kleidung, die serienmäßig in Standardgrößen hergestellt wird.

Korsage/Mieder Kleidungsstück, das den Oberkörper bedeckt (von der Taille bis zum Hals).

Kostüm Ensemble aus Rock oder Hose und Jacke aus demselben Stoff.

Kragen Teil aus Stoff rund um die Halslinie, das den Hals bzw. das Dekolleté umgibt (siehe Band 1, *Grundschnitte*, „Kragen“, S. 149).

Kragenfall Teil des Kragens, der auf das Kleidungsstück zurückfällt (siehe Band 1, *Grundschnitte*, „Kragen“, S. 149).

Kragensteg Teil des Kragens, der an die Halslinie genäht wird (siehe Band 1, *Grundschnitte*, „Kragen“, S. 149).

Kurvenlineal *siehe* **Schneiderlineal**

Leibhöhe (Hose) Äußere Länge der Beine, gemessen von der Taille bis zum Schritt (siehe Band 2, *Schnittabwandlungen*, „Hosen“, S. 149).

Manschette Unterer Teil eines langen Ärmels, umgeschlagen oder mit Saum versehen.

Mehrweite Zugabe zum Umfang der Ärmelkugel, erforderlich wegen der natürlichen Wölbung der Arme (siehe Band 1, *Grundschnitte*, „Mehrweite“, S. 29).

Nahtart Begriff zur Beschreibung der Naht, mit der Stoffteile zusammengefügt werden.

Nesselstoff Wird zum Modellieren an der Schneiderbüste verwendet.

Oberteil Oberbegriff für die verschiedensten, am Oberkörper getragenen Kleidungsstücke.

Paspel Schräg geschnittenes Stoffband, wird um eine Kante gelegt; wird zur Verzierung von Knopflöchern und Taschen benutzt (siehe Band 1, *Grundschnitte*, „Taschen“, S. 191).

Passform Ausgewogenheit eines Kleidungsstücks durch das Verhältnis des Fadenlaufs (Kette und Schuss müssen rechtwinklig oder parallel zum Boden sein).

Passzeichen Kerbe am Rand eines Teiles; dient als Anhaltspunkt für das Zusammennähen, um Passform und Ausgewogenheit der Konstruktion zu bewahren.

Patte Angesetztes Stoffstück, soll einen Schlitz oder eine Öffnung verdecken.

Raffung Zusammenschieben des Stoffes auf einem Faden; verringert die Breite einer Partie eines Kleidungsstücks.

Reißverschluss Zweiteiliger Verschluss mit Zähnchen, die ineinandergreifen. Wird mit einem Schieber geöffnet und geschlossen.

Runden Eine gebogene Linie zeichnen.

Saum Verarbeitung für die Kante eines Kleidungsstücks; der Stoff wird umgebückt und vernäht.

Schere Schneidwerkzeug mit zwei beweglichen Schneiden, die innen geschärft sind.

Schlaufe Kleiner Ring aus geflochtenem Garn oder Stoff an der Saumkante eines Kleidungsstücks, durch den ein Knopf geführt wird.

Schneiderbüste Aus festem, stabilem Material gefertigte Nachbildung des Oberkörpers; dient als Grundlage für die Fertigung eines Schnittmusters durch Modellieren mit Nesselstoff. Oft auch Schneiderpuppe genannt.

Schneiderlineal/Kurvenlineal Gebogenes Lineal zum Zeichnen von Kurven.

Schnittkonstruktion Entwurf und Konstruktion eines Kleidungsstücks, ausgehend von der Zeichnung eines Modells, durch Fertigung eines zwei-

dimensionalen Schnittes oder durch Modellieren.

Schnittlinie Linie bestimmter Form für dekorative oder technische Zwecke.

Schnittmuster Modell aus Papier, Pappe oder Stoff als Grundlage für das Zuschneiden eines Kleidungsstücks.

Schnittmustererstellung Technik für die Fertigung eines Kleidungsstücks von der Modellstudie über die technische Zeichnung zum endgültigen Schnittmuster.

Schnürband Kordel oder Stoffband, das zum Verschließen einer Korsage oder eines Korsetts durch die Ösen geführt wird.

Schnürung Verschluss mit einem Schnürband und auf jeder Seite einer Reihe Ösen.

Schoß Partie des Kleidungsstücks, von der Taille herab über die Hüften verlaufend.

Schrägschnitt Halbierungslinie des rechten Winkels zwischen Kette und Schuss. Schnitt auf der Achse dieser Halbierungslinie (45°). Ein falscher Schrägschnitt weist einen anderen Winkel als 45° auf.

Schrittlänge Innere Länge der Beine, gemessen vom Schritt bis zum Boden (siehe Band 2, *Schnittabwandlungen*, „Hosen“, S. 149).

Schrittlinie Linie, an der die Mittelnaht einer Hose verläuft, die die rechte und linke Partie des Beckens von der hinteren bis zur vorderen Mittellinie der Taille durch den Schritt hindurch voneinander trennt (siehe Band 2, *Schnittabwandlungen*, „Hosen“, S. 149).

Schulterpolster Halbkreisförmiges Kissen auf der Schulter am Armausschnitt. Soll der oberen Brust Volumen geben und die Schulterlinie erhöhen.

Schuss *siehe* **Fadenlauf**

Stäbchen Verstärkung aus Metall oder dünnem Kunststoff, z. B. Korsettstange, die eine Partie eines Kleidungsstücks hält oder stützt (siehe Band 2, *Schnittabwandlungen*, „Bustiers“, S. 219).

Standardmaße Mittel der Körpermaße, die durch Reihenmessungen an mehreren Tausend Personen ermittelt werden.

Steifleinen Schweres, steifes Leinen; zur Verstärkung verwendet.

Stoffbreite Breite des Stoffes, zwischen den beiden Webkanten gemessen.

Stoffbruch Bezeichnet beim Schnittmuster die symmetrische Mittelachse eines Schnittteils; am Kleidungsstück ist es die Linie, an der der Stoff umgelegt wird (z. B. das Revers eines Kragens).

Tasche Stoff in Beutelform auf oder in einem Kleidungsstück (siehe Band 1, *Grundschnitte*, „Taschen“, S. 191).

Überschlag/Klappe Gefüttertes Teil eines Kleidungsstücks, das umgelegt werden kann.

Übertritt Stoffstück wird an eine Achse angefügt. Darauf wird die Knopfleiste genäht.

Verdeckte Knopfleiste Verschlusssystem für ein Kleidungsstück, bei dem die Knöpfe durch ein angesetztes Stoffband verdeckt werden.

Vergrößerung/Zugabe Einem Kleidungsstück wird Breite, Elastizität und Volumen gegeben, um es bequemer zu machen (siehe Band 1, *Grundschnitte*, „Vergrößerung“, S. 27).

Verstärkung Stoff oder Band; wird an instabilen Stellen angenäht, z. B. an einem Schlitz, einer im Schrägschnitt zugeschnittenen Kante, einer Öffnung oder einer Taschenklappe.

Verstürzen Zwei Stoffstücke rechts auf rechts legen, umsteppen, dabei eine Öffnung lassen, damit der Stoff gewendet werden kann, sodass die rechte Seite außen liegt. Zum Schluss wird die Öffnung von Hand zugenäht.

Volant Angesetztes Stoffband, gerafft, plissiert, schräg angesetzt, kreisförmig oder als Spirale geschnitten (siehe Band 1, *Grundschnitte*, „Rock mit Volant“, S. 142).

Webkante Rand des Stoffes, wo der Schuss umgelegt wird.

Weite Volumen, das einem Kleidungsstück ganz oder teilweise zugefügt wird.

Weiten Vergrößerung der Weite eines Kleidungsstücks auf Taillenhöhe durch Nähte oder Abnäher (siehe Band 2, Schnittabwandlungen, „Jackenmodelle“, S. 47).

Zugabe *siehe* Vergrößerung

Zwickel Eingesetztes Stoffstück, z. B. unter dem Arm, das einem Kimonoärmel mehr Bewegungsfreiheit gibt (siehe Band 2, Schnittabwandlungen, „Kimonos“, S. 73).

Inhaltsverzeichnis